“十三五”国家重点出版物出版规划项目

海洋机器人科学与技术丛书

封锡盛　李　硕　主编

深海热液探测水下机器人技术：感知、规划与控制

田宇　王昊　张进　李岩　著

科学出版社
龍門書局
北　京

内 容 简 介

深海热液探测是水下机器人的重要应用之一。本书系统地介绍深海热液探测应用中水下机器人追踪深海热液羽流、探测海底热液喷口、对目标进行作业涉及的感知、规划与控制技术，包括水下机器人模仿生物行为追踪羽流的基于行为规划、水下机器人对喷口及其周边海底环境进行观测和识别的光学和声学感知、水下机器人探索环境与观察目标中的与操作人员共享控制、水下机器人按期望路径运动的路径跟踪控制以及控制水下机器人搭载的机械手对目标进行抓取。

本书可供应用水下机器人进行深海热液探测的科研人员阅读，也可供自主机器人、模式识别与智能系统、自动控制等有关专业的科研人员和高校师生参考。

图书在版编目（CIP）数据

深海热液探测水下机器人技术：感知、规划与控制 / 田宇等著. —北京：龙门书局，2020.11

（海洋机器人科学与技术丛书/封锡盛，李硕主编）

“十三五”国家重点出版物出版规划项目　国家出版基金项目

ISBN 978-7-5088-5847-0

Ⅰ. ①深…　Ⅱ. ①田…　Ⅲ. ①深海-水下作业机器人　Ⅳ. ①TP242.2

中国版本图书馆 CIP 数据核字（2020）第 224174 号

责任编辑：杨慎欣　张培静　张　震 / 责任校对：樊雅琼

责任印制：师艳茹 / 封面设计：无极书装

科学出版社
龙门书局 出版

北京东黄城根北街 16 号

邮政编码：100717

http：//www.sciencep.com

中国科学院印刷厂 印刷

科学出版社发行　各地新华书店经销

*

2020 年 11 月第　一　版　开本：720 × 1000　1/16

2020 年 11 月第一次印刷　印张：13 3/4　插页：2

字数：277 000

定价：108.00 元

（如有印装质量问题，我社负责调换）

丛书前言一

浩瀚的海洋蕴藏着人类社会发展所需的各种资源，向海洋拓展是我们的必然选择。海洋作为地球上最大的生态系统不仅调节着全球气候变化，而且为人类提供蛋白质、水和能源等生产资料支撑全球的经济发展。我们曾经认为海洋在维持地球生态系统平衡方面具备无限的潜力，能够修复人类发展对环境造成的伤害。但是，近年来的研究表明，人类社会的生产和生活会造成海洋健康状况的退化。因此，我们需要更多地了解和认识海洋，评估海洋的健康状况，避免对海洋的再生能力造成破坏性影响。

我国既是幅员辽阔的陆地国家，也是广袤的海洋国家，大陆海岸线约 1.8 万千米，内海和边海水域面积约 470 万平方千米。深邃宽阔的海域内潜含着的丰富资源为中华民族的生存和发展提供了必要的物质基础。我国的洪涝、干旱、台风等灾害天气的发生与海洋密切相关，海洋与我国的生存和发展密不可分。党的十八大报告明确提出："提高海洋资源开发能力，发展海洋经济，保护海洋生态环境，坚决维护国家海洋权益，建设海洋强国。"[①]党的十九大报告明确提出："坚持陆海统筹，加快建设海洋强国。"[②]认识海洋、开发海洋需要包括海洋机器人在内的各种高新技术和装备，海洋机器人一直为世界各海洋强国所关注。

关于机器人，蒋新松院士有一段精彩的诠释：机器人不是人，是机器，它能代替人完成很多需要人类完成的工作。机器人是拟人的机械电子装置，具有机器和拟人的双重属性。海洋机器人是机器人的分支，它还多了一重海洋属性，是人类进入海洋空间的替身。

海洋机器人可定义为在水面和水下移动，具有视觉等感知系统，通过遥控或自主操作方式，使用机械手或其他工具，代替或辅助人去完成某些水面和水下作业的装置。海洋机器人分为水面和水下两大类，在机器人学领域属于服务机器人中的特种机器人类别。根据作业载体上有无操作人员可分为载人和无人两大类，其中无人类又包含遥控、自主和混合三种作业模式，对应的水下机器人分别称为无人遥控水下机器人、无人自主水下机器人和无人混合水下机器人。

---

① 胡锦涛在中国共产党第十八次全国代表大会上的报告. 人民网，http://cpc.people.com.cn/n/2012/1118/c64094-19612151.html

② 习近平在中国共产党第十九次全国代表大会上的报告. 人民网，http://cpc.people.com.cn/n1/2017/1028/c64094-29613660.html

无人水下机器人也称无人潜水器，相应有无人遥控潜水器、无人自主潜水器和无人混合潜水器。通常在不产生混淆的情况下省略“无人”二字，如无人遥控潜水器可以称为遥控水下机器人或遥控潜水器等。

世界海洋机器人发展的历史大约有70年，经历了从载人到无人，从直接操作、遥控、自主到混合的主要阶段。加拿大国际潜艇工程公司创始人麦克法兰，将水下机器人的发展历史总结为四次革命：第一次革命出现在20世纪60年代，以潜水员潜水和载人潜水器的应用为主要标志；第二次革命出现在70年代，以遥控水下机器人迅速发展成为一个产业为标志；第三次革命发生在90年代，以自主水下机器人走向成熟为标志；第四次革命发生在21世纪，进入了各种类型水下机器人混合的发展阶段。

我国海洋机器人发展的历程也大致如此，但是我国的科研人员走过上述历程只用了一半多一点的时间。20世纪70年代，中国船舶重工集团公司第七〇一研究所研制了用于打捞水下沉物的“鱼鹰”号载人潜水器，这是我国载人潜水器的开端。1986年，中国科学院沈阳自动化研究所和上海交通大学合作，研制成功我国第一台遥控水下机器人“海人一号”。90年代我国开始研制自主水下机器人，“探索者”、CR-01、CR-02、“智水”系列等先后完成研制任务。目前，上海交通大学研制的“海马”号遥控水下机器人工作水深已经达到4500米，中国科学院沈阳自动化研究所联合中国科学院海洋研究所共同研制的深海科考型ROV系统最大下潜深度达到5611米。近年来，我国海洋机器人更是经历了跨越式的发展。其中，“海翼”号深海滑翔机完成深海观测；有标志意义的“蛟龙”号载人潜水器将进入业务化运行；“海斗”号混合型水下机器人已经多次成功到达万米水深；“十三五”国家重点研发计划中全海深载人潜水器及全海深无人潜水器已陆续立项研制。海洋机器人的蓬勃发展正推动中国海洋研究进入“万米时代”。

水下机器人的作业模式各有长短。遥控模式需要操作者与水下载体之间存在脐带电缆，电缆可以源源不断地提供能源动力，但也限制了遥控水下机器人的活动范围；由计算机操作的自主水下机器人代替人工操作的遥控水下机器人虽然解决了作业范围受限的缺陷，但是计算机的自主感知和决策能力还无法与人相比。在这种情形下，综合了遥控和自主两种作业模式的混合型水下机器人应运而生。另外，水面机器人的引入还促成了水面与水下混合作业的新模式，水面机器人成为沟通水下机器人与空中、地面机器人的通信中继，操作者可以在更远的地方对水下机器人实施监控。

与水下机器人和潜水器对应的英文分别为 underwater robot 和 underwater vehicle，前者强调仿人行为，后者意在水下运载或潜水，分别视为“人”和“器”，海洋机器人是在海洋环境中运载功能与仿人功能的结合体。应用需求的多样性使得运载与仿人功能的体现程度不尽相同，由此产生了各种功能型的海洋机器人，如观察型、作业型、巡航型和海底型等。如今，在海洋机器人领域 robot 和 vehicle 两词的内涵逐渐趋同。

信息技术、人工智能技术特别是其分支机器智能技术的快速发展，正在推动海洋机器人以新技术革命的形式进入“智能海洋机器人”时代。严格地说，前述自主水下机器人的“自主”行为已具备某种智能的基本内涵。但是，其“自主”行为泛化能力非常低，属弱智能；新一代人工智能相关技术，如互联网、物联网、云计算、大数据、深度学习、迁移学习、边缘计算、自主计算和水下传感网等技术将大幅度提升海洋机器人的智能化水平。而且，新理念、新材料、新部件、新动力源、新工艺、新型仪器仪表和传感器还会使智能海洋机器人以各种形态呈现，如海陆空一体化、全海深、超长航程、超高速度、核动力、跨介质、集群作业等。

海洋机器人的理念正在使大型有人平台向大型无人平台转化，推动少人化和无人化的浪潮滚滚向前，无人商船、无人游艇、无人渔船、无人潜艇、无人战舰以及与此关联的无人码头、无人港口、无人商船队的出现已不是遥远的神话，有些已经成为现实。无人化的势头将冲破现有行业、领域和部门的界限，其影响深远。需要说明的是，这里“无人”的含义是人干预的程度、时机和方式与有人模式不同。无人系统绝非无人监管、独立自由运行的系统，仍是有人监管或操控的系统。

研发海洋机器人装备属于工程科学范畴。由于技术体系的复杂性、海洋环境的不确定性和用户需求的多样性，目前海洋机器人装备尚未被打造成大规模的产业和产业链，也还没有形成规范的通用设计程序。科研人员在海洋机器人相关研究开发中主要采用先验模型法和试错法，通过多次试验和改进才能达到预期设计目标。因此，研究经验就显得尤为重要。总结经验、利于来者是本丛书作者的共同愿望，他们都是在海洋机器人领域拥有长时间研究工作经历的专家，他们奉献的知识和经验成为本丛书的一个特色。

海洋机器人涉及的学科领域很宽，内容十分丰富，我国学者和工程师已经撰写了大量的著作，但是仍不能覆盖全部领域。“海洋机器人科学与技术丛书”集合了我国海洋机器人领域的有关研究团队，阐述我国在海洋机器人基础理论、工程技术和应用技术方面取得的最新研究成果，是对现有著作的系统补充。

“海洋机器人科学与技术丛书”内容主要涵盖基础理论研究、工程设计、产品开发和应用等，囊括多种类型的海洋机器人，如水面、水下、浮游以及用于深水、极地等特殊环境的各类机器人，涉及机械、液压、控制、导航、电气、动力、能源、流体动力学、声学工程、材料和部件等多学科，对于正在发展的新技术以及有关海洋机器人的伦理道德社会属性等内容也有专门阐述。

海洋是生命的摇篮、资源的宝库、风雨的温床、贸易的通道以及国防的屏障，海洋机器人是摇篮中的新生命、资源开发者、新领域开拓者、奥秘探索者和国门守卫者。为它“著书立传”，让它为我们实现海洋强国梦的夙愿服务，意义重大。

本丛书全体作者奉献了他们的学识和经验，编委会成员为本丛书出版做了组织和审校工作，在此一并表示深深的谢意。

本丛书的作者承担着多项重大的科研任务和繁重的教学任务，精力和学识所限，书中难免会存在疏漏之处，敬请广大读者批评指正。

中国工程院院士 封锡盛

2018 年 6 月 28 日

丛书前言二

改革开放以来，我国海洋机器人事业发展迅速，在国家有关部门的支持下，一批标志性的平台诞生，取得了一系列具有世界级水平的科研成果，海洋机器人已经在海洋经济、海洋资源开发和利用、海洋科学研究和国家安全等方面发挥重要作用。众多科研机构和高等院校从不同层面及角度共同参与该领域，其研究成果推动了海洋机器人的健康、可持续发展。我们注意到一批相关企业正迅速成长，这意味着我国的海洋机器人产业正在形成，与此同时一批记载这些研究成果的中文著作诞生，呈现了一派繁荣景象。

在此背景下“海洋机器人科学与技术丛书”出版，共有数十分册，是目前本领域中规模最大的一套丛书。这套丛书是对现有海洋机器人著作的补充，基本覆盖海洋机器人科学、技术与应用工程的各个领域。

“海洋机器人科学与技术丛书”内容包括海洋机器人的科学原理、研究方法、系统技术、工程实践和应用技术，涵盖水面、水下、遥控、自主和混合等类型海洋机器人及由它们构成的复杂系统，反映了本领域的最新技术成果。中国科学院沈阳自动化研究所、哈尔滨工程大学、中国科学院声学研究所、中国科学院深海科学与工程研究所、浙江大学、华侨大学、东华理工大学等十余家科研机构和高等院校的教学与科研人员参加了丛书的撰写，他们理论水平高且科研经验丰富，还有一批有影响力的学者组成了编辑委员会负责书稿审校。相信丛书出版后将对本领域的教师、科研人员、工程师、管理人员、学生和爱好者有所裨益，为海洋机器人知识的传播和传承贡献一份力量。

本丛书得到 2018 年度国家出版基金的资助，丛书编辑委员会和全体作者对此表示衷心的感谢。

“海洋机器人科学与技术丛书”编辑委员会

2018 年 6 月 27 日

前　言

进入“海洋世纪”以来，海洋在我国政治、经济、科技、军事等领域中的战略地位显著上升，党的十八大、十九大分别提出我国建设海洋强国和加快建设海洋强国的战略目标。建设海洋强国，需要发展探索海洋、认识海洋、开发海洋和管控海洋的各种高技术装备，其中，水下机器人是观测海洋和探测海洋的代表性高技术装备，其发展和应用受到国家高度重视。

在国家的大力支持下，我国研发了一系列国际先进的水下机器人。随着我国水下机器人平台技术的逐步成熟，研发的水下机器人在海洋观测和海洋探测中的应用成为发展的重点。除了海洋环境观测，锰结核、富钴结壳、热液硫化物等海底矿产资源探测是我国水下机器人的重要应用领域。为了将研发的水下机器人高效地应用于海底矿产资源探测，研发水下机器人在深海资源探测应用中涉及的感知、规划与控制技术是支撑高效应用发展的关键。

本书作者针对水下机器人深海资源探测的代表性应用——深海热液探测，对水下机器人深海热液探测涉及的感知、规划与控制技术开展了系统的研究工作，本书即对该研究结果进行介绍。

本书共 7 章。

第 1 章介绍深海热液活动探测中水下机器人应用模式，分析水下机器人追踪深海热液羽流、热液喷口区近海底探索和探测，以及水下机器人利用机械手进行作业三个阶段及其中的关键技术。

第 2 章研究深海热液羽流模型以及自主水下机器人深海热液羽流追踪计算机仿真环境，为研究与测试自主水下机器人追踪深海热液羽流的在线规划策略与方法提供基础。

第 3 章研究自主水下机器人追踪深海热液羽流的在线规划方法。对国际上自主机器人化学羽流追踪研究进行介绍，设计自主水下机器人模块化的基于行为的控制系统，在此基础上设计自主水下机器人模仿生物行为追踪非浮力羽流和浮力羽流的在线规划方法，并进行计算机仿真。

第 4 章针对水下机器人对热液喷口以及海底形貌的自主感知，研究基于光学的热液喷口定位方法和海底沉积物类型分类识别方法，并介绍基于马尔可夫随机场和引导滤波的声呐图像处理方法。

第 5 章针对水下机器人在自主控制与操作人员控制下对近海底环境进行探索

和目标观察的共享控制进行研究，研究基于行为融合和基于多目标优化的两种共享控制方法，并基于研发的计算机仿真环境对两种方法进行计算机仿真。

第 6 章针对水下机器人精确路径跟踪控制进行研究，介绍水下机器人运动控制基本问题以及水下机器人运动学和动力学模型，研究三种水下机器人路径跟踪控制方法，并进行计算机仿真验证。

第 7 章针对水下机器人搭载机械手作业进行研究，以中国科学院沈阳自动化研究所研发的七功能水下机械手为对象，研究水下机械手的建模与控制，并介绍为支撑操作人员对水下机械手的遥控操作训练而研发的水下机械手仿真平台。

全书由田宇、王昊、张进、李岩著，田宇撰写第 1、2、3、5 章，李岩撰写第 4 章、王昊撰写第 6 章、张进撰写第 7 章；全书由田宇统稿并定稿。对研究生李雪峰、王兴华在本书撰写过程中的帮助表示感谢。

本书研究工作受国家自然科学基金项目（41376110、41106085、61075085、51809256）以及国家重点研发计划项目课题（2016YFC0300801）资助，在此表示感谢。

由于作者学识水平有限，书中内容难免有不妥之处，请广大读者提出宝贵意见。

作　者

2019 年 9 月 20 日于沈阳

目　录

丛书前言一
丛书前言二
前言
1　绪论 …… 1
1.1　深海热液活动探测及水下机器人应用模式 …… 1
1.2　水下机器人深海热液喷口寻找和定位 …… 4
1.2.1　基于海底地形地貌探测的策略 …… 5
1.2.2　基于热液羽流探测的策略 …… 5
1.2.3　AUV 探测羽流过程中的在线自主规划 …… 7
1.3　水下机器人热液喷口区近海底自主探测和作业 …… 8
1.3.1　水下机器人海底热液活动探测三阶段 …… 8
1.3.2　自主遥控混合型水下机器人 …… 8
1.4　深海热液探测水下机器人关键技术 …… 11
参考文献 …… 12
2　羽流模型和羽流追踪仿真环境 …… 14
2.1　热液羽流简介 …… 14
2.1.1　热液羽流结构 …… 14
2.1.2　热液羽流示踪物 …… 15
2.2　羽流模型 …… 16
2.2.1　数学模型 …… 16
2.2.2　数值求解 …… 17
2.2.3　示踪物强度计算 …… 19
2.2.4　初始和边界条件 …… 20
2.3　仿真环境 …… 21
2.3.1　软件结构 …… 21
2.3.2　水下机器人运动学和动力学仿真 …… 22
2.3.3　标量场仿真 …… 23
2.4　仿真环境演示 …… 23
2.4.1　三维羽流 …… 23
2.4.2　二维羽流 …… 28

2.4.3 参数设置讨论……30
参考文献……31
3 水下机器人追踪羽流的在线规划……32
3.1 自主机器人羽流追踪研究综述……32
3.2 基于行为的 AUV 控制系统……34
3.2.1 体系结构……34
3.2.2 制导函数……35
3.2.3 水下机器人混合模糊 P+ID 控制……39
3.3 非浮力羽流追踪……43
3.3.1 任务描述……43
3.3.2 追踪策略……44
3.3.3 行为设计……45
3.4 浮力羽流追踪……49
3.4.1 问题描述……49
3.4.2 追踪策略……50
3.4.3 行为设计……51
3.5 计算机仿真……54
3.5.1 非浮力羽流追踪仿真……54
3.5.2 浮力羽流追踪仿真……57
参考文献……59
4 水下机器人声光自主感知……61
4.1 基于光视觉感知的热液喷口识别……61
4.1.1 热液喷口识别的光视觉识别策略……61
4.1.2 热液喷口区域样本图像采集……62
4.1.3 样本字典构建……63
4.1.4 稀疏表示滤除背景……63
4.1.5 光流法获取热液羽流主体位置……64
4.1.6 喷口位置定位……66
4.2 海底沉积物类别的光视觉识别……68
4.2.1 海底沉积物探测的研究现况……68
4.2.2 海底沉积物视觉特征提取……69
4.2.3 纹理特征因子分类相关性分析……70
4.2.4 海底沉积物类别分类器构建……71
4.2.5 海底沉积物的分类识别结果分析……74
4.3 声呐图像去噪与增强方法……76
4.3.1 声呐图像去噪方法……77

4.3.2 基于 MRF 的声呐图像分割方法 …… 77
4.3.3 利用引导滤波对声呐图像去噪与增强 …… 83
4.3.4 声呐图像分割效果分析 …… 87
参考文献 …… 90
5 水下机器人环境探索和目标观察的共享控制 …… 92
5.1 共享控制与应用综述 …… 92
5.1.1 共享控制概述 …… 92
5.1.2 共享控制主要研究思路 …… 93
5.1.3 共享控制在水下机器人领域的研究与应用 …… 95
5.2 基于行为的共享控制方法 …… 96
5.2.1 控制结构 …… 97
5.2.2 环境探索共享控制 …… 98
5.2.3 目标观察共享控制 …… 101
5.2.4 行为综合管理与融合 …… 102
5.3 基于多目标优化的共享控制方法 …… 104
5.3.1 控制结构 …… 104
5.3.2 方法概述 …… 105
5.3.3 目标函数 …… 106
5.3.4 约束条件 …… 108
5.3.5 优化算法 …… 109
5.4 计算机仿真环境 …… 110
5.4.1 系统构成 …… 111
5.4.2 软件结构 …… 111
5.4.3 视景显示模块 …… 112
5.4.4 控制算法模块 …… 114
5.4.5 实物仿真模块 …… 114
5.5 仿真结果 …… 115
5.5.1 基于行为的共享控制仿真结果 …… 115
5.5.2 基于多目标优化的共享控制仿真结果 …… 117
参考文献 …… 120
6 水下机器人路径跟踪控制 …… 122
6.1 水下机器人基本运动控制问题 …… 122
6.1.1 点镇定控制 …… 122
6.1.2 轨迹跟踪控制 …… 123
6.1.3 路径跟踪控制 …… 124
6.2 水下机器人运动学和动力学模型 …… 126

6.2.1 空间六自由度模型 …… 126
6.2.2 水平面三自由度模型 …… 127
6.3 水下机器人的自适应路径跟踪控制 …… 128
6.3.1 不确定性问题与神经网络 …… 128
6.3.2 自适应动态面控制器设计 …… 131
6.3.3 闭环系统稳定性分析 …… 136
6.3.4 计算机仿真 …… 138
6.4 含输入饱和的水下机器人路径跟踪控制 …… 140
6.4.1 输入饱和问题 …… 141
6.4.2 自适应抗饱和控制设计 …… 142
6.4.3 闭环系统稳定性分析 …… 148
6.4.4 计算机仿真 …… 150
6.5 水下机器人全局稳定自适应路径跟踪控制 …… 152
6.5.1 定义与引理 …… 153
6.5.2 全局稳定自适应路径跟踪控制设计 …… 154
6.5.3 闭环系统稳定性分析 …… 160
6.5.4 计算机仿真 …… 163
参考文献 …… 165
7 水下机械手控制和仿真平台 …… 169
7.1 水下机械手建模 …… 169
7.1.1 运动学模型建立 …… 169
7.1.2 动力学模型建立 …… 174
7.2 水下机械手遥控操作 …… 180
7.2.1 遥控操作的种类及系统组成 …… 180
7.2.2 水下机械手的主从控制方法 …… 182
7.2.3 水下机械手的开关控制方法 …… 185
7.2.4 手动规划与自主规划的优化融合 …… 186
7.3 水下机械手作业仿真平台搭建及控制方法验证 …… 187
7.3.1 仿真平台的搭建 …… 187
7.3.2 主手控制方法在仿真平台中的验证 …… 190
7.3.3 开关控制方法在仿真平台中的验证 …… 193
7.3.4 仿真平台的有效性验证 …… 195
参考文献 …… 198
索引 …… 200
彩图

1 绪　　论

1.1　深海热液活动探测及水下机器人应用模式

深海热液活动的发现是20世纪海洋科学研究中的重大事件之一。海底热液喷口(hydrothermal vent)不仅为人类提供了易开发的丰富的矿产资源，热液喷口区周围形成的独特的极端环境热液生态系统还为探索生命起源的研究提出了新的理论。同时，热液喷口喷溢的热液羽流(hydrothermal plume)还对海洋环境、大洋环流乃至全球气候都具有非常重要的影响。深海热液活动调查研究已经成为地球科学、海洋科学和生命科学等多学科科学研究的前沿，是国际重大前沿热点研究领域[1-3]。图1.1为太平洋洋中脊一处海底热液喷口照片。

图1.1　太平洋洋中脊一处热液喷口

深海热液活动区通常位于数千米的海底深处[4]，因此深海热液活动的调查研究离不开深海调查装备和技术，也恰恰是深海调查装备和技术的发展促进了深海热液活动调查研究的进展[5]。传统深海探测技术是早期深海热液活动调查的主要手段，其中，调查船拖曳拖体的站位式和走航式探测技术一直是现代深海热液活动调查的必需手段，在热液活动区海底地形、热液喷口形态、热液羽流演化等多方面探测中发挥着重要作用[5]。图 1.2 为调查船拖曳拖体进行站位式和走航式热液羽流探测方式示意图。

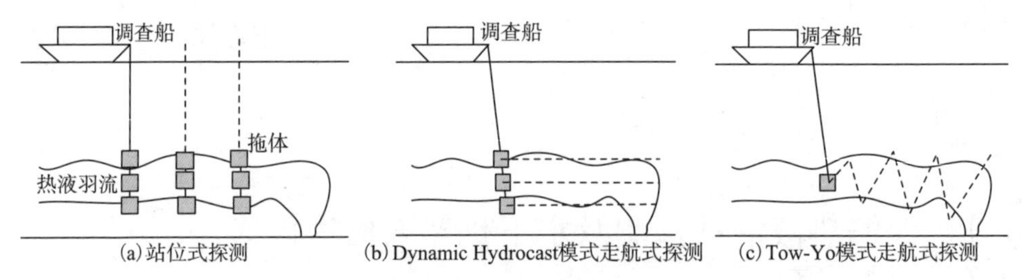

图 1.2　调查船拖曳拖体进行热液羽流探测方式示意图

随着对深海热液活动调查和研究的深入，传统的探测技术包括走航式探测等已经不能满足深海热液活动调查研究的需要。水下机器人包括载人潜水器（human occupied vehicle，HOV）、遥控水下机器人（remotely operated vehicle，ROV）、自主水下机器人（autonomous underwater vehicle，AUV），成为近年来国内外应用并致力发展的新型深海热液活动探测装备[6, 7]。

HOV，如美国的 Alvin、法国的 Nautile、日本的深海 2000 和深海 6500、俄罗斯的 Mir，在热液活动区的调查研究中起到了非常重要的作用。HOV 可以直接下潜到热液活动区，对热液喷口和热液羽流进行直接的观察，对热液喷口和底栖生物拍摄照片和录像，以及对矿产、生物样本进行采样等。但由于 HOV 受到操作人员、作业环境和携带能源有限等条件限制，作业时间相对较短，且活动范围较小，通常是利用 HOV 对已知的热液活动区进行调查研究。图 1.3 为美国 Alvin HOV。美国科学家乘坐 Alvin HOV 于 1977 年直接在海底观察到热液喷口，开启了现代海底热液活动调查研究的序幕[8]。

图 1.3　美国 Alvin HOV[9]

ROV 由于不受人员安全和能源等因素的限制，在作业水深、连续工作时间和携带负载能力等方面都有了进一步的提高，在一定程度上弥补了 HOV 的不足，ROV 的快速发展为海底热液活动的调查研究提供了有力的技术支撑。但 ROV 受到脐带电缆的约束，其作业范围受到限制，因此 ROV 在海底热液活动调查中的主要任务是利用携带的机械手进行样品采集和水下传感器的布放回收等作业、热液喷口区的声学和视像观测、热液矿产资源和热液羽流的采样等。图 1.4 为美国应用于深海热液探测的 JASON ROV。

图 1.4　美国 JASON ROV[6]

AUV 由于其无人无缆、自带能源、对母船依赖性小、可搭载多种探测传感器、具有精确定位能力和自主导航控制能力等特点，在热液活动区高精度的地形地貌、重力、磁力场测绘，热液羽流的高时空分辨率测绘，热液喷口的搜索和精确定位等作业任务中发挥着不可替代的重要作用。特别是利用 AUV 在热液活动区寻找和精确定位新的热液喷口，已经成为精细化搜索和精确定位热液喷口将来应用的必然趋势。图 1.5 为美国和英国应用于深海热液探测的 ABE AUV 和 Autosub 6000 AUV。

图 1.5　美国 ABE AUV[6]和英国 Autosub 6000 AUV[10]

目前国际上利用多类型水下机器人进行海底热液活动调查研究的作业模式，是先利用 AUV 对通过调查船调查后确定的热液活动区进行热液羽流探测或海底地形地貌、重力场和磁力场测绘，进而寻找和精确定位海底热液喷口并对其进行观测，然后再利用 ROV 和 HOV 对喷口进行作业和采样。这种作业模式具有较高的作业效率，并且在全球大洋的热液调查中获得多次成功的应用，取得了很好的调查结果[6]。

相比于国外，我国深海热液活动探测起步较晚。但近年来，在国家大力支持下，我国在应用水下机器人进行深海热液探测方面得到快速发展。我国应用自主研发的“蛟龙”HOV、“海马”ROV、“潜龙二号”AUV(图 1.6)进行了多次深海热液活动探测应用，显示出了水下机器人在深海热液探测中发挥的重要作用和良好的应用前景。全球仍有大量的深海热液活动区尚待探测[11]，因此为了提高探测效率、降低探测应用成本，研发水下机器人进行热液探测的高效作业策略和支撑策略实现的水下机器人技术，成为支撑水下机器人深海热液活动探测高效应用发展的关键。

图 1.6　中国“蛟龙”HOV、“海马”ROV 和“潜龙二号”AUV(见书后彩图)

1.2　水下机器人深海热液喷口寻找和定位

针对深海热液活动研究和热液资源开发需求，海底热液喷口的寻找和定位是深海热液调查工作的一个重点。鉴于 AUV 相对于 ROV 和 HOV 所具有的特点，AUV 能够在热液活动区采集到热液羽流、海底地形地貌分布的高分辨率数据，进而据此能够找到热液喷口并对其进行精确定位；同时，作为综合型的探测平台，在精确定位喷口后 AUV 还能够完成如热液喷口的声学、光学观测和其附近区域的热液羽流、地形地貌、重力、磁力、矿产资源和底栖生物等要素分布的高时空分辨率测绘和采样等作业任务。因此，AUV 成为在热液活动区内寻找、精确定位热液喷口和测绘喷口区的重要工具，并已获得了广泛应用，如美国的 ABE、Sentry、Puma、Jaguar、Nereus，日本的 r2D4、Tuna-Sand、Urashima，英国的 Autosub 6000，我国的潜龙二号等[7, 12, 13]。这些成功应用显示出了 AUV 作为海底热液喷口寻找、定位和测绘装备所具有的独特优势和良好的应用前景，也促使 AUV 成为近年来国际上致力于应用和发展的海底热液喷口调查装备。

由于传统技术条件限制以及传统热液探测调查方法的低效率和高费用，全球仍有大量的洋中脊区域还没有开展热液喷口的寻找、精确定位和探测工作。鉴于 AUV 的功能特点，其已经成为将来应用的重要工具。因此，如何结合环境特点、任务的先验信息和目标、AUV 的能力，高效地应用 AUV 完成热液喷口寻找、定位和测绘等任务，即设计高效的基于 AUV 的热液活动探测策略和实现相应策略的 AUV 感知、规划与控制方法，成为海底热液喷口探测和 AUV 研究领域的热点课题。

1.2.1　基于海底地形地貌探测的策略

海底热液喷口具有显著的地形地貌特征[14]。因此，日本东京大学提出一种基于海底地形地貌测绘的热液喷口寻找和定位策略[13]。该策略由三个连续的地形地貌测绘作业阶段组成：

(1)第一阶段利用调查船在热液活动区大范围地测绘海底地形地貌，据此推测出热液喷口大致位置。

(2)第二阶段利用巡航型 r2D4 AUV 搭载的声学设备，对第一阶段探测后判断出的疑似喷口区域进行高精度的地形地貌测绘，获得高精度的海底地形地貌图，进而据此更为准确地推测和判断喷口的位置。

(3)第三阶段利用操纵性更好的 Tuna-Sand AUV 搭载声学和视像等传感器对喷口进行地形地貌测绘、视像观测和其他传感器信息的采集，进而实现疑似喷口的确认和位置的精确定位。

1.2.2　基于热液羽流探测的策略

除了基于热液喷口区地形地貌特征的热液喷口寻找和定位策略，另一种广泛应用的策略是基于热液羽流探测。热液喷口的尺度虽小，但其喷发的热液流体在海流的输运下扩散形成的热液羽流可达数百至数千千米，因此探测热液羽流进而找到其源头就成为寻找和定位热液喷口的一种直接且有效的途径[3, 5]。目前，调查船利用搭载热液羽流探测传感器的深海拖体进行站位式探测和走航式探测(图 1.2)，是大范围探测热液羽流最常用和有效的手段，但由于船载拖体的操纵性和精确定位能力限制，通过其获取的较低分辨率热液羽流时空分布信息通常仅能将热液喷口位置限定在数平方千米的范围内[15]。

鉴于 AUV 的功能和特点，在限定的数平方千米热液活动区内进一步探测热液羽流并最终找到热液喷口，对其精确定位和探测的任务就非常适合由 AUV 来完成。因此，基于热液羽流探测的热液喷口寻找和定位的作业策略，通常是首先由调查船利用羽流探测拖体进行大范围的羽流探测并初步限定热液喷口的位置，然后再布放 AUV 进一步地探测热液羽流，最终找到和精确定位热液喷口，并对喷口进行探测。这种先由调查船探测确定热液活动区，后由 AUV 在指定热液活动区高分辨率探测热液羽流并最终精确定位热液喷口的作业模式具有较高的效率，在太平洋、大西洋、印度洋和北冰洋等的热液喷口定位作业中获得多次成功的应用。

AUV 在限定的热液活动区内探测热液羽流，进而寻找和精确定位热液喷口并对其探测的策略，最为典型的就是文献[16]结合任务目标（AUV 寻找、定位热液喷口，并对其附近地形地貌进行测绘和对喷口进行视像观测等）、热液羽流分布的物理结构（包含非浮力和浮力部分）和热液羽流示踪物的分布特性［热液羽流含有可从非浮力羽流（non-buoyant plume）中辨识出浮力羽流（buoyant plume）的非守恒示踪物］提出的三阶段嵌套策略。该策略同样由三个连续的作业阶段组成，每一个阶段中 AUV 均采用预规划的梳形探测路径，但后一阶段采用更小的探测范围和更高的探测分辨率，并更接近海底：

(1)第一阶段在热液非浮力羽流层进行，主要进行水文探测，据此结果从中找到浮力羽流部分。

(2)第二阶段的探测范围和探测分辨率根据第一阶段的探测结果确定，主要试图找到浮力羽流柱并对喷口附近区域的地形地貌进行高精度的测绘。

(3)第三阶段根据第二阶段的探测结果，进一步缩小探测区域，实现海底热液喷口的精确定位，并对喷口形态、矿产资源和底栖生物等进行视像观测。

美国利用 ABE AUV 和该方案已经在全球大洋多个热液活动区多次成功找到并精确定位新的热液喷口，对其进行了高精度的声学和视像观测[17]。图 1.7 为 ABE AUV 在 Kilo Moana 喷口区的一次三阶段探测结果[17]。

(a)第一阶段水体光学　(b)第二阶段海底声学　(c)第三阶段海底光学

图 1.7　美国 ABE AUV 在 Kilo Moana 喷口区的三阶段探测结果[17]（见书后彩图）

1.2.3 AUV 探测羽流过程中的在线自主规划

在基于热液羽流探测的三阶段嵌套探测策略中，AUV 每一阶段的探测范围和分辨率都是由工作人员设定的，AUV 在作业过程中只起到了搭载热液羽流探测传感器的可移动平台的作用，AUV 的在线决策与规划能力并没有得到充分发挥。由于热液羽流的动态特性，其在数小时的潮汐周期中会发生较大的变化，由探测作业中 AUV 多次下潜、回收而延长的作业时间又会使上一阶段获得的羽流信息失真，给下一阶段探测策略的制定和准确定位热液喷口增加了困难。除此之外，AUV 的多次下潜回收和工作人员的数据分析工作，也增加了调查作业的运行成本和工作人员的工作量。为此，研究人员研究了 AUV 自主执行三阶段嵌套探测，即研究 AUV 在探测过程中根据每一阶段获取的信息在线自主规划下一阶段的探测区域和分辨率。文献[18]提出了采用聚类算法将 AUV 在进行梳形探测时获得的热液羽流数据根据数值和其位置进行分组，并对每组赋予一个标量值表示该区域需要进行详细探测的相对重要程度，在完成本阶段的探测后，AUV 对被赋予较高标量值的区域进行进一步的详细探测，该方法在嵌套探测的第三阶段进行了应用并验证了其有效性。文献[19]又研究了基于占用栅格标图(occupancy grid mapping)的热液喷口位置估计算法，占用栅格的状态定义为是否含有热液喷口，AUV 根据获得的热液羽流信息在线更新栅格状态，据此估计出该调查区域中可能喷口的位置，以期 AUV 根据估计结果在线规划下一阶段的探测范围和分辨率，实现三阶段探测的自主执行。

在基于三阶段探测的策略中，AUV 每一阶段采用的是预规划的梳形探测路径。由于热液羽流的动态特性，预规划的探测路径中 AUV 可能会在较大区域探测不到热液羽流，或在需要详细探测的区域没有进行充分的探测，因此获取有效信息的效率较低，而且 AUV 作为自主平台的在线实时自主能力也没有得到充分的发挥。因此，为了进一步提高作业效率，研究人员开展了 AUV 基于热液羽流探测传感器信息，在线实时决策、规划热液羽流探测路径的研究工作。文献[20]研究了在三阶段嵌套探测的第一阶段中，AUV 在进行梳形探测时如果判断出其位于浮力羽流柱的顶端(检测到浮力羽流示踪物)，则进入预规划的螺旋路径探测模式，以获取更详细的热液浮力羽流分布信息，便于下一阶段探测策略的制定；AUV 完成该局部详细探测后继续进行梳形探测。文献[21]中报道了日本 r2D4 AUV 在热液探测中的路径规划方法，如果 AUV 探测到异常情况，则进入点、线或区域三种局部精细探测路径模式，以对该位置进行高分辨率的探测，获取更多信息，之后 AUV 回到预规划的探测路径继续探测。

近年来，国际上针对自主机器人基于实时探测传感器信息，自主追踪化学羽流进而快速到达源头位置开展了大量的研究工作[22, 23]。研究结果表明，AUV 基于实时探测传感器信息，采用仿生的方法追踪化学羽流，是实现在复杂海洋环境中基于羽流信息快速搜索和定位羽流源头的有效方法[24, 25]。因此，基于自主机器人化学羽流追踪领域相关研究结果，研究 AUV 在线自主规划方法，赋予 AUV 自主追踪深海热液羽流的能力，是提高基于 AUV 的海底热液喷口搜索和定位效率所需研究的重要问题。

1.3 水下机器人热液喷口区近海底自主探测和作业

1.3.1 水下机器人海底热液活动探测三阶段

如前所述，除了应用水下机器人进行搜索和定位海底热液喷口，水下机器人也是对热液喷口区海底进行探索、测绘、观察、采样等的重要工具。针对未知海底热液活动区和热液喷口，应用水下机器人搜索定位热液喷口，之后对其进行探测和作业等，可划分为三个阶段。

(1)第一阶段：水下机器人探测深海热液羽流，基于获取的热液羽流时空分布信息寻找热液喷口。

(2)第二阶段：水下机器人利用声学、光学等感知手段，对上一阶段基于热液羽流信息找到的热液喷口进行确认以及位置的精确定位，并基于热液喷口位置信息自主规划热液喷口附近区域的探测路径，近海底数米航行，自主对热液喷口位置附近区域的地形地貌、重力、磁力、海洋水体、热液羽流、矿物和生物等分布进行高分辨率的测绘，并基于获取的信息寻找最优的作业位置和目标。

(3)第三阶段：根据在第二阶段寻找的最优作业位置和目标，机器人对目标进行精细观测，利用携带的机械手或其他作业工具进行局部区域定点作业，实现样品的采集、传感器的布放回收等。

若利用自主水下机器人能够在一次下潜作业中连续完成上述三个阶段的探测工作，则与目前联合应用自主水下机器人、遥控水下机器人、载人潜水器的多类型、多阶段探测模式相比显然具有更高的效率。但受目前水下机器人的自主感知、规划与控制技术的限制，水下机器人在近海底复杂、非结构化环境中的探索、探测和作业等任务仍需操作人员的介入。因此，兼具自主能力和操作人员遥控能力的自主遥控混合型水下机器人在高效热液探测中具有重要的应用前景。

1.3.2 自主遥控混合型水下机器人

McFarlane 将水下机器人的发展历史称为三次革命[26]：第一次革命出现在 20 世纪 60 年代，以载人潜水器的应用为主要标志；第二次革命出现在 20 世纪 70

年代，以 ROV 迅速发展成为一个成熟的产业为标志；第三次革命发生在 20 世纪 90 年代以后，以 AUV 走向成熟为标志。今后将进入各种类型水下机器人的混合时代。

自主遥控混合型水下机器人是近年来发展的一种新型混合型水下机器人[27, 28]。它综合了 AUV 和 ROV 的优点并克服各自的不足，可以在自主、半自主、遥控等不同作业模式下同时作为 AUV 和 ROV 进行中等范围测绘和搜索、定点精细观测以及水下作业等任务，相对于 AUV 和 ROV 来讲具有更高的工作效率。凭借独特的作业特点和技术优势，自主遥控混合型水下机器人的研发和在海洋观测、探测中的应用近年来在国际上得到长足的发展。

美国伍兹霍尔海洋研究所(Woods Hole Oceanographic Institution，WHOI)自 2001 年起开展了自主遥控混合型水下机器人关键技术研究工作，研制了当今国际上具有代表性的自主遥控混合型水下机器人 Nereus[29]，如图 1.8 所示。该机器人既可以以 AUV 模式进行自主海底探测，又可以通过光纤微缆与水面母船建立实时通信，以 ROV 模式利用搭载的机械手和采样工具进行海底取样作业。2009 年，Nereus 成功下潜至马里亚纳海沟万米深处进行科考。2011 年起，针对极地海冰科考，WHOI 开展了自主遥控混合型水下机器人 Nereid UI 的研制工作。该机器人携带 20 km 光纤微缆，可对冰下环境进行大范围的测绘、观测和采样等作业。近年来，WHOI 又提出了一种具有多种通信模式的自主遥控混合型水下机器人 Nereid HT，除光纤通信外，其还可利用水下无线光通信实现信息交互。美国 Oceaneering 公司联合 Boeing 公司和 Fugro 公司，从 2001 年起共同研发混合型水下机器人 Taser，以 AUV 和 ROV 混合作业模式实现水下设备观测和作业。美国 Stone Aerospace 公司研制的 DEPTHX 水下机器人，也可通过光纤与水面控制台进行交互。

图 1.8　美国伍兹霍尔海洋研究所研发的混合型水下机器人 Nereus[30]

日本海洋科学与技术中心于 1986 年开始研制 11000 m Kaiko 混合型水下机器人，1995 年该机器人到达马里亚纳海沟挑战者深渊底部。作为 Kaiko 丢失后的替代者，UROV7K 也是一种混合型水下机器人，其自带能源，通过光缆通信，可下潜至 7000 m 开展观测和采样等作业。2005 年，日本海洋科学与技术中心开始研制新的万米级混合型水下机器人 ABISMO 用于深渊探测，此外还针对海洋精确观测和在海底安装观测设备的需求，研制 MR-X1 混合型机器人，其具有自主、遥控两种工作模式。韩国船舶与海洋工程研究院开展了水下导航和水下机械手技术研究，开发了两用半自主水下机器人 DUSAUV，可在 AUV 和 ROV 两种模式下工作。

瑞典 SAAB 公司设计开发了混合型水下机器人 Seaeye Sabertooth，可以 ROV 或 AUV 的形式工作，具有自主航行、辅助操控和手动操控三种模式。此外，针对军事应用，该公司还研制了混合型水下机器人 SUBROV，其从鱼雷管发射，具有遥控和自主两种工作状态。此外，法国 Cybernetix 公司也研制了 ALIVE 水下机器人，其自带能源，可以自主航行，也可以通过声学通信实现监控操作作业。

在国内，中国科学院沈阳自动化研究所于 2003 年在国内率先提出自主遥控水下机器人(autonomous and remotely operated vehicle，ARV)的概念(我国提出的 ARV 技术内涵与国际上的自主遥控混合作业模式的水下机器人是一致的；以下叙述中，将自主遥控水下机器人简称为 ARV)，并被我国学者接受和认可。中国科学院沈阳自动化研究所于 2005 年和 2006 年分别研制成功 ARV-A 和 ARV-R 两型水下机器人。其中 ARV-A 型为观测型，ARV-R 型为作业型，可在其上搭载小型作业工具。在国家 863 计划支持下，面向北极海冰观测应用需求，中国科学院沈阳自动化研究所于 2008 年研制成功“北极”ARV，并分别于 2008 年、2010 年和 2014 年三次搭乘中国极地科考船“雪龙”号赴北极参加中国第三、第四和第六次北极科考[31, 32]，取得了令人瞩目的应用效果，实现了从水下观测海冰的观测方式上的全新突破。“十二五”期间，中国科学院沈阳自动化研究所面向深渊科考需求，在中国科学院战略性先导科技专项课题支持下，开展了全海深 ARV 关键技术攻关，成功研制“海斗”号全海深 ARV，并于 2016 年 6 月～8 月参加“探索一号”船马里亚纳海沟科考航次，下潜深度突破万米并成功完成探测作业，成为我国首台突破万米下潜深度的水下机器人，也使我国成为继美国、日本之后第三个具备万米深潜能力的国家。图 1.9 为“北极”ARV 和“海斗”ARV。

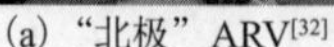

(a)“北极”ARV[32]

(b)“海斗”ARV[33]

图 1.9　中国科学院沈阳自动化研究所研发的 ARV(见书后彩图)

此外，上海交通大学、上海海洋大学、中国船舶重工集团公司第七〇二研究所、上海海事大学、哈尔滨工程大学等也相继开展了自主遥控混合型水下机器人的研发工作。ARV 是近年来水下机器人发展中的一个新领域，并得到了快速发展。当前，随着 ARV 的发展和成熟，ARV 的主要研究热点集中在如何利用兼具自主和遥控的技术特点和优势，开展深海、极地等极端环境下的精确实时观测、探测和轻作业技术研究。随着科技的不断进步和发展，利用 ARV 开展作业深度更深、范围更大、能力更强、领域更广的应用成为 ARV 的主要研究和发展趋势。

1.4　深海热液探测水下机器人关键技术

综上所述，自主水下机器人、自主遥控混合型水下机器人是将来深海热液探测应用的重要工具，其自主或在操作人员的辅助操作下高效地执行上述三阶段的探测任务具有重要的发展需求。为了支撑自主水下机器人和自主遥控混合型水下机器人高效实现三阶段探测任务，需要对以下关键技术开展研究工作：

针对第一阶段的水下机器人探测深海热液羽流，基于获取的热液羽流时空分布信息寻找热液喷口，需要基于国际上自主机器人化学羽流追踪的研究结果，研究 AUV 基于实时感知的热液羽流信息的在线自主规划技术，实现 AUV 自主追踪深海热液羽流，进而快速高效地寻找和定位海底热液喷口。

第二阶段的任务，从机器人学研究的角度来看，主要是在复杂、非结构化且未知的环境中进行自主探测和探索，采集高时空分辨率的多参数数据并搜索感兴趣的区域和目标。为了安全、高效地完成自主探测和探索任务，需要机器人的自主感知与控制技术的支持。

在自主感知方面：①在探测的第一阶段中，通过探测、追踪深海热液羽流到达海底热液喷口位置后，AUV 或 ARV 需要利用其感知信息对热液喷口及其喷发的热液羽流进行识别，以确认找到热液喷口；同时，感知系统还需提供喷口的位置信息，为 AUV 或 ARV 自主近距离精细观测热液喷口及其喷发的热液羽流的形态，以及自主利用传感器精确测量喷口和浮力羽流温度等参数的作业提供精确的位置伺服控制信息。该应用中，任务要求且同时也是最有效的感知手段即是声光视觉。因此，需要基于声光视觉感知实现热液喷口和热液羽流的识别和定位。②AUV 或 ARV 近底探测和探索的一个主要任务是利用相机拍摄海底照片，拼接出海底地貌图，进而获得海底最直观的地貌、矿物和生物等要素的分布。通过该地貌图，可选择最佳的 AUV 或 ARV 第三阶段作业区域、位置和目标，如最佳的坐底作业的海底底质、热液生物分布密度大的区域等。虽然该选择可由人工来完成，但 AUV 或 ARV 利用计算机算法自主识别海底地貌和目标，可获得比人工直觉和经验选择更优的客观结果。因此，为了实现高效探测和探索，需要 AUV 或 ARV 基于视觉感知海底地貌、生物群落并对其进行自主识别。

在控制方面：①由于 ARV 携带光纤微缆进而具有实时人机交互的能力，因此，如何在近底探测和探索过程中融合人的感知、决策、控制与 ARV 的自主感知、决策、控制，以实现操作人员遥控和 ARV 自主控制的最优协同，一方面提高 ARV 的工作能力，另一方面降低操作人员的操作复杂性，即人机协同控制问题，需要加以考虑。②为了获得精确的观测信息，需要 AUV 或 ARV 具有精确路径跟踪和运动控制的能力。而热液活动区地形复杂，且 ARV 携带的光纤微缆还会对机器人的运动带来随机扰动。因此，ARV 需要在光纤微缆等扰动情况下，在复杂的热液活动区地形中实现精确的路径和运动控制。

AUV 或 ARV 在第三阶段涉及的任务是利用携带的机械手或其他作业工具对感兴趣的矿物或生物等样品进行采集、对水下传感器进行布放回收、在热液喷口上方利用传感器进行热液流体采样等作业。这些任务可以由操作人员实时遥控 ARV 使其以 ROV 模式工作来完成。但这种遥控模式没有发挥出 ARV 同时具有自主能力的特点和优势，并且作业能力和精度还受限于操作人员的人为因素。此外，在深海热液活动区复杂环境条件下进行精细的遥控作业，操作人员的操作复杂性也较高，工作强度大。随着人工智能技术和水下机器人智能化的发展，水下机器人利用机械手等作业工具在无人或少人干预的情况下，基于自身的声光等环境和目标感知以及在线实时决策和规划自主地执行作业任务，在近年来得到了快速发展。因此，充分发挥水下机器人的自主能力的自主作业技术，是水下机器人在深海热液活动探测第三阶段应用主要的发展方向。

参 考 文 献

[1] 杜同军，翟世奎，任建国. 海底热液活动与海洋科学研究[J]. 中国海洋大学学报（自然科学版），2002, 32(4): 597-602.

[2] 冯军，李江海，陈征，等. “海底黑烟囱”与生命起源述评[J]. 北京大学学报（自然科学版），2004, 40(2): 318-325.

[3] 杨作升，范德江，李云海，等. 热液羽状流研究进展[J]. 地球科学进展, 2006, 21(10): 13-21.

[4] 栾锡武. 现代海底热液活动区的分布与构造环境分析[J]. 地球科学进展, 2004, 19(6): 931-938.

[5] 翟世奎，李怀明，于增慧，等. 现代海底热液活动调查研究技术进展[J]. 地球科学进展, 2007(8): 5-12.

[6] Yoerger D R, Bradley A M, Jakuba M, et al. Autonomous and remotely operated vehicle technology for hydrothermal vent discovery, exploration, and sampling[J]. Oceanography, 2007, 20(1): 152-161.

[7] McPhail S, Stevenson P, Pebody M, et al. Challenges of using an AUV to find and map hydrothermal vent sites in deep and rugged terrains[C]. Proceedings of the 2010 IEEE/OES Autonomous Underwater Vehicles, 2010: 1-8.

[8] Corliss J B, Dymond J, Gordon L I, et al. Submarine thermal springs on the Galapagos Rift[J]. Science, 1979, 203(4385): 1073-1083.

[9] Bergman E. Manned submersibles translating the ocean sciences for a global audience[C]. Proceedings of the Oceans 2012, 2012: 1-5.

[10] Saigol Z, Dearden R, Wyatt J, et al. Belief change maximisation for hydrothermal vent hunting using occupancy grids[C]. Proceedings of the Eleventh Conference Towards Autonomous Robotic Systems (TAROS-10), 2010: 247-254.

[11] Beaulieu S, Baker E, German C. On the global distribution of hydrothermal vent fields: one decade later[C]. Proceedings of the AGU Fall Meeting Abstracts, 2012.

[12] Jakuba M, Yoerger D, Bradley A, et al. Multiscale, multimodal AUV surveys for hydrothermal vent localization[C]. Proceedings of the Fourteenth International Symposium on Unmanned Untethered Submersible Technology (UUST05), 2005.

[13] Ura T. Observation of Sea Floor by Autonomous Underwater Vehicles[R]. Workshop on AUV Systems and Sensor Technology, 2010.

[14] 李江海, 牛向龙, 冯军. 海底黑烟囱的识别研究及其科学意义[J]. 地球科学进展, 2004, 19(1): 17-25.

[15] Jakuba M V. Stochastic mapping for chemical plume source localization with application to autonomous hydrothermal vent discovery[D]. Boston: Woods Hole Oceanography Institute, 2007.

[16] German C, Connelly D, Prien R, et al. New techniques for hydrothermal plume investigation by AUV[C]. Proceedings of the Geophysical Research Abstracts, European Geosciences Union, 2005: 04361.

[17] German C, Yoerger D, Jakuba M, et al. Hydrothermal exploration by AUV: progress to-date with ABE in the Pacific, Atlantic & Indian Oceans[C]. Proceedings of the 2008 IEEE/OES Autonomous Underwater Vehicles, 2008: 1-5.

[18] Yoerger D R, Jakuba M, Bradley A M, et al. Techniques for deep sea near bottom survey using an autonomous underwater vehicle[J]. The International Journal of Robotics Research, 2007, 26(1): 41-54.

[19] Jakuba M, Yoerger D R. Autonomous search for hydrothermal vent fields with occupancy grid maps[C]. Proceedings of the 2008 Australasian Conference on Robotics and Automation, 2008: 1-10.

[20] Ferri G, Jakuba M V, Yoerger D R. A novel trigger-based method for hydrothermal vents prospecting using an autonomous underwater robot[J]. Autonomous Robots, 2010, 29(1): 67-83.

[21] Nasahashi K, Ura T, Asada A, et al. Underwater volcano observation by autonomous underwater vehicle "r2D4"[C]. Proceedings of the Europe Oceans 2005, 2005: 557-562.

[22] Naeem W, Sutton R, Chudley J. Chemical plume tracing and odour source localisation by autonomous vehicles[J]. The Journal of Navigation, 2007, 60(2): 173-190.

[23] Kowadlo G, Russell R A. Robot odor localization: a taxonomy and survey[J]. The International Journal of Robotics Research, 2008, 27(8): 869-894.

[24] Li W, Farrell J A, Pang S, et al. Moth-inspired chemical plume tracing on an autonomous underwater vehicle[J]. IEEE Transactions on Robotics, 2006, 22(2): 292-307.

[25] Farrell J A, Pang S, Li W. Chemical plume tracing via an autonomous underwater vehicle[J]. IEEE Journal of Oceanic Engineering, 2005, 30(2): 428-442.

[26] McFarlane J R. Tethered and untethered vehicles: the future is in the past[C]. Proceedings of the Oceans 2008, 2008: 1-4.

[27] Xiang X B, Niu Z M, Lapierre L, et al. Hybrid underwater robotic vehicles: the state-of-the-art and future trends[J]. HKIE Transactions, 2015, 22(2): 103-116.

[28] 李一平, 李硕, 张艾群. 自主/遥控水下机器人研究现状[J]. 工程研究-跨学科视野中的工程, 2016, 8(2): 217-222.

[29] Bowen A D, Yoerger D R, Taylor C, et al. The Nereus hybrid underwater robotic vehicle for global ocean science operations to 11,000 m depth[C]. Proceedings of the Oceans 2008, 2008: 1-10.

[30] Dunbabin M, Marques L. Robots for environmental monitoring: significant advancements and applications[J]. IEEE Robotics & Automation Magazine, 2012, 19(1): 24-39.

[31] Zeng J B, Li S, Li Y P, et al. The observation of sea-ice in the six Chinese National Arctic Expedition using Polar-ARV[C]. Proceedings of the Oceans 2015, 2015: 1-4.

[32] Zeng J B, Li S, Tang Y G, et al. The application of Polar-ARV in the fourth Chinese National Arctic Expedition[C]. Proceedings of the Oceans 2011, 2011: 1-5.

[33] 要振江. 自主遥控水下机器人参数化设计与建模方法研究[D]. 沈阳: 中国科学院大学, 2018.

2

羽流模型和羽流追踪仿真环境

2.1 热液羽流简介

2.1.1 热液羽流结构

密度较小的热液流体从喷口喷出后，在初始喷溢动量和其与环境海水的密度差作用下迅速上升，并在上升过程中通过湍流夹带卷吸入环境海水使其稀释，当稀释后的热液流体密度与环境海水密度相同并且其上升动量减小为零时停止上升，这段从喷口喷出到停止上升的热液羽流称为热液浮力羽流。图 2.1 为热液羽流结构示意图。从时均的角度看，浮力羽流在从海底上升到浮力羽流柱顶端的过程中，羽流的直径在横向上从喷口直径的几厘米扩大到顶端的 50～100 m[1]。而瞬时的浮力羽流则是具有较大异常强度但中间夹杂着环境海水的间断的、不规则的结构[2]（喷口喷出的高温热液流体具有一定的向上初始速度和热浮力，导致上升羽流的边缘剪切不稳定而产生漩涡，漩涡将环境海水卷入羽流内部并使其与热液流体混合，产生浮力驱动的湍流结构）。热液浮力羽流的上升高度受喷口区域海洋水文特性（温度、盐度、密度剖面等）、环境流场特性（在环境横向流的作用下浮力羽流会沿流的方向发生侧向弯曲）、喷溢的通量等多种因素影响，在典型的情况下一般为 100～400 m[3]。

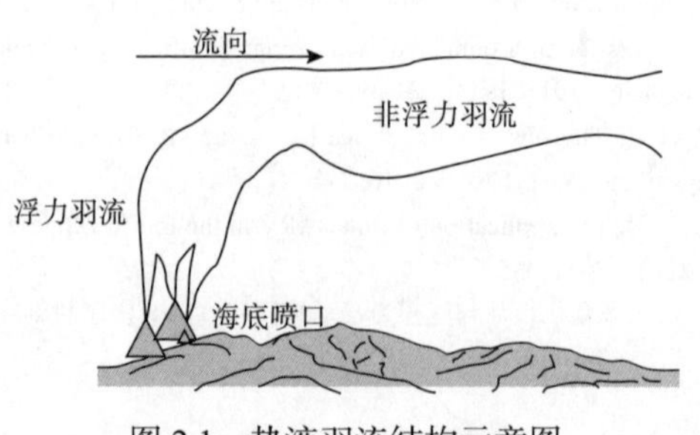

图 2.1 热液羽流结构示意图

热液浮力羽流在达到顶端的中性浮力后，在自身产生的压力梯度和环境横向流的作用下向侧向扩散，形成热液非浮力羽流。在典型情况下，热液非浮力羽流的厚度为 100 m 级[4]，而其随海流扩散的距离可达数百至数千千米。从瞬时的角度看，热液非浮力羽流也是中间夹杂着环境海水的不连续结构，而且在随时间和空间变化的水平流[5]特别是多个周期潮汐流的综合作用下，热液非浮力羽流分布的轴线会发生弯曲，而且不与流向平行。

2.1.2 热液羽流示踪物

热液羽流的物理和化学特性与周围环境海水区别鲜明，通过探测水体的温度、颗粒物浓度、光学系数或特征化学元素含量的异常（水体中温度、颗粒物和其他化学元素等的异常是由热液喷口引入的，因此，实际上异常的计算就是比较在相同密度点羽流值和环境值的差异），可以探测到热液羽流。目前，在热液羽流探测的实际应用中，比较常用的热液羽流示踪物主要包括温度、光学特性、化学成分、氧化还原势和上升流等。并且，这些热液羽流的示踪物可以分成两类[6]：

(1) 守恒示踪物。示踪物的强度仅受被动对流和扩散的影响。

(2) 非守恒示踪物。示踪物的强度还受化学反应、生物过程或辐射衰减等的影响。

以下对探测热液羽流的常用示踪物进行简要介绍：

(1) 温度。温度是典型的热液羽流示踪物。在深海，势温度（potential temperature）和势密度（potential density）通常存在线性关系，而且可以拟合出方程来描述这种关系。由于热液喷口热量的引入，这种线性关系遭到了破坏，因此通过温度异常可以判断热液羽流。

(2) 光学。水体光衰减与光散射的异常广泛应用于检测热液羽流。相对于水文特征，水体光学特征是“非守恒”的，其衰减特征取决于水体中颗粒物质的含量。光学异常比水文异常更容易检测，而且光学异常与温度异常有很好的相关性。光学性质的测量一般是在温盐深传感器（conductivity temperature depth, CTD）上加装浊度计或透光度计（或两者均有），一般与温度探测同时进行。

(3) 化学成分。浮力羽流上升至中性浮力后，羽流中一些化学成分（如锰、铁、甲烷及其他多种化学指标）的含量比周围海水高约 10^7 倍，距离喷口很远都可探测到这些含量异常。在热液羽流的探测中，锰和甲烷是最常用的示踪物[7]。但在某些海域，如弧后扩张地区，一些锰和甲烷分布异常与热液过程无关，所以必须用物理和化学等其他多种独立的方法来联合鉴别水体异常，进而保证热液羽流辨识的可靠性。

(4) 氧化还原势。氧化还原势（eH）又称氧化还原电位，是度量某氧化还原系统中的还原剂释放电子或氧化剂接受电子趋势的一种指标。热液流体中富含还原性的物质，与海水接触后这些物质就会氧化，因此，越低的 eH 值则说明该检测的热液流体越“新”。所以，采用 eH 传感器可以推测出热液流体从喷口喷发出的时间。一般情况下，如果检测到 eH 异常，则说明浮力羽流柱和热液喷口就在几百米附近，因此氧化还原势异常常作为热液羽流的非守恒示踪物，被广泛应用于热液浮力羽流探测。

(5) 上升流。由于浮力羽流在到达中性浮力后仍具有较大的剩余动量，即相对于环境海水具有较大的垂向速度，因此，水体的垂向速度异常也常作为浮力羽流的一种典型的非守恒示踪物。目前，声学多普勒流速剖面仪(acoustic Doppler current profiler，ADCP)已经成为水下机器人的标准配置。利用 ADCP 即可以测出水体垂直剖面的速度，可以发现垂向速度的异常从而判断检测浮力羽流。

2.2 羽流模型

2.2.1 数学模型

热液羽流和输运羽流的流场仿真是水下机器人追踪热液羽流仿真研究环境的重要部分。为了进行羽流和流场的数值仿真，建立羽流的模型是关键。

针对水下机器人深海热液羽流追踪仿真研究，仿真环境中的流场和羽流不需要对海洋流场和热液羽流进行完全真实模拟(模型复杂度高，且数值求解的时空复杂度大而难以满足基于仿真环境进行的 Monte Carlo 仿真分析或实时仿真研究需要)，而只需要满足仿真研究需要：

(1) 体现水下机器人追踪热液羽流的策略和规划方法研究的问题复杂性因素。输运羽流的流场非均匀、非定常，热液羽流含有非守恒示踪物，示踪物分布不规则、不连续、尺度大、三维空间分布、含有浮力上升部分，热液羽流轴线弯曲且不与流向平行和热液活动区存在多个热液喷口。

(2) 保证羽流的时空分布要符合流场的时空分布。

因此，在仿真环境中没有考虑针对海洋流场和热液羽流的描述模型，而是采用一般湍流场和其输运的被动标量的基本模型[8]：

$$\frac{\partial u_i}{\partial t}+u_j\frac{\partial u_i}{\partial x_j}=-\frac{1}{\rho}\frac{\partial p}{\partial x_i}+\nu\frac{\partial^2 u_i}{\partial x_i x_j}+f_i \tag{2.1}$$

$$\frac{\partial u_i}{\partial x_i}=0 \tag{2.2}$$

$$\frac{\partial C}{\partial t}+u_i\frac{\partial C}{\partial x_i}=\frac{\partial^2}{\partial x_i x_j}\left(K_{ij}C\right) \tag{2.3}$$

式中，u_i 为流场的速度分量；ρ 为流体的密度；p 为流体压力；ν 为流体运动黏性系数；f_i 为质量力强度；C 为标量示踪物强度；K_{ij} 为湍流扩散张量分量。

式(2.1)和式(2.2)为湍流场的控制方程——Navier-Stokes方程，它们不受标量存在的影响，湍流场在给定的初始条件和边界条件下，在式(2.1)和式(2.2)的控制下发展；式(2.3)为被动标量输运的控制方程，给定湍流速度场和标量场的初始和边界条件，求解式(2.3)可确定标量场。因此，在仿真环境中，分别求解式(2.1)～式(2.3)即可实现流场和热液羽流的仿真。

2.2.2 数值求解

由于在仿真中将热液羽流示踪物近似为被动标量，所以在数值求解的过程中不考虑式(2.1)、式(2.2)和式(2.3)之间的耦合，即对它们分别独立求解。

为了使仿真环境中的热液羽流分布体现不规则、不连续等湍流特性，采用湍流仿真的拉格朗日粒子随机行走方法[9]求解式(2.3)。粒子随机行走方法通过求解离散的三维Fokker-Planck方程，计算每一个粒子在 t_k 时刻的位置为

$$\boldsymbol{X}_k=\boldsymbol{X}_{k-1}+\boldsymbol{A}\left(\boldsymbol{X}_{k-1},t_{k-1}\right)\Delta t+\boldsymbol{Z}_k\boldsymbol{B}\left(\boldsymbol{X}_{k-1},t_{k-1}\right)\sqrt{\Delta t} \tag{2.4}$$

式中，$\boldsymbol{X}_k=[x_k,y_k,z_k]^{\mathrm{T}}$ 和 $\boldsymbol{X}_{k-1}=[x_{k-1},y_{k-1},z_{k-1}]^{\mathrm{T}}$ 分别为每一个粒子在 t_k 和 t_{k-1} 时刻的位置；$\boldsymbol{Z}_k=[Z_{kx},Z_{ky},Z_{kz}]^{\mathrm{T}}$ 为相互独立的随机数向量；$\Delta t=t_k-t_{k-1}$ 为仿真计算的时间步长。当选取驱动向量 $\boldsymbol{A}$ 和缩放矩阵 $\boldsymbol{B}$ 为如下形式时：

$$A_i=u_i+\frac{\partial K_{ij}}{\partial x_j}\,,\quad B_{ik}B_{jk}=2K_{ij} \tag{2.5}$$

式(2.4)的连续形式等价于式(2.3)。

基于海洋环境中热液羽流示踪物输运的主要机制，将式(2.4)表示为

$$x_k=x_{k-1}+\left(\overline{u}_a+u_t\right)\Delta t \tag{2.6}$$

$$y_k=y_{k-1}+\left(\overline{v}_a+v_t\right)\Delta t \tag{2.7}$$

$$z_k=z_{k-1}+\left(\overline{w}_a+\overline{w}_b+w_t\right)\Delta t \tag{2.8}$$

式(2.6)～式(2.8)即为仿真采用的粒子运动方程，其中，$\left(\overline{u}_a,\overline{v}_a,\overline{w}_a\right)$ 和 $\overline{w}_b$ 为每一个粒子的确定性平均速度分量，分别模拟热液示踪物随环境流体运动的输运过程和由于浮力、初始喷溢动量引起的羽流垂向运动；$\left(u_t,v_t,w_t\right)$ 为每一个粒子的随机速度分量，模拟在湍流作用下热液羽流示踪物的湍流扩散过程。

对于确定性速度 $\left(\overline{u}_a,\overline{v}_a,\overline{w}_a\right)$，通过在仿真环境中求解系综平均的式(2.1)来获得。由于在海洋环境中，海流方向主要为水平方向，因此在仿真中将流场近似为二维水平面流，即 $\overline{w}_a=0$。考虑到仿真中的仿真流场仅起到动态输运拉格朗日羽

流粒子的作用，所以只需要流场的速度场，因此为了减小数值求解的计算量，忽略式(2.1)平均后的时均压力、质量力和湍流应力项，得方程：

$$\frac{\partial \overline{u}_a}{\partial t}+\overline{u}_a\frac{\partial \overline{u}_a}{\partial x}+\overline{v}_a\frac{\partial \overline{u}_a}{\partial y}=\nu_H\left(\frac{\partial^2 \overline{u}_a}{\partial x^2}+\frac{\partial^2 \overline{u}_a}{\partial y^2}\right) \tag{2.9}$$

$$\frac{\partial \overline{v}_a}{\partial t}+\overline{u}_a\frac{\partial \overline{v}_a}{\partial x}+\overline{v}_a\frac{\partial \overline{v}_a}{\partial y}=\nu_H\left(\frac{\partial^2 \overline{v}_a}{\partial x^2}+\frac{\partial^2 \overline{v}_a}{\partial y^2}\right) \tag{2.10}$$

式中，ν_H为水平面的湍流黏性系数。

在仿真中，可采用有限差分等方法求解式(2.9)和式(2.10)来计算网格节点处的$\left(\overline{u}_a,\overline{v}_a\right)$值，在网格节点之间的$\left(\overline{u}_a,\overline{v}_a\right)$值可采用双线性插值计算获得(图2.2)：

$$\overline{u}_a\left(x,y\right)=\overline{u}_{a1}+\left(\overline{u}_{a2}-\overline{u}_{a1}\right)\frac{y}{\Delta y}+\left(\overline{u}_{a4}-\overline{u}_{a1}\right)\frac{x}{\Delta x}+\left(\overline{u}_{a1}-\overline{u}_{a2}+\overline{u}_{a3}-\overline{u}_{a4}\right)\frac{x}{\Delta x}\frac{y}{\Delta y} \tag{2.11}$$

式中，$\overline{u}_{ai}$（i=1, 2, 3, 4）为与插值计算点最为临近的四个网格节点处的值；$\left(x,y\right)$为到第一个节点的距离；Δx和Δy为网格节点的尺度。

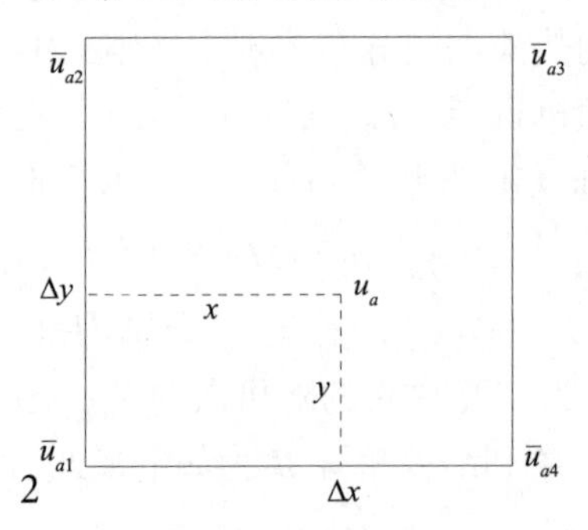

图 2.2　双线性插值示意图

对于粒子的垂向运动速度$\overline{w}_b$，采用羽流上升模型来计算。如采用式(2.12)所示的羽流轴线随时间上升高度模型[10]：

$$H(\overline{u},F,s,t)=2.6\left(\frac{Ft^2}{\overline{u}}\right)^{1/3}\left(t^2s+4.3\right)^{-1/3} \tag{2.12}$$

式中，$\overline{u}=\sqrt{\overline{u}_a^2+\overline{v}_a^2}$为平均水平流速；$t$为羽流释放时间；$F$为浮力通量参数；$s$为稳定度参数。$F$和$s$分别为

$$F=gw_0r^2\frac{\rho_0-\rho_a}{\rho_0}，\quad s=\frac{g}{\rho_a}\frac{\partial \rho_a}{\partial z} \tag{2.13}$$

其中，g为重力加速度，w_0为羽流初始喷溢速度，r为喷口半径，ρ_a和ρ_0分别为环境流体和初始喷溢的羽流示踪物密度。

则每一时间步的$\overline{w}_b$由下式计算：

$$\overline{w}_b(t)=\frac{H(\overline{u},F,s,t+\Delta t)-H(\overline{u},F,s,t)}{\Delta t} \tag{2.14}$$

对于(u_t,v_t,w_t)的计算，采用随机行走算法：

$$U_i=2\left(0.5-[R]_0^1\right)\sqrt{6K_i/\Delta t},\quad i=\mathrm{L,T,V} \tag{2.15}$$

式中，U_L、U_T和U_V分别为沿流向、水平方向和垂直方向垂直于流向的湍流随机速度；K_L、K_T和K_V分别为相应方向的湍流扩散系数；$[R]_0^1$为采用线性同余方法产生的[0, 1]之间均匀分布的伪随机数。

则(u_t,v_t,w_t)计算为

$$u_t=U_\mathrm{L}\cos\theta-U_\mathrm{T}\sin\theta \tag{2.16}$$

$$v_t=U_\mathrm{L}\sin\theta+U_\mathrm{T}\cos\theta \tag{2.17}$$

$$w_t=U_\mathrm{V} \tag{2.18}$$

式中，$\theta=\arctan2(\overline{v}_a,\overline{u}_a)$为粒子所在位置处的平均流向。

2.2.3 示踪物强度计算

为了从离散的拉格朗日粒子时空分布得到热液羽流示踪物强度的时空分布，采用光滑粒子动力学方法计算空间任意位置的热液羽流示踪物强度，并选取如下的光滑核函数：

$$C\left(d,r(t_p)\right)=\frac{1}{4\pi r^3}\begin{cases}4-6\left[\dfrac{d}{r(t_p)}\right]^2+3\left[\dfrac{d}{r(t_p)}\right]^3, & 0\leqslant d<r\\ \left[2-\dfrac{d}{r(t_p)}\right]^3, & r\leqslant d<2r\\ 0, & d\geqslant 2r\end{cases} \tag{2.19}$$

式中，$d=\|\boldsymbol{X}-\boldsymbol{X}_p\|$为空间任意位置$\boldsymbol{X}=[x,y,z]^\mathrm{T}$和粒子位置$\boldsymbol{X}_p=[x_p,y_p,z_p]^\mathrm{T}$之间的欧几里得距离；$t_p$为粒子的生成时间；$r(t_p)$为粒子在$t_p$时刻的光滑长度，其值随粒子随机运动位移的均方值增加而增加：

$$r(t_p)=\left[r^2(0)+\gamma_r t_p\right]^{1/2} \tag{2.20}$$

其中，$r(0)$为粒子的初始光滑长度，$\gamma_r>0$为调节粒子的光滑长度随时间增加的系数。

则在任意空间位置$\boldsymbol{X}$处t时刻的示踪物强度$C(\boldsymbol{X},t)$计算如下：

$$C(\boldsymbol{X},t)=\sum_{i=1}^{N}Q_iC_i\left(\|\boldsymbol{X}-\boldsymbol{X}_{pi}\|,r_i(t)\right) \tag{2.21}$$

式中，N为仿真中已经生成的粒子数量；Q_i为第i个粒子的示踪物属性值；C_i为通过式(2.19)计算得到的第i个粒子的核函数。

热液羽流含有多种物理和化学示踪物，主要分为两类：①守恒示踪物如势温度，在浮力和非浮力羽流中均能检测到；②非守恒示踪物如上升流，仅能在浮力羽流部分检测到。因此，当水下机器人追踪非浮力羽流过程中检测到非守恒示踪物，则说明机器人已接近于浮力羽流顶端，可从非浮力羽流追踪阶段转入浮力羽流追踪阶段，所以非守恒示踪物对于机器人追踪热液羽流的在线决策和规划具有重要作用。如前所述，仿真环境中的热液羽流示踪物不需要反映真实的热液羽流示踪物物理或化学特性，而只需要体现所研究问题的复杂性因素。因此，在仿真中我们赋予每一个粒子两种抽象的属性，分别模拟守恒和非守恒示踪物：对于守恒示踪物，选取 $Q_i = C_0$，其中 $C_0 > 0$ 为一常数；对于非守恒示踪物，选取 $Q_i = \overline{w}_{ib}(t)$，$\overline{w}_{ib}(t)$ 为由式(2.14)计算得到的第 i 个粒子在 t 时刻的平均垂向速度。

2.2.4 初始和边界条件

为了得到非均匀、非定常的流场，并同时考虑到仿真要满足对水下机器人追踪热液羽流的控制策略进行 Monte Carlo 仿真分析的研究需要，在仿真中对流场设置如下的时变边界条件：

$$\overline{u}_{ai}(t) = \overline{u}_{ai0} + k_{ui} f\left(2\left(0.5 - [R]_0^1\right)\right) \tag{2.22}$$

$$\overline{v}_{ai}(t) = \overline{v}_{ai0} + k_{vi} f\left(2\left(0.5 - [R]_0^1\right)\right) \tag{2.23}$$

式中，$\left(\overline{u}_{ai}(t), \overline{v}_{ai}(t)\right)$ $(i = 1,2,3,4)$ 为 t 时刻流场计算域的四个角节点流速值；$\left(\overline{u}_{ai0}, \overline{v}_{ai0}\right)$ 为流速值中的平均成分；k_{ui} 和 k_{vi} 为调节附加随机数幅值的比例因子；$f\left(2\left(0.5 - [R]_0^1\right)\right)$ 为由 $2\left(0.5 - [R]_0^1\right)$ 输入如下传递函数描述的欠阻尼二阶系统产生的随机数：

$$H(s) = \frac{\omega_n^2}{s^2 + 2\xi\omega_n s + \omega_n^2} \tag{2.24}$$

其中，$0 < \xi < 1$ 为相对阻尼系数，$\omega_n = 2\pi / T$ 为无阻尼振荡频率，周期 T 即调节 $\left(\overline{u}_{ai}, \overline{v}_{ai}\right)$ 的变化周期，也即调节流场的变化周期。

计算域四条边界上其他节点的 $\left(\overline{u}_a(t), \overline{v}_a(t)\right)$ 值则通过对其两端角节点的 $\left(\overline{u}_{ai}(t), \overline{v}_{ai}(t)\right)$ 值线性插值获得。因此，仿真中的流场为由随机边界条件驱动得到的随机、时变流场。

为了得到分布更为不规则、不连续和随机的羽流示踪物时空分布，在每一个仿真时间步，如果 $[R]_0^1 < \varepsilon$ 则释放 $n \geqslant 1$ 个粒子，其中，$0 < \varepsilon \leqslant 1$ 为调节粒子释放概率的参数。释放的粒子初始位置 (x_0, y_0, z_0) 为位于喷口之内的随机位置：

$$x_0 = x_s + R\cos\varphi \tag{2.25}$$

$$y_0 = y_s + R\sin\varphi \tag{2.26}$$

$$z_0 = z_s \tag{2.27}$$

式中，(x_s, y_s, z_s)为喷口中心位置；$R = R_s \times [R]_0^1$，其中，R_s为喷口半径；$\varphi = 2\pi \times [R]_0^1$。

喷口水平位置(x_s, y_s)为设定的喷口存在区域$[X_{v\min} \quad X_{v\max} \quad Y_{v\min} \quad Y_{v\max}]$中随机产生的位置：

$$x_s = X_{v\min} + [R]_0^1 (X_{v\max} - X_{v\min}) \tag{2.28}$$

$$y_s = Y_{v\min} + [R]_0^1 (Y_{v\max} - Y_{v\min}) \tag{2.29}$$

对于区域中存在多个热液羽流的情况，则可在仿真环境中设置 n_s>1 个喷口，每个喷口的位置可通过式(2.28)和式(2.29)计算。

在目前的仿真中，仅考虑当粒子运动到流场计算区域$[X_{\min} \quad X_{\max} \quad Y_{\min} \quad Y_{\max}]$之外时对粒子的删除，没有考虑粒子和其他障碍物的碰撞等其他边界条件。

2.3 仿真环境

本章在研发的羽流模型基础上，研发计算机仿真环境。考虑到研究需要，水下机器人追踪深海热液羽流的仿真研究环境应满足以下方面要求：

(1)体现研究问题的复杂性因素，包括流场、羽流、水下机器人动力学和传感器的噪声等，以保证基于计算机仿真的研究结果能够在真实海洋环境中有效。

(2)仿真计算要具有较小的时空复杂度，以满足对研究的控制策略进行 Monte Carlo 仿真分析和实时仿真研究需要。

(3)仿真环境中研究的机器人控制策略便于向实际的机器人系统移植，以利于对研究的控制策略进行基于半物理仿真平台或真实机器人的实验或试用。

(4)仿真环境中编写的控制策略程序要便于修改和调试，以节省研究过程中修改和调试控制策略时的代码修改和调试工作量。

(5)有较好的可视化效果，便于环境参数的设置、调节和直观地观察仿真结果。

(6)有较好的模块化体系结构，便于在此基础上的后续扩展和继续开发。

(7) 避免需要第三方商用软件的支持，以提高仿真环境的独立性和可移植性。

针对研究需要和上述要求，作者采用 C++编程语言开发了一个水下机器人追踪深海热液羽流的仿真环境。

2.3.1 软件结构

该仿真环境采用模块化的体系结构，各基本模块及其之间关系如图 2.3 所示。

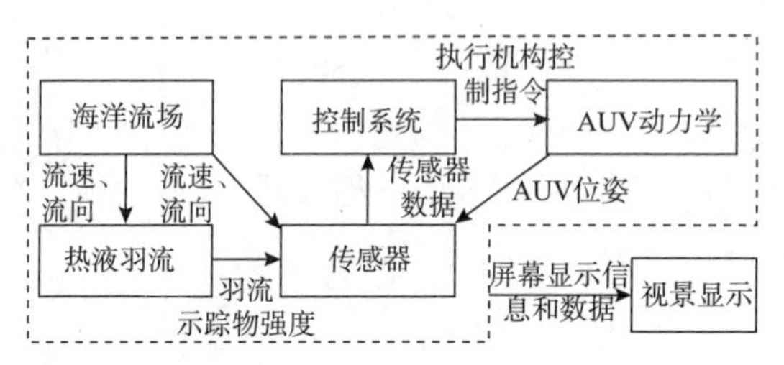

图 2.3　仿真环境体系结构

海洋流场和热液羽流模块分别仿真环境流场和热液羽流；传感器模块仿真机器人搭载的探测传感器(目前主要考虑对机器人搭载的流速、流向和羽流示踪物强度传感器的噪声特性进行仿真，并将噪声近似为高斯白噪声)；控制系统模块仿真追踪热液羽流水下机器人的控制系统；AUV 动力学模块中，采用四阶龙格-库塔法求解水下机器人六自由度空间运动的一般方程，实现对机器人运动学和动力学的仿真；视景显示模块中，为了获得较好的屏幕显示速度和效果，采用 OpenGL 函数在屏幕上绘制和显示流场、羽流、水下机器人航迹和传感器读数等信息。

在每一个仿真时间步，首先海洋流场模块运行，并将仿真流速和流向信息提供给热液羽流模块，然后热液羽流模块利用该信息计算仿真羽流的扩散和分布；之后传感器模块根据当前 AUV 的位姿和流场、羽流的分布，计算机器人检测到的流速、流向和羽流示踪物强度数据并将其提供给 AUV 控制系统模块；控制系统根据感知信息和相应的控制策略计算机器人执行机构的控制指令，输出给 AUV 动力学模块；AUV 动力学模块基于输入的控制指令计算新的机器人位姿并将信息提供给传感器模块以更新机器人的位姿数据；最后视景显示模块读取其他模块数据并将所需必要信息显示在计算机屏幕上。

2.3.2　水下机器人运动学和动力学仿真

水下机器人运动学和动力学仿真模块通过求解水下机器人六自由度非线性动力学方程来实现其运动学和动力学仿真[11]：

$$\boldsymbol{M}\dot{\boldsymbol{v}} = \boldsymbol{F} \tag{2.30}$$

式中，$\boldsymbol{M}$ 为水下机器人的广义质量矩阵；$\boldsymbol{v}=[u,v,w,p,q,r]^{\mathrm{T}}$ 和 $\boldsymbol{F}=[X,Y,Z,K,M,N]^{\mathrm{T}}$ 分别为水下机器人在载体坐标下的速度向量和广义力向量。$\boldsymbol{F}$ 可以表示为如下各种分量的合成：

$$\boldsymbol{F} = \boldsymbol{F}_C + \boldsymbol{F}_G + \boldsymbol{F}_I + \boldsymbol{F}_V + \boldsymbol{F}_{\mathrm{RS}} + \boldsymbol{F}_T + \boldsymbol{F}_O \tag{2.31}$$

式中，$\boldsymbol{F}_C$ 为科里奥利力和向心力；$\boldsymbol{F}_G$ 为重力和浮力等水静力；$\boldsymbol{F}_I$ 为 AUV 受到的惯性水动力，可以表示为 $\boldsymbol{F}_I = -\boldsymbol{M}_I\dot{\boldsymbol{v}}$，其中，$\boldsymbol{M}_I$ 为水下机器人的附加质量矩阵；

$\boldsymbol{F}_V$ 为 AUV 受到的黏性水动力；$\boldsymbol{F}_{\mathrm{RS}}$ 为由水下机器人的控制面如舵、翼等产生的控制力；$\boldsymbol{F}_T$ 为推进器产生的推力；$\boldsymbol{F}_O$ 为如浪、流等产生的环境扰动力。

因此，式(2.30)可以表示为

$$\left(\boldsymbol{M}+\boldsymbol{M}_I\right)\dot{\boldsymbol{v}}=\boldsymbol{F}_C+\boldsymbol{F}_G+\boldsymbol{F}_V+\boldsymbol{F}_{\mathrm{RS}}+\boldsymbol{F}_T+\boldsymbol{F}_O \tag{2.32}$$

水下机器人在大地坐标系下的速度向量 $\dot{\boldsymbol{\eta}}=\left[\dot{\xi},\dot{\eta},\dot{\zeta},\dot{\varphi},\dot{\theta},\dot{\psi}\right]^{\mathrm{T}}$ 可以表示为

$$\dot{\boldsymbol{\eta}}=\boldsymbol{R}\boldsymbol{v} \tag{2.33}$$

式中，$\boldsymbol{\eta}$ 为水下机器人在大地坐标系下的位姿向量；$\boldsymbol{R}$ 为由欧拉角定义的旋转变换矩阵。关于变量的定义和详细说明请参考文献[11]。在仿真环境中，采用四阶龙格-库塔法求解式(2.32)和式(2.33)，得到水下机器人的位姿和速度。

2.3.3　标量场仿真

基于该仿真环境，为了研究水下机器人定位喷口后继续自主探测其周围标量场分布(如温度 T)等的策略和算法，采用高斯分布函数

$$T(x,y)=T_0\times\exp\left\{-\frac{1}{2\left(1-\rho^2\right)}\left[\left(\frac{x-x_0}{\sigma_1}\right)^2-2\rho\frac{x-x_0}{\sigma_1}\frac{y-y_0}{\sigma_2}+\left(\frac{y-y_0}{\sigma_2}\right)^2\right]\right\} \tag{2.34}$$

和非线性函数

$$T\left(x,y;x_0,y_0\right)=a_1+a_2\mathrm{d}x+a_3\mathrm{d}y+a_4\left(\mathrm{d}x\right)^2+a_5\mathrm{d}x\mathrm{d}y+a_6\left(\mathrm{d}y\right)^2 \tag{2.35}$$

来模拟喷口周围如温度等标量场的分布。式中，$\left(x_0,y_0\right)$ 为中心值；T_0 为高斯函数在 (x_0,y_0) 处的值；σ_1^2 和 σ_2^2 为两个变量各自的方差；$\rho<1$ 为相关系数；$\mathrm{d}x=x-x_0$，$\mathrm{d}y=y-y_0$；$a_i(i=1,2,\cdots,6)$ 为各项系数。

2.4　仿真环境演示

2.4.1　三维羽流

图 2.4 为仿真环境的屏幕显示，其中窗口上部显示守恒(C)和非守恒(V)示踪物传感器前 20 s 读数，窗口右部显示机器人当前的运动状态、探测传感器(守恒和非守恒示踪物、流速和流向)读数和行为，窗口中心部分实时显示流场、羽流、机器人航迹(航迹上的加粗位置表示在该位置机器人检测到羽流示踪物)、喷口存在区域和喷口。由于在目前的仿真研究中将机器人的控制周期和探测传感器采样周期都设置为 0.1 s，所以将仿真计算中的时间步长 $\Delta t=t_k-t_{k-1}$ 设置为 0.1 s。同时，为进行实时仿真，将仿真环境计算执行周期和屏幕显示周期 Δt_c 也均设置为 0.1 s(根

据研究需要，Δt 和 Δt_c 均可相应修改，如对研究的控制策略进行 Monte Carlo 仿真研究，可以关闭屏幕显示并减小 Δt_c 以提高计算速度）。

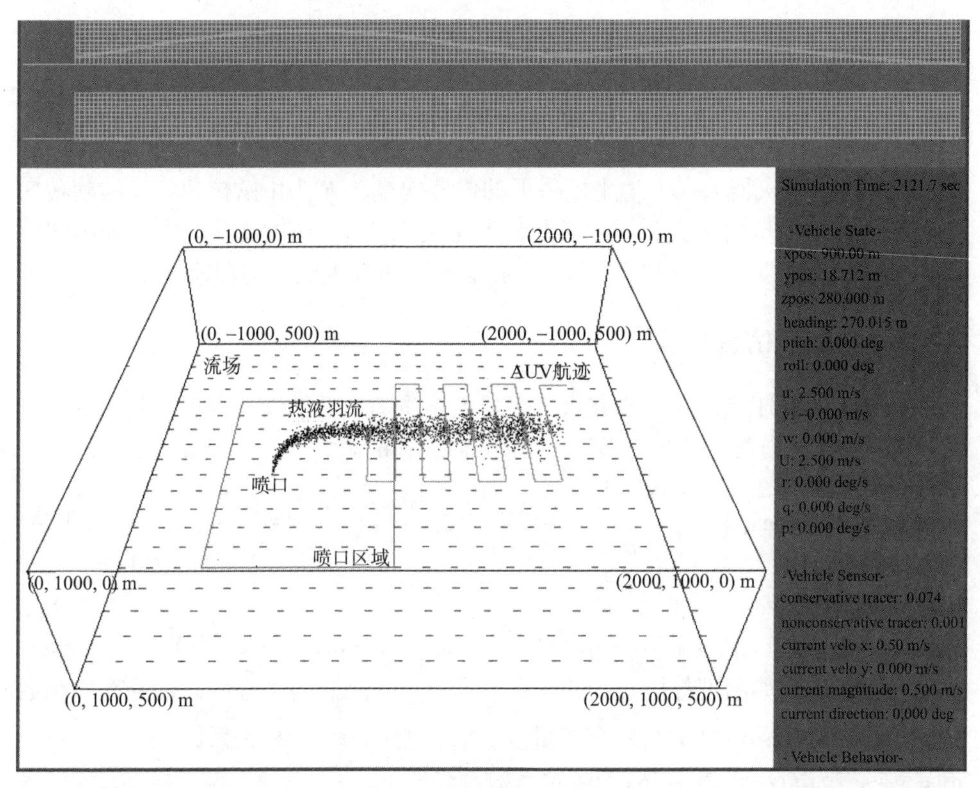

图 2.4　仿真环境屏幕显示（见书后彩图）

在目前的仿真环境中，设置流场的计算区域为 2000 m×2000 m，计算网格间距为 100 m，湍流黏性系数 ν_H 为 500 m^2/s，流场的初始速度 $(\bar{u}_{a0},\bar{v}_{a0})$ 为 (0.5, 0) m/s。图 2.4 中显示的羽流为在均匀流场作用下的结果，即边界条件设置为 $\bar{u}_{ai}(t)=\bar{u}_{ai0}$ 和 $\bar{v}_{ai}(t)=\bar{v}_{ai0}$，其他参数选取如下：羽流上升高度模型参数 $F=30\ m^4/s^3$、$s=0.0001\ s^{-2}$；粒子模型参数 $r(0)=0.25$ m、$\gamma_r=0.025\ m^2/s$、$C_0=1000$；湍流扩散系数 $K_L=0.5\ m^2/s$、$K_T=0.5\ m^2/s$、$K_V=0.2\ m^2/s$；喷口位置 $(x_s,y_s,z_s)=(500, 0, 500)$ m、喷口直径 $R_s=1$ m；每一个时间步粒子的释放数量 $n=1$、释放概率参数 $\varepsilon=0.1$。

为了得到图 2.4 所示羽流的示踪物分布，控制机器人执行常规的梳形探测作业任务探测该羽流，并在该作业任务开始后设置羽流和流场均不随时间演化而保持图 2.4 所示不变。该任务中，机器人平均航速为 2.5 m/s、航行深度为 280 m；第一条测线起点和终点分别为 (1600, –300) m 和 (1600, 300) m，最后一条测线起点和终点分别为 (500, 300) m 和 (500, –300) m，测线间距为 100 m；任务执行时间为 3374 s。图 2.4 为任务执行到 2121.7 s 时的屏幕显示。

图 2.5(a)和图 2.5(b)分别为机器人在该任务中[0, 2000] s 和[1200, 1800] s 期间检测到的守恒示踪物强度随时间变化曲线(在本节的仿真演示中,未对仿真的羽流示踪物赋予具体的物理属性，其强度值为实际标量)。从图中可以看出，仿真羽流分布具有不规则和不连续性。

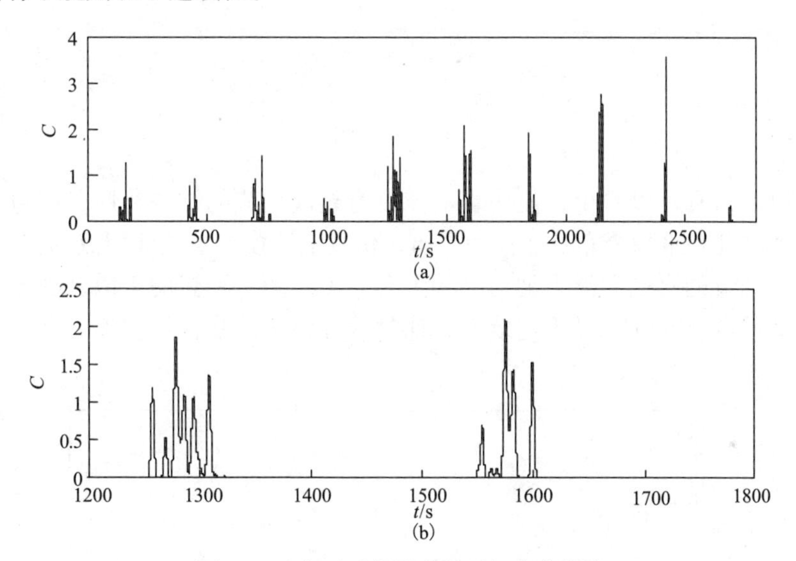

图 2.5　守恒示踪物强度随时间变化曲线

在目前仿真环境中的传感器模块，将探测传感器模型近似为二阶系统，其噪声也近似为高斯白噪声。但在本节演示中，为了展示流场和羽流仿真结果，将机器人探测传感器假设为理想传感器(无噪声和响应/恢复时间)。由于自主机器人采用行为仿生策略追踪，羽流研究中大都将羽流示踪物传感器视为二值逻辑传感器，因此在本书的仿真研究中，也同样将羽流示踪物探测传感器视为二值逻辑传感器，并设置一个检测阈值σ。在实际应用中，该阈值的选取主要是考虑滤除传感器噪声。而在仿真中σ除了要滤除仿真传感器噪声(在目前的仿真环境中，根据传感器噪声设置，对守恒和非守恒示踪物σ分别设置为 0.05 和 0.1)，也是调节仿真羽流不连续特性的一个重要参数，即对于同一个仿真羽流，σ越高则 AUV 检测到的羽流不连续性就越强。在图 2.4 和后面的演示中，机器人航迹上检测到的羽流位置即示踪物强度值大于该检测阈值的位置。

图 2.6 为图 2.4 所示羽流的浮力上升部分局部放大图，其中羽流轴线上的浅色和深色位置分别表示在该位置仅守恒示踪物和同时守恒与非守恒示踪物强度大于机器人检测阈值。图 2.7 为该轴线上守恒和非守恒示踪物强度分布。图 2.8 为羽流轴线上升高度沿流向的变化曲线(羽流末端高度为 218 m)，其中，浮力羽流部分两

侧曲线为该高度处浮力羽流直径的左右限界线。图 2.9 为[2, 150] m 的浮力羽流直径随羽流上升高度的变化曲线（2 m 和 150 m 处羽流直径分别为 4.3 m 和 110 m）。

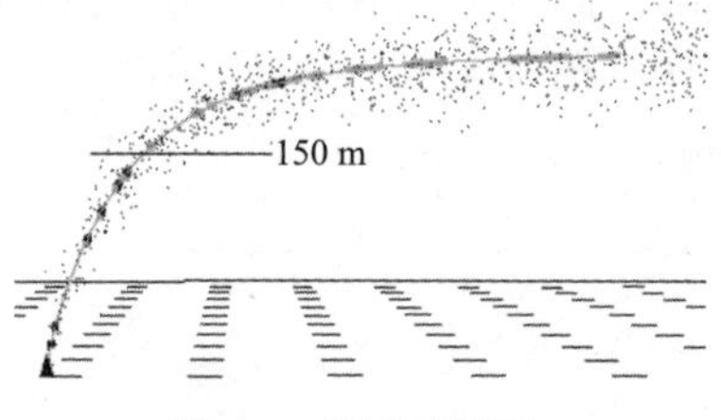

图 2.6　浮力羽流柱

从以上仿真可以看出，该仿真羽流具有热液羽流的结构特性，即包含弯曲的浮力羽流柱和水平分布的非浮力羽流；仿真羽流模拟了热液羽流的分布尺度，包括浮力羽流的直径和浮力羽流柱的上升高度；随着羽流的扩散，羽流示踪物强度衰减并具有不规则和不连续性，而且非守恒示踪物仅可在浮力羽流部分被检测到。

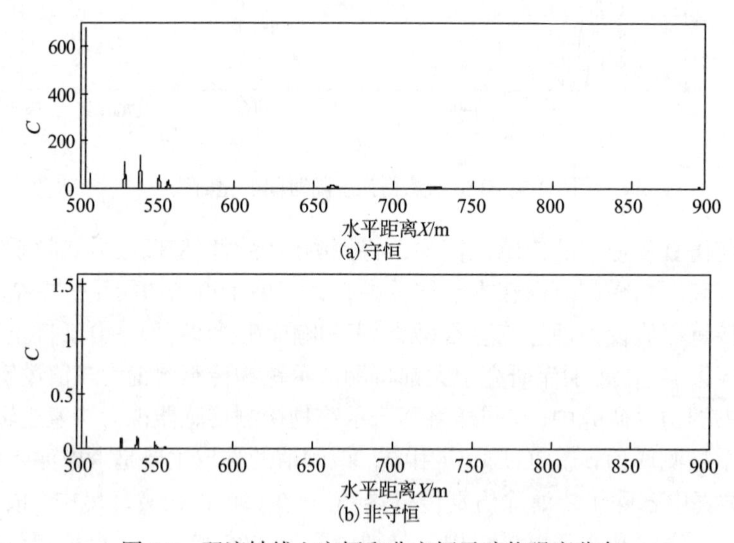

图 2.7　羽流轴线上守恒和非守恒示踪物强度分布

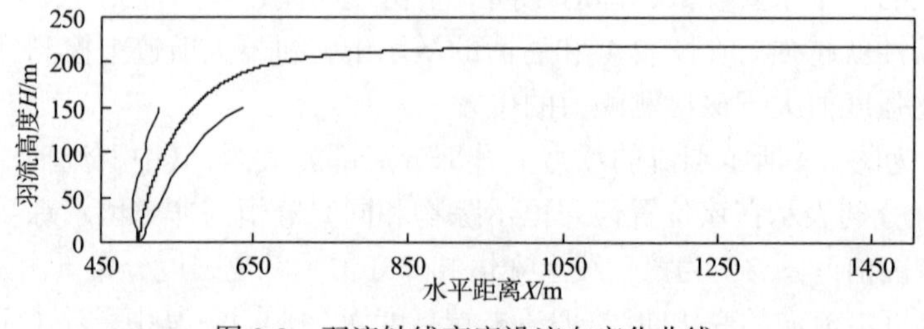

图 2.8　羽流轴线高度沿流向变化曲线

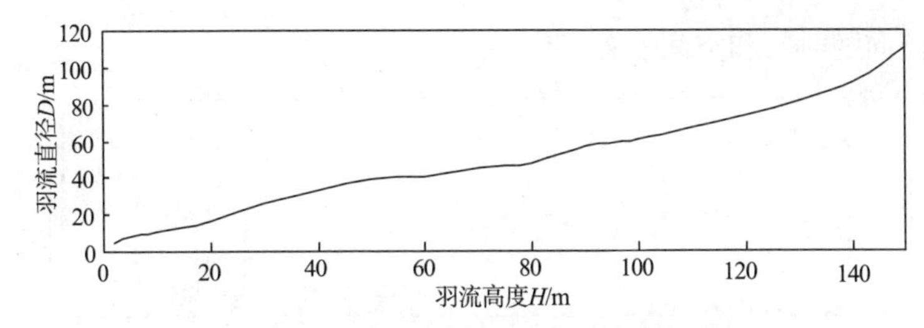

图 2.9　浮力羽流直径随距喷口高度变化曲线

图 2.10 为喷口区域中存在三个喷口喷发的羽流俯视图。喷口的水平位置为喷口区域$\left[X_{v\min}\ \ X_{v\max}\ \ Y_{v\min}\ \ Y_{v\max}\right]$=[300　1000　−500　500] m 内产生的随机位置。为了得到图 2.10 所示的弯曲羽流，将流场的边界条件设置为$\overline{u}_{ai}(t)$=0.5，$\overline{v}_{ai}(t)$=0+10× $f\left(2\left(0.5-[R]_0^1\right)\right)$，其中，传递函数参数选取为$\xi$=0.01，$T$=4000 s。

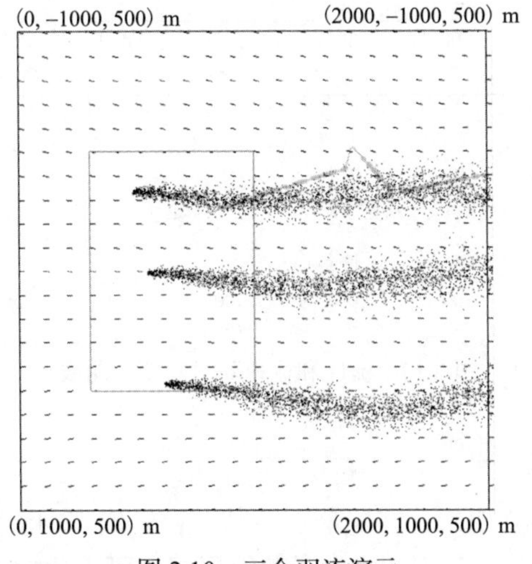

图 2.10　三个羽流演示

图 2.10 所示的水下机器人航迹，为水下机器人采用一种仿生策略追踪相应羽流的航迹。该追踪策略为基于生物逆流向上以“之”字形运动追踪羽流的策略，即机器人检测到羽流时以与逆流方向夹角β向上游方向运动，当离开羽流一定距离λ则沿垂直于流向寻找羽流，找到羽流后以$-\beta$继续向上游方向追踪。水下机器人的控制策略设计将在第 3 章中详细介绍。

在该任务中，机器人的平均航行速度为 2.5 m/s，航行深度为 280 m，任务开始位置和结束位置分别为(2000, −400) m 和(767, −296) m，任务执行时间为 600 s。图 2.11 和图 2.12 分别为该任务[0, 600] s 期间机器人检测到的守恒示踪物、流向和流速随时间变化曲线。从图 2.10～图 2.12 中可以看出，在羽流末端，羽流的宽度超过 200 m，体现了热液羽流的大尺度特性；羽流轴线弯曲且不与瞬时流向平行，且流速和流向随时间和空间位置变化。

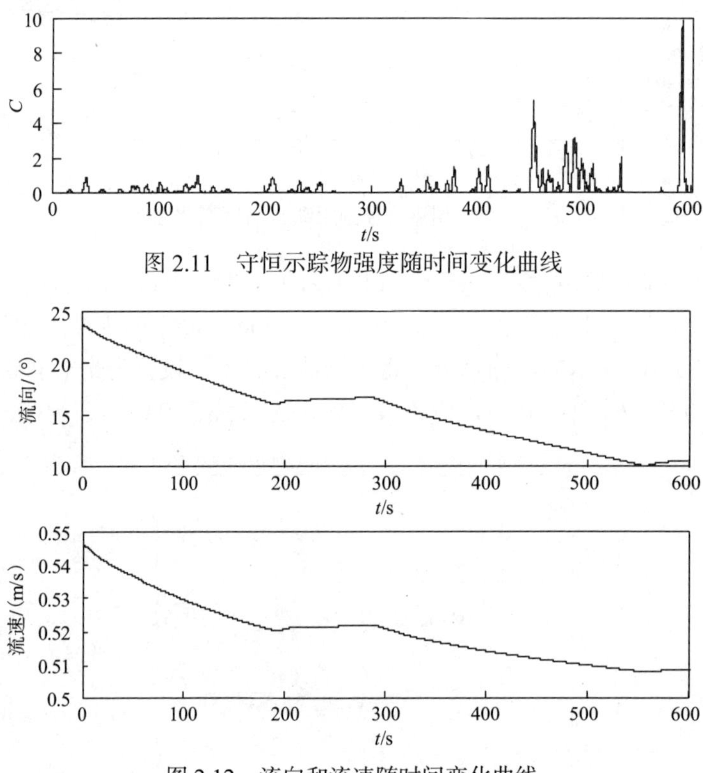

图 2.11　守恒示踪物强度随时间变化曲线

图 2.12　流向和流速随时间变化曲线

2.4.2　二维羽流

如图 2.4 和图 2.10 所示，在屏幕上绘制点粒子代表羽流粒子，难以直观地显示羽流示踪物的强度分布。因此，为了获得更好的可视化效果，采用图 2.13 所示的颜色和不透明度分布均符合式(2.19)的二维单色图片代表羽流粒子，然后利用 OpenGL 的材质映射函数将该图片映射到相应的羽流粒子位置上，并设置图片的尺度和颜色、不透明度分布与粒子的光滑长度和示踪物强度分布相对应。同时，为了获得羽流粒子叠加的效果，设置羽流粒子在二维水平面运动，并关闭 OpenGL 的深度测试功能、开启颜色混合功能，并将该显示区域背景色设置为纯黑色，设置 OpenGL 混合函数为 glBlendFunc(GL_ONE,GL_ONE)，即得到图 2.13 所示的可视化效果更好的二维水平面分布羽流(计算机屏幕显示背景为黑色背景，为了能够有较好的印刷效果，在此将其更改为白色)，屏幕显示颜色的深浅即代表羽流示踪物强度的大小，因此在仿真过程中可以直观地观察到羽流示踪物强度的时空分布。

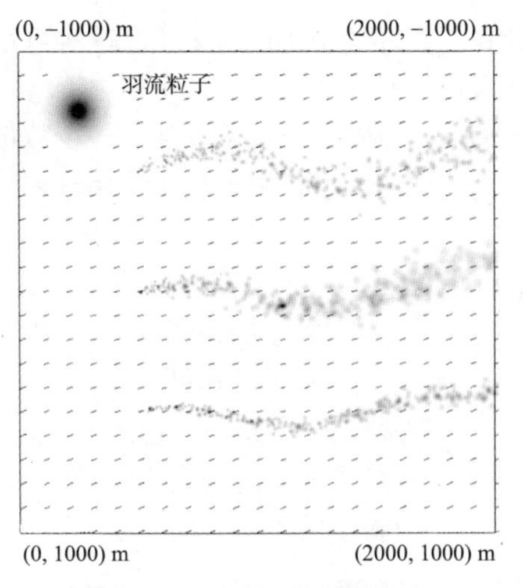

图 2.13　三个二维羽流演示

图 2.13 中三个羽流的喷口水平位置分别为（500, 500）m、（500, 0）m、（500, −500）m，对应的粒子模型参数分别为 $r(0)$=5, 5, 5，γ_r=0.05, 0.15, 0.05，C_0=0.5, 0.5, 0.5，K_L=0.5, 0.5, 0.1，K_T=0.5, 0.5, 0.1，源头直径、释放数量和释放概率均相同为 R_s=1，n=1，ε=0.01。图 2.13 中流场的边界条件同图 2.10，但将流场的变化周期改变为 T=2000 s，以得到变化程度更为剧烈的羽流。

由于采用 OpenGL 混合函数完成了粒子图片颜色和不透明度的叠加，因此可以直接采用 OpenGL 函数 glReadPixels 读取屏幕的颜色或不透明度值作为羽流的示踪物强度值。图 2.14 为图 2.13 所示中间羽流在均匀流场下的扩散结果和通过读取屏幕的不透明度值得到的其轴线处的示踪物分布。

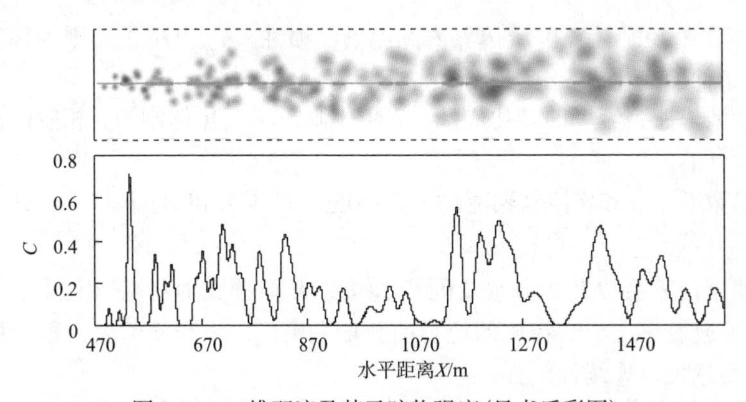

图 2.14　二维羽流及其示踪物强度（见书后彩图）

在机器人追踪热液羽流到达海底热液喷口的作业过程中，机器人在二维水平面从非浮力羽流末端追踪非浮力羽流到达浮力羽流顶端是一个非常重要的阶段，也是研究的重点。因此在仿真环境中也同时采用了这种可视化效果更好的二维羽流，以更好地利于机器人追踪非浮力羽流的仿生控制策略研究。如图 2.14 所示，二维羽流由于采用图片表示羽流粒子，仅需要使用较少数量的羽流粒子就具有较好的仿真效果并满足研究需要，而且仿真环境中采用链表数据结构存储和处理羽流粒子数据：

```
struct PlumeParticle
{    float x, y, z;    //粒子的位置
     float u, v, w;    //粒子的速度
     float wm;     //粒子的平均垂向速度
     float l;       //粒子的光滑长度
     float t;       //粒子的生成时间
     PlumeParticle * next;
}
```

因此，较少的粒子数量也相应地降低了仿真计算的时空复杂度，有利于 Monte Carlo 仿真分析的进行。此外，直观地观察羽流示踪物强度的时空分布结果也利于仿真环境中羽流和流场参数的设计和调节。

2.4.3 参数设置讨论

以上演示中仅选取了几组参数进行演示，但在控制策略的研究过程中，为了研究控制策略对于不同情况下流场和羽流的性能，需要设置和选取不同的参数以获得需要的流场和羽流。通过仿真实验和分析，给出各主要参数对仿真流场和羽流影响如下：

(1) 参数 ν_H 控制计算区域边界内部流场的惯性，ν_H 值越大，则内部流场越快跟随边界条件的变化。

(2) 参数 T 控制流场的变化周期，T 越小则流场变化越剧烈，相应的流场内的羽流也越弯曲。

(3) 参数 F 、s 和 $\overline{u}$ 控制羽流的上升高度，F 越大和 s 、$\overline{u}$ 越小，则羽流上升高度越高。

(4) 湍流扩散系数 K 控制羽流的宽/厚度，K 值越大则羽流越宽/厚；粒子释放数量 n 和释放概率 ε 影响释放的粒子的数量和密度，n 和 ε 越大，则释放的粒子越多、密度越大、连续性越强。

(5) 光滑长度增加速度 γ_r 控制羽流粒子的膨胀速度，选取较大的 γ_r，则羽流粒子越容易交叠，因此计算得到的示踪物强度分布也相应地越连续和平滑。

对于控制策略研究，Monte Carlo 仿真分析是一个重要的策略性能评估(如追

踪过程时间和机器人能耗、源头定位精度、对于变化环境条件的鲁棒性等）和优化（如机器人行为和算法参数、机器人规划周期、探测传感器数据处理周期和算法等）方法。仿真环境设置随机初始条件和边界条件，使其适用于进行 Monte Carlo 仿真研究。对于研究同一策略对于不同环境条件的情况，可以根据如上依据修改环境参数；对于研究不同策略对于相同环境条件的情况，可以在每次仿真开始时设置相同的随机数种子，得到相同的仿真环境条件。

参 考 文 献

[1] Speer K G, Rona P A. A model of an Atlantic and Pacific hydrothermal plume[J]. Journal of Geophysical Research: Oceans, 1989, 94(C5): 6213-6220.

[2] Lupton J E. Hydrothermal plumes: near and far field[J]. Washington DC American Geophysical Union Geophysical Monograph Series, 1995, 91: 317-346.

[3] Jakuba M, Yoerger D, Bradley A, et al. Multiscale, multimodal AUV surveys for hydrothermal vent localization[C]. Proceedings of the Fourteenth International Symposium on Unmanned Untethered Submersible Technology (UUST), 2005.

[4] Yoerger D R, Bradley A M, Jakuba M, et al. Autonomous and remotely operated vehicle technology for hydrothermal vent discovery, exploration, and sampling[J]. Oceanography, 2007, 20(1): 152-161.

[5] Stöber U. Flow field and stratification at a hydrothermal vent site[D]. Bremen: Universität Bremen, 2005.

[6] Jakuba M V. Stochastic mapping for chemical plume source localization with application to autonomous hydrothermal vent discovery[D]. Boston: Woods Hole Oceanographic Institute, 2007.

[7] von Damm K. Seafloor hydrothermal activity: black smoker chemistry and chimneys[J]. Annual Review of Earth and Planetary Sciences, 1990, 18(1): 173-204.

[8] 张兆顺，崔桂香，许春晓. 湍流理论与模拟[M]. 北京：清华大学出版社, 2005.

[9] Mestres R M. Three-dimensional simulation of pollutant dispersion in coastal waters[D]. Barcelona: Universitat Politècnica de Catalunya, 2002.

[10] Anfossi D. Analysis of plume rise data from five TVA steam plants[J]. Journal of Climate and Applied Meteorology, 1985, 24(11): 1225-1236.

[11] Wang B, Wan L, Xu Y, et al. Modeling and simulation of a mini AUV in spatial motion[J]. Journal of Marine Science and Application, 2009, 8(1): 7-12.

3 水下机器人追踪羽流的在线规划

3.1 自主机器人羽流追踪研究综述

从20世纪90年代开始，自主机器人羽流追踪和源头定位(plume tracing/tracking and source localization)逐渐成为自主机器人学研究的热点课题之一，即自主机器人基于检测到的流速流向信息和羽流示踪物信息，在线实时决策、规划，自主寻找羽流、追踪羽流至其源头位置并最终对其精确定位。由于应用自主机器人寻找、追踪羽流并最终定位羽流源头在许多军用和民用如反恐、未爆炸武器搜索定位、化学品等污染或危险物质泄漏源定位、火源定位、灾后搜救、环境监测和海底热液喷口的寻找和定位等应用中具有广阔的应用前景，国内外的许多大学和科研机构都对该课题开展了相关的研究工作，研究内容涉及羽流时空分布特性、流速流向和羽流示踪物质探测传感器、生物追踪羽流策略和行为、仿真研究环境和实验平台以及自主机器人基于探测传感器信息的导航控制等多方面，其中最主要和核心的研究内容为自主机器人追踪羽流至其源头位置并对其精确定位的在线决策、规划的策略和算法。通过整理、分析国内外相关文献资料，自主机器人追踪羽流并对其源头定位的策略和算法主要研究思路可划分为两种：

(1)利用信息学和控制论领域的相关理论，研究和设计高效的自主机器人探测羽流，进而估计羽流源头位置并同时向估计的羽流源头方向运动的策略和算法。

(2)从自然界中的生物追踪羽流的策略和行为获得启发，研究和设计自主机器人模仿生物行为追踪羽流的策略和算法。

第一种研究思路中，首先假设羽流的时空分布符合某一数学模型，如时均高斯分布模型、对流扩散模型、粒子随机行走模型、概率统计模型等，然后借此研究机器人基于获取的流场信息、羽流浓度或分布信息在线优化或估计模型参数(包括源头位置)的算法，以及基于估计结果的机器人进一步收集有效信息且向源头方向前进的在线实时路径规划算法。文献[1]基于羽流分布随时间演化的对流扩散模型，研究了机器人在线自调整其运动轨迹以最优估计模型参数的算法，并进行了计算机仿真研究。文献[2]基于羽流粒子随机行走模型，采用贝叶斯概率估计算法研究了羽流源头位置估计算法；文献[3]在此基础上，基于人工势场算法，研究了机器人向估计得到的源头方向前进的路径规划算法，该策略和算法的有效性经计算机仿真研究进行了验证。文献[4]研究了基于湍流分布概率模型的羽流源头位置估计算法，以及基于估计结果的机器人进一步探测羽流并同时向估计的源头位置前进的在线实时路径规划算法；文献[5]对该策略和算法的有效性进行了实验室环境下的实验验证。文献[6]研究了基于占用栅格标图算法的多个化学羽流源头位置估计算法；文献[7]基于该估计算法和建立的深海热液浮力羽流粒子随机行走模型，研究了 AUV 基于探测的热液浮力羽流数据在线估计海底热液喷口位置；在此估计算法基础上，文献[8]基于部分可观察马尔可夫决策过程(partially observable Markov decision process，POMDP)规划算法，研究了 AUV 自主探测热液羽流并到达海底热液喷口位置的路径规划算法，并进行了仿真验证。

在复杂的自然环境中，由于影响羽流时空分布的最主要因素——流场，通常是非均匀且时变的(即流速和流向随位置和时间均在变化)，且机器人难以获取流场分布的全局信息，因此机器人利用获取的局部流场信息和羽流信息估计羽流分布和上游方向的源头位置，在复杂的自然环境中往往难以高效。所以基于模型参数估计思路的研究成果，主要体现在实验室环境中人工模拟的小时空尺度羽流(流场可近似为均匀和定常，羽流的湍流成分小)和计算机仿真实验(对复杂自然环境下的羽流和流场进行了简化)。

自然界中的生物如飞蛾、海鸟、龙虾、螃蟹等利用瞬时嗅觉感知追踪自然界羽流的行为看似简单，然而却非常有效，因此众多的研究人员从行为仿生的角度出发，模仿生物的追踪羽流边缘、羽流中心线或与羽流保持接触的逆风“之”字形运动到达源头的策略和行为[9]，研究和设计机器人有效追踪羽流到达其源头的策略和算法，进而最终实现自主机器人对源头位置的精确定位。

文献[10]研究了模仿飞蛾行为的羽流追踪策略，并在类似小型风洞的计算机仿真环境中进行了仿真实验，对算法的性能进行了分析。文献[11]研究了仿龙虾机器人 RoboLobster，在水槽中进行了行为仿生羽流追踪策略的实验。文献[12]研究了两个模仿飞蛾行为的三维仿生羽流追踪策略，并在搭建的风洞型实验平台 Robo-Moth 上对算法进行了实验，成功地跟踪释放的离子羽流到达源头的位置。文献[13]采用羽流粒子随机行走的计算机仿真模型和六自由度飞行器非线性动力学模型，研究了模仿飞蛾行为的仿生羽流追踪策略和算法，进行了计算机仿真研究，该研究的特点是采用模糊逻辑来描述飞行器相对于羽流的位置进而进行决策。这些研究都是在简化的羽流仿真环境(没有考虑自然环境中的复杂流场)或实验室内结构化环境下厘米级或数米范围内完成的，而且没有考虑羽流源头定位问题。

为了研究能够使自主机器人在自然环境中追踪羽流的有效方法，美国国防部高级研究计划局和海军研究局于 1998 年启动了"利用昆虫行为设计化学羽流追踪算法"和"在美国东西海岸进行近海水下实验"的研究项目。考虑到自主机器人在自然环境中追踪羽流的困难——羽流分布的不连续、羽流在非均匀和时变流场中形成的弯曲以及自然环境中存在多种因素的不确定性等，文献[14]研发了动态羽流计算机数值仿真模型，并借此研发了一个化学羽流追踪仿真实验环境。文献[15]基于此仿真环境，深入研究了模仿飞蛾行为的被动和主动羽流追踪策略，并设计了 AUV 实现该追踪策略的基于行为的任务规划算法。该追踪策略和规划算法在美国伍兹霍尔海洋学研究所的 REMUS AUV 上实现，并于 2002 年和 2003 年进行了近海环境水下实验[16, 17]，2003 年实验中 AUV 在搜索区域内追踪罗丹明羽流 975 m 到达源头位置，同时利用研究的源头定位算法实现源头的平均定位精度达 13 m。在此基础上，文献[18]研究了进一步提高源头定位精度的算法，在 100 m×100 m 的仿真实验环境中源头平均定位误差为 1～2 m。考虑到 AUV 在水下追踪羽流过程中可能遇到水草等障碍，文献[19]研究了 AUV 避碰行为、基于包容式体系结构的避碰行为和羽流追踪行为的协调。

AUV 基于仿生行为追踪羽流和定位源头的理论研究结果和大尺度自然环境条件下羽流追踪的外场实验，证实了模仿生物追踪羽流的策略和行为，自主机器人基于瞬时感知的流场信息和羽流检测信息进行反应式的决策和规划，是实现其追踪自然环境条件下羽流到达源头位置并对其精确定位的一种有效方法。

除了基于羽流示踪物探测传感器信息和流速流向信息研究自主机器人追踪羽流和定位羽流源头，研究人员也研究了融合多种传感器信息的羽流追踪和源头定位，如融合视觉感知信息的羽流追踪和源头定位，即利用视觉信息来判断羽流源头的位置和方向，或利用视觉信息对疑似源头进行确认。

此外，利用多机器人协调和协作追踪羽流和定位源头，也是目前的一个研究热点，其主要研究思路也可分为以上两种。

3.2 基于行为的 AUV 控制系统

3.2.1 体系结构

体系结构是 AUV 控制系统研发需要考虑的首要问题。基于行为的体系结构由于其具有对复杂、动态、非结构化环境的快速、实时反应能力，适合于 AUV 自主执行海洋环境动态特征测绘和追踪等任务。因此，本节采用基于行为的体系结构来实现 AUV 追踪热液羽流和定位热液喷口的控制策略。针对热液羽流追踪研究，本节提出一种模块化的基于行为控制系统体系结构，由四个串联的模块组成，包括监控器模块、行为模块、制导模块和运动控制器模块。

监控器模块为 AUV 离散事件监督控制器(监控器)的集合，实现 AUV 控制系统的规划功能。监控器为离散事件驱动的有限状态自动机，协调 AUV 的行为。监控器中的离散事件分为可控事件和不可控事件，不可控事件为从 AUV 传感器数据中抽象出的事件或 AUV 行为中输出的事件和行为执行结果，可控事件为监控器发出的控制指令。当某个不可控事件发生，监控器根据控制策略和当前状态转换到下一个状态，同时做出响应，即发送控制指令到行为模块。

行为模块为 AUV 行为的集合。AUV 的每个行为对应于监控器模块中的可控事件，因此 AUV 追踪热液羽流即通过由监控器协调的一系列行为来完成。行为模块中的行为可分为两类：一类为直接控制 AUV 运动的行为，即该行为输出制导指令和参数给制导模块，控制 AUV 的运动；另一类为计算行为，如建立环境模型、条件判断和参数估计等，该行为不直接控制 AUV 运动，输出计算结果到该模块中的黑板结构供其他行为调用。行为模块中的行为被设计成独立的，即某一个行为的修改、增加或删除不影响其他行为、制导和运动控制器模块。

制导模块为 AUV 制导函数的集合。针对羽流追踪，本节设计了航行到目标点、三维路径跟踪等制导函数。制导函数根据 AUV 当前行为给出的制导参数，计算 AUV 的期望位姿、速度等参考信号，输出给运动控制器模块。

运动控制器模块为 AUV 运动控制器的集合。对于工程应用的 AUV，通常采用解耦控制，即每个自由度采用一个独立的运动控制器，因此，该模块即为 AUV 各自由度运动控制器的集合。以下小节将分别对制导函数和运动控制中采用的混合模糊 P+ID 控制方法进行介绍。

该体系结构中，行为协调和行为是独立的，而且它们均与 AUV 制导和运动控制独立，便于研发过程中行为协调策略和行为的更换、修改和扩展，而且行为模块中的行为独立性，也增加了行为的可重用性和可移植性。基于该体系结构研究了 AUV 测绘热液非浮力羽流的监控器和行为，并将该控制系统移植到一台 AUV，进行了测绘近海环境中释放的罗丹明羽流实验，此研究验证了该控制系统体系结构的有效性，并体现了其在仿真环境中的控制策略研究方面具有的期望优点。

3.2.2 制导函数

在制导模块中，针对 AUV 追踪热液羽流，本节共设计了如下的制导函数。

1. 前向速度制导

前向速度制导函数根据期望的 AUV 合速度V_{tc}，计算 AUV 的期望前向速度u_c为

$$u_c = \text{Velocity}\left(V_{tc}\right) = V_{tc}\cos\alpha\cos\beta \tag{3.1}$$

式中，α、β分别为 AUV 的攻角和漂角。由于 AUV 通常搭载有多普勒速度计程仪(Doppler velocity log，DVL)，因此 AUV 可以测量得到其速度向量$[u,v,w]^{\mathrm{T}}$，因此可以据此计算出其攻角和漂角。

2. 航行到目标点制导

航行到目标点制导函数根据 AUV 的当前位置(x,y,z)和期望航行到达的目标位置(x_d,y_d,z_d)，计算输出 AUV 的期望艏向和期望的俯仰角：

$$\psi_c = \text{GoToPoint}\left(x_d,y_d,z_d\right) = \arctan 2\left(y_d - y, x_d - x\right) \tag{3.2}$$

$$\theta_c = \text{GoToPoint}\left(x_d,y_d,z_d\right) = -\arctan 2\left(z_d - z, |x_d - x|\right) \tag{3.3}$$

式中，$\arctan2(\cdot)$为第四象限反正切函数；$0 \leqslant \psi_c < 2\pi$；$-\pi/2 < \theta_c < \pi/2$。

3. 与流向保持固定角度航行制导

该制导函数根据当前的流向ψ_f、期望 AUV 航向与逆流或顺流方向保持的夹角ψ_u和ψ_d，计算输出 AUV 的期望艏向角ψ_c和期望俯仰角θ_c，顶流航行和顺流航行的制导函数分别为

$$\psi_c = \text{NavigateUpFlow}\left(\psi_u,\theta_s\right) = \psi_f + \pi + \psi_u \tag{3.4}$$

$$\theta_c = \text{NavigateUpFlow}\left(\psi_u,\theta_s\right) = \theta_s \tag{3.5}$$

$$\psi_c = \text{NavigateDownFlow}\left(\psi_d,\theta_s\right) = \psi_f + \psi_d \tag{3.6}$$

$$\theta_c = \text{NavigateDownFlow}\left(\psi_u,\theta_s\right) = \theta_s \tag{3.7}$$

式中，θ_s为 AUV 的俯仰角。

4. 三维路径跟踪制导

AUV 在追踪热液羽流特别是热液浮力羽流的过程中，要求其能够精确地跟踪规划出的三维空间航行路径，以实现对热液羽流的有效追踪。而目前的 AUV 路径跟踪制导和控制均以 AUV 跟踪二维水平面航行路径为主，因此，在已有 AUV 二维路径跟踪研究基础上，研究三维路径跟踪制导。同时，由于目前绝大多数的调查型 AUV 均是欠驱动形式，即通常只有 AUV 的前向速度、艏向/俯仰角(速度)是直接可控的，因此，针对欠驱动 AUV 的三维路径跟踪，设计制导函数$\text{FollowPath}(\boldsymbol{p})$，其中$\boldsymbol{p}$为路径的描述参数。

在设计路径跟踪制导算法之前，需首先计算路径跟踪误差$\boldsymbol{E}$。参考文献[20]～

[23]中的研究，在 Serret-Frenet（SF）坐标系下描述 AUV 的路径跟踪误差，如图 3.1 所示。

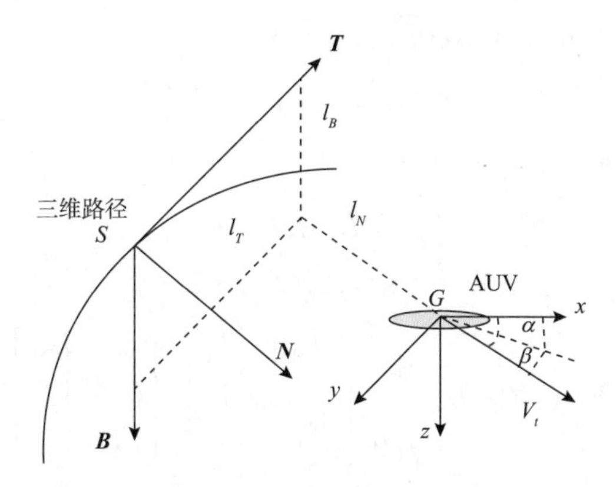

图 3.1　路径跟踪误差示意图

令 S 为预规划的三维空间路径 P 上的参考点，该路径在参考点 S 处的单位切向量 $\boldsymbol{T}$ 、单位法向量 $\boldsymbol{N}$ 和单位次法向量 $\boldsymbol{B}$ ，在该点处张成直角坐标系 SF。AUV 重心 G 为原点的载体坐标系为 $Gxyz$ ，绕载体坐标系的 y 轴旋转负攻角 $-\alpha$ 得到中间坐标系 W' ，并绕 W' 的 z 轴旋转漂角 β ，得到 AUV 的速度坐标系 W ，$(\varphi_{WS},\theta_{WS},\psi_{WS})$ 为从 SF 坐标系到 W 坐标系的旋转欧拉角。

AUV 跟踪路径 P ，即其重心以期望合速度 V_{tc} 跟踪路径参考点 S ，同时合速度方向跟踪 SF 坐标系的 $\boldsymbol{T}$ 向量方向。因此，路径跟踪误差包括速度跟踪误差 $e_{V_t}(k)=V_{tc}-V_t$ 、在 SF 坐标系中表示的位置跟踪误差（AUV 的重心位置 G 在 SF 坐标系中的位置向量）$[l_T,l_N,l_B]^{\mathrm{T}}$ 和角度误差 $[\theta_{WS},\psi_{WS}]^{\mathrm{T}}$ 。

AUV 路径跟踪，即控制其合速度 V_t 趋于期望合速度 V_{tc} ，同时使位置误差和角度误差全局渐近收敛到零。但对于欠驱动 AUV，只能直接控制 AUV 的前向速度、艏向/俯仰角（速度），因此，不能将路径跟踪误差直接用于反馈控制，需要设计制导算法。

对于前向速度，易设计制导算法式（3.1），即 $u_c(k)=V_{tc}\cos\alpha\cos\beta$ ，对于角度跟踪误差，参考文献[22]，引入趋近角 ψ_a 和 θ_a ，分别作为 AUV 路径跟踪角度误差 ψ_{WS} 和 θ_{WS} 的参考跟踪信号：

$$\psi_a=-\mathrm{sgn}(V_t)\psi_l\left(\frac{2.0}{1.0+\mathrm{e}^{-k_N l_N}}-1.0\right) \tag{3.8}$$

$$\theta_a=\mathrm{sgn}(V_t)\theta_l\left(\frac{2.0}{1.0+\mathrm{e}^{-k_B l_B}}-1.0\right) \tag{3.9}$$

式中，$\mathrm{sgn}(\cdot)$ 为符号函数；$0<\psi_l\leqslant\pi/2$ ；$0<\theta_l<\pi/2$ ；$k_B>0$ 和 $k_N>0$ 为设计参

数。如果保证V_t跟踪V_{tc}、ψ_{WS}跟踪ψ_a以及θ_{WS}跟踪θ_a，并选取合适的路径参考点S的运动速度，则可以保证路径跟踪位置和角度误差全局渐近收敛到零。

证明 选取 Lyapunov 函数：

$$V_E=\frac{1}{2}\left(l_T^2+l_N^2+l_B^2\right) \tag{3.10}$$

对其求时间导数，有

$$\dot{V}_E=l_T\dot{l}_T+l_N\dot{l}_N+l_B\dot{l}_B \tag{3.11}$$

式中，误差变化速度$\dot{l}_T$、$\dot{l}_N$、$\dot{l}_B$满足如下关系：

$$\boldsymbol{R}(\varphi_{WS},\theta_{WS},\psi_{WS})\begin{bmatrix}V_t\\0\\0\end{bmatrix}=\begin{bmatrix}\dot{s}\\0\\0\end{bmatrix}+\begin{bmatrix}\dot{l}_T\\\dot{l}_N\\\dot{l}_B\end{bmatrix}+\begin{bmatrix}\tau\dot{s}\\0\\\kappa\dot{s}\end{bmatrix}\times\begin{bmatrix}l_T\\l_N\\l_B\end{bmatrix} \tag{3.12}$$

其中，$\boldsymbol{R}\left(\varphi_{WS},\theta_{WS},\psi_{WS}\right)$为$W$坐标系到 SF 坐标系的旋转变换矩阵；$[V_t,0,0]^{\mathrm{T}}$为在 AUV 速度坐标系中表示的 AUV 速度向量；$[\dot{s},0,0]^{\mathrm{T}}$为路径参考点$S$在 SF 坐标系中表示的运动速度向量，$s$为该路径曲线在$S$点处的弧长；$[\tau\dot{s},0,\kappa\dot{s}]^{\mathrm{T}}$为 SF 坐标系的旋转角速度，$\tau$和$\kappa$分别为该路径曲线在参考点$S$处的挠率和曲率。

展开式(3.12)并整理，可得位置误差微分方程：

$$\dot{l}_T=\cos\psi_{WS}\cos\theta_{WS}V_t-\dot{s}\left(1-\kappa l_N\right) \tag{3.13}$$

$$\dot{l}_N=\sin\psi_{WS}\cos\theta_{WS}V_t-\dot{s}\left(\kappa l_T-\tau l_B\right) \tag{3.14}$$

$$\dot{l}_B=-\sin\theta_{WS}V_t-\dot{s}\tau l_N \tag{3.15}$$

将位置误差微分方程式代入式(3.11)中，并选取$\dot{s}$为

$$\dot{s}=V_t\cos\psi_{WS}\cos\theta_{WS}+k_s l_T \tag{3.16}$$

式中，$k_s>0$为一设计参数。可得

$$\dot{V}_E=-K_s l_T^2+V_t l_N\sin\psi_{WS}\cos\theta_{WS}-V_t l_B\sin\theta_{WS} \tag{3.17}$$

如果假设$V_t>0$，并且设计控制器能够保证当$t\to\infty$时，$\theta_{WS}=\theta_a$和$\psi_{WS}=\psi_a$，则$\dot{V}_E<0$和$\ddot{V}_E$有界，应用 Barbalat 引理的推论[24]可以证明当$t\to\infty$，$\dot{V}_E=0$。应用 LaSalle 不变集原理，可以证明如果设计控制器保证当$t\to\infty$时，$V_t=V_{tc}>0$，$\theta_{WS}=\theta_a$和$\psi_{WS}=\psi_a$，选取$\dot{s}$为式(3.16)时，$\left[l_T,l_N,l_B\right]^{\mathrm{T}}$和$\left[\varphi_{WS},\theta_{WS}\right]^{\mathrm{T}}$全局渐近收敛到零。

绝大多数的 AUV 不对横滚角度实施主动控制，而是通过外形、稳心高和舵翼等设计使其在航行中保持为一个小值。因此，在此将横滚角近似为零，则趋近角跟踪误差可近似为

$$\begin{aligned}\psi_a(k)-\psi_{WS}(k)&\approx\psi_a(k)-\left[\psi(k)+\beta(k)-\psi_{\mathrm{SF}}(k)\right]\\&=\psi_a(k)-\beta(k)+\psi_{\mathrm{SF}}(k)-\psi(k)\end{aligned} \tag{3.18}$$

$$\begin{aligned}\theta_a(k)-\theta_{WS}(k)&\approx\theta_a(k)-\left[\theta(k)-\alpha(k)-\theta_{\mathrm{SF}}(k)\right]\\&=\theta_a(k)+\alpha(k)+\theta_{\mathrm{SF}}(k)-\theta(k)\end{aligned}\tag{3.19}$$

式中，ψ_{SF} 和 θ_{SF} 为 SF 坐标系的 $\boldsymbol{T}$ 方向在大地坐标系中的姿态角。则路径跟踪制导算法设计为

$$\psi_c(k)=\psi_a(k)-\beta(k)+\psi_{\mathrm{SF}}(k)\tag{3.20}$$

$$\theta_c(k)=\theta_a(k)+\alpha(k)+\theta_{\mathrm{SF}}(k)\tag{3.21}$$

3.2.3 水下机器人混合模糊 P+ID 控制

针对水下机器人的运动控制，研究人员提出并研究了多种基于和不基于水下机器人动力学模型的运动控制方法和控制算法，如自适应控制、滑模控制、鲁棒控制、模糊控制、神经网络控制等。但多是由于控制算法的参数调节和稳定性分析复杂度较高，制约了研究结果的广泛应用。比例积分微分(proportional integral derivative，PID)控制由于其结构简单，参数调节容易，并且其性能在许多场合中也可以被接受,因此 PID 控制仍然是水下机器人研发和操作人员广泛采用的方法。然而，考虑到 PID 为线性，而水下机器人动力学和复杂环境干扰均为非线性，本节提出一种混合模糊 P+ID 控制方法，采用模糊控制取代 PID 控制中的比例项，以提升水下机器人 PID 控制的性能。

1. 水下机器人运动的 PID 控制

水下机器人运动的 PID 控制通常是采用每个自由度一个独立的 PID 控制器，控制输入为该自由度 k 时刻的控制偏差 $e(k)=r(k)-x(k)$ 和该自由度的变化速度 $\dot{x}(k)=\left[x(k)-x(k-1)\right]/T$，其中 $r(k)$ 为给定的参考值，$x(k)$ 为实际值，T 为控制周期。控制输出为该时刻对应的执行机构控制指令 $u(k)$，采用离散形式的 PID 控制算法：

$$u(k)=K_{\mathrm{P}}e(k)+K_{\mathrm{I}}\sum_{i=1}^{k}e(i)T-K_{\mathrm{D}}\dot{x}(k)\tag{3.22}$$

式中，K_{P}、K_{I} 和 K_{D} 分别为比例、积分、微分系数。式中采用 $-\dot{x}(k)$ 代替 $\dot{e}(k)$ 以避免系统启动时 $\dot{e}(k)$ 较大而产生大的微分项输出。

PID 控制的三个参数可以通过基于 AUV 动力学模型的计算分析来获得，但获取精确的模型参数特别是水动力系数并不容易，所以更多的是在实际应用中 AUV 的操作人员在现场进行手动调节，直到获得使系统稳定且满足性能要求的一组参数。

2. 混合模糊 P+ID 控制

常规的 PID 控制中，积分项的作用主要是减小控制系统的稳态误差；微分项的作用主要是增加系统阻尼，使控制响应平滑，改善系统的稳定性；而比例项则影响系统响应的速度、超调、控制精度和稳定性等性能，是 PID 控制中的重要部分。文献[25]、[26]提出采用增量式模糊控制器取代常规增量式 PID 控制中的比例项，并保持常规的积分和微分项不变，得到一种混合模糊 P+ID 控制算法，以提高 PID 的控制性能，仿真和实验结果验证了提出的混合模糊 P+ID 控制具有比常规 PID 更好的控制性能。

借鉴文献[25]、[26]的研究，本节提出一种新的混合模糊 P+ID 控制算法，采用单输入模糊逻辑控制器取代常规数字 PID 控制中的比例项，保持积分和微分项不变，控制算法为

$$u(k)=K_{\mathrm{P}}u_f(k)+K_{\mathrm{I}}\sum_{i=1}^{k}e(i)T-K_{\mathrm{D}}\dot{x}(k) \tag{3.23}$$

式中，$u_f(k)$ 为单输入模糊控制器的输出。

单输入模糊控制器以 k 时刻归一化的滑动误差 $\mathrm{SE}^*(k)=\mathrm{SE}(k)/G_e$ 为输入，以归一化的控制输出 $u_f^*(k)=u_f(k)/G_u$ 为输出，其中 G_e 和 G_u 分别为滑动误差和控制输出的归一化因子。滑动误差 $\mathrm{SE}(k)$ 定义为[27]

$$\mathrm{SE}(k)=\lambda e(k)+(1-\lambda)\dot{e}(k) \tag{3.24}$$

式中，$0<\lambda\leqslant 1$，为对误差和误差变化率的加权系数。

如果将 $\mathrm{SE}^*(k)$ 和 $u_f^*(k)$ 分别划分为五个量化等级，分别对应于正大(PB)、正中(PM)、零(ZO)、负中(NM)、负大(NB)五个模糊语言变量，制定模糊控制规则如下：

Rule 1: if $\mathrm{SE}^*(k)$ is PB, then $u_f^*(k)$ is NB

Rule 2: if $\mathrm{SE}^*(k)$ is PM, then $u_f^*(k)$ is NM

Rule 3: if $\mathrm{SE}^*(k)$ is ZO, then $u_f^*(k)$ is ZO

Rule 4: if $\mathrm{SE}^*(k)$ is NM, then $u_f^*(k)$ is PM

Rule 5: if $\mathrm{SE}^*(k)$ is NB, then $u_f^*(k)$ is PB

对输入和输出选取全交叠的三角形隶属函数形式，采用重心法作为解模糊化方法，通过调节输入和输出语言变量的隶属度函数，可以得到不同的控制器输入-输出(SE^*-u_f^*)关系曲线，图 3.2 为其中一种情况。从该单输入模糊控制器的 SE^*-u_f^* 关系曲线可以看出，其形式可以近似为折线，量化等级越多，该折线越平滑，并可以由曲线来近似。

因此，为了便于分析和设计，采用解析式来描述该模糊控制器，采用 Sigmoid 函数曲线近似该模糊控制器的 SE^* - u_f^* 关系曲线[28]（图 3.2 虚线所示），则该模糊控制器的输出为

$$u_f^*(k)=\frac{2.0}{1.0+\exp\left[-K\times\mathrm{SE}^*(k)\right]}-1.0 \tag{3.25}$$

式中，K 为调节 Sigmoid 曲线形状的参数，也即为调节该模糊控制器的参数。

因此，本节提出的混合模糊 P+ID 控制算法为

$$u(k)=K_{\mathrm{P}}\times G_u\times\left\{\frac{2.0}{1.0+\exp\left[-K\times\mathrm{SE}^*(k)\right]}-1.0\right\}+K_{\mathrm{I}}\sum_{i=1}^{k}e(i)T-K_{\mathrm{D}}\dot{x}(k) \tag{3.26}$$

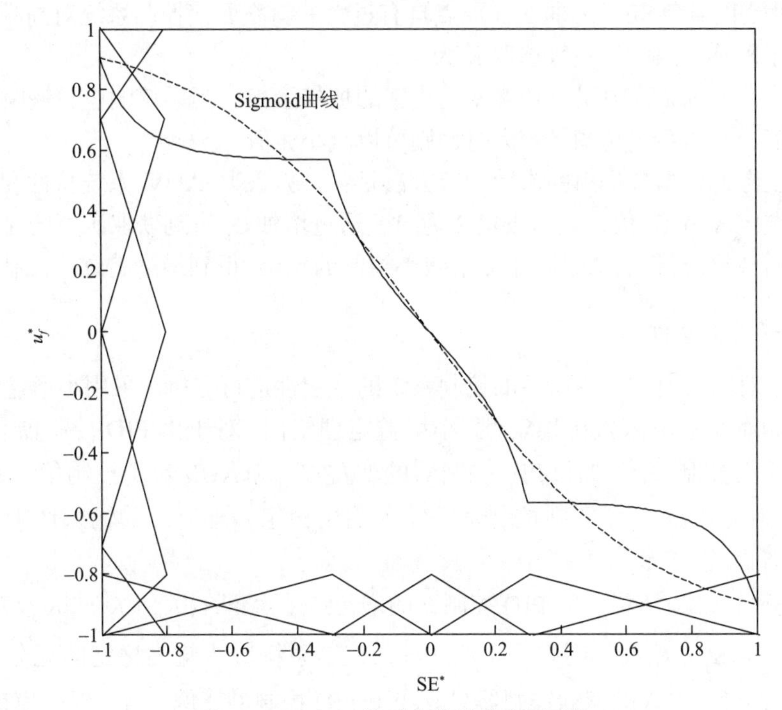

图 3.2　SE^* - u_f^* 关系曲线及其隶属函数

3. 参数调节

混合模糊 P+ID 控制算法中，除了常规 PID 控制器的三个参数外，需要附加调节 G_e、G_u、λ 和 K 四个参数。

采用单输入模糊控制器取代 PID 控制中的比例项，保持原有 PID 控制的结构和参数都不变以提高 PID 控制的性能。因此，在调节混合模糊 P+ID 控制参数时，首先调节 PID 控制器，得到使控制系统稳定并满足要求的一组参数，然后在此基

础上引入模糊控制器，并调节其参数。

参数G_e和G_u分别为该模糊控制器的输入量化因子和输出比例因子。G_e的选取主要是根据对 AUV 控制精度的要求，要求的控制精度越高，选取的G_e值应较小；G_u对控制系统的性能有较大的影响，G_u值越大，则控制的响应速度越快，控制的精度越高，且当$\left|u_f^*(k)\right| \to 1$时，$K_P \times G_u$应大于等于 AUV 执行机构的最大输出，以充分发挥其控制能力，因此应选择$G_u \geqslant u_{max} / K_P$，其中$u_{max}$为执行机构的最大控制输出。

参数K为调节模糊控制器非线性特性的参数，且影响SE^*-u_f^*关系曲线在原点处的斜率。K值的选取一方面要考虑到当$\left|SE^*\right| \to 1$时，使$\left|u_f^*\right| \to 1$；另一方面K值不应过大，以避免SE^*-u_f^*曲线在原点具有过大的斜率而使控制系统对高频动力学特性过于敏感，因此，一般选取K为 4～8。

λ为调节$SE(k)$中误差和误差变化率的加权系数，当系统响应较慢时，可以增大λ值，而当系统超调量较大时，则可以减小λ值。

综上考虑，本节提出的参数调节方法是：首先根据 AUV 系统特性和控制精度要求选定K和G_e值，然后设定λ为 1，通过增加G_u直到获取满意的控制响应速度并出现超调，最后通过减小λ来减小控制的超调，得到最终满意的控制性能。

4. 稳定性分析

为了对引入模糊控制器后的控制系统的稳定性进行分析，采用小增益定理[29]分析控制系统的输入输出稳定性。小增益定理给出，对于由 PID 控制器和 AUV 构成的反馈控制系统，如果 PID 控制器的增益G_{PID}和 AUV 对于控制信号$u(k)$的增益G_V满足$G_{PID}G_V < 1$，则控制系统输入输出稳定，即有界的输入产生有界的输出。

对于式(3.23)所描述的 PID 控制器的增益G_{PID}为$\max\{|K_P + K_I T|, |K_D / T|\}$，如果$|K_D / T| \geqslant |K_P + K_I T|$，则$G_{PID} = |K_D / T|$，控制系统输入输出稳定的充分条件为$|K_D / T| G_V < 1$。引入的模糊控制器只改变了 PID 控制的比例部分，混合模糊 P+ID 控制器增益为$\max\{|K_P G_F + K_I T|, |K_D / T|\}$，其中$G_F$为该模糊控制器的最大增益，可通过$u_f$对$e(k)$求导获得，结果为

$$G_F = \frac{1}{2}\frac{G_u}{G_e}K\left(\lambda + \frac{1-\lambda}{T}\right) \tag{3.27}$$

如果同样满足$|K_D / T| \geqslant |K_P G_F + K_I T|$，则控制系统的输入输出稳定性充分条件$|K_D / T| G_V < 1$不变，即引入模糊控制后的控制系统仍然输入输出稳定。

因此，在调节模糊控制器的参数时，参数之间应满足如下稳定性条件：

$$\left|K_{\mathrm{P}}\frac{1}{2}\frac{G_u}{G_e}K\left(\lambda+\frac{1-\lambda}{T}\right)+K_{\mathrm{I}}T\right|\leqslant\left|\frac{K_{\mathrm{D}}}{T}\right| \tag{3.28}$$

则可以保证引入模糊控制器后的控制系统具有与原 PID 控制系统相同的输入输出稳定性。

3.3 非浮力羽流追踪

3.3.1 任务描述

热液浮力羽流在达到顶端的中性浮力后，在自身产生的压力梯度和海流的作用下向侧向扩散，形成热液非浮力羽流，其随海流扩散的距离可达数百至数千千米。从瞬时的角度看，热液非浮力羽流是中间夹杂着环境海水的不连续结构，在随时间和空间变化的水平海流特别是多周期潮汐流的综合作用下，热液非浮力羽流分布的轴线会发生弯曲，而且不与流向平行。

基于热液羽流分布的物理结构，AUV 追踪热液羽流的过程可以分为两个阶段：

(1) AUV 在距海面固定深度水平面追踪非浮力羽流到达浮力羽流顶端。

(2) AUV 在三维空间从浮力羽流顶端追踪浮力羽流到达海底喷口并对喷口进行精确定位。

本节研究第一阶段——热液非浮力羽流追踪。

在 AUV 进行热液羽流追踪作业前，通常调查船已经对热液羽流进行了探测，并据此能够确定非浮力羽流的厚度和其距离海平面的深度等。因此，基于该信息可以确定 AUV 追踪热液非浮力羽流所在的二维水平面的有效位置。因此，本章研究中不考虑 AUV 对非浮力羽流在深度方向上的探测以自主确定其追踪非浮力羽流的有效深度，假设该深度为 AUV 追踪非浮力羽流作业已知的先验信息。此外，本章重点研究 AUV 追踪热液羽流的策略和算法，因此，在此假设 AUV 已经通过数据处理和融合算法对热液羽流探测传感器数据进行了处理，AUV 能够准确辨识其检测到的热液羽流。

本章研究的热液非浮力羽流追踪任务如图 3.3 所示。首先 AUV 从当前位置航行到探测区域的某个指定追踪任务开始位置如 $(X_{\max},Y_{\min},Z)$，然后 AUV 以固定的深度 Z 在设定的探测区域 $[X_{\min}\ X_{\max}\ Y_{\min}\ Y_{\max}]$ 中寻找非浮力羽流，当找到非浮力羽流后追踪该非浮力羽流到达其源头位置（也即浮力羽流的顶端截面位置）并对其定位。

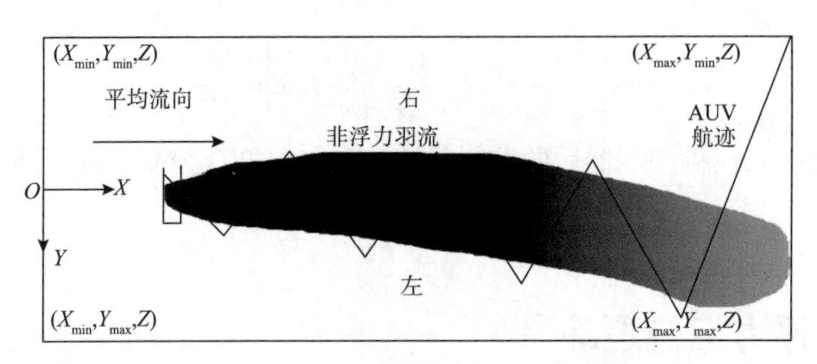

图 3.3　非浮力羽流追踪任务示意图

3.3.2　追踪策略

针对 AUV 在二维水平面内设定的探测区域中寻找羽流、追踪羽流到达源头位置并对源头定位，文献[16]、[17]设计了一种模仿飞蛾行为的羽流追踪策略和 AUV 实现该策略的基于行为的规划算法。本节基于文献[16]、[17]的研究，研究 AUV 在二维水平面追踪热液非浮力羽流的策略和算法，即模仿生物“之”字形运动的羽流追踪策略，令 AUV 沿与逆流方向一定角度向上游方向航行，直到其在羽流的一侧边界离开羽流，然后 AUV 向羽流的另一侧边界航行，直到离开该侧边界后再向相反的边界方向航行，如此反复直到到达源头的位置，如图 3.3 所示。同样，研究的策略中不利用热液羽流示踪物的强度信息，仅利用 AUV 是否检测到热液羽流进行决策和规划。

基于行为的规划由于具有对复杂、动态、非结构化环境的快速、实时反应能力，适合于 AUV 自主执行海洋环境动态特征追踪和观测等任务。因此，采用基于行为的规划方法来实现 AUV 追踪热液非浮力羽流的策略。针对该策略，设计如下 AUV 行为：

(1) 在探测区域中搜索羽流行为，控制 AUV 在指定的探测区域中寻找羽流。

(2) 追踪羽流行为，该行为模仿生物感知到羽流时与流向保持一定角度逆流向上追踪羽流的行为。

(3) 探索羽流行为，该行为模仿生物在追踪羽流的过程中，如果一段时间没有感知到羽流时所采用的垂直于流向运动以在该局部范围内寻找羽流的行为。

(4) 回溯追踪行为，该行为模仿生物（如飞蛾）在追踪羽流丢失后寻找羽流时的垂直于流向运动并同时向下游方向运动以寻找追踪丢失的羽流的行为。

(5) 源头判断行为，判断 AUV 已经航行到达了非浮力羽流的源头并对源头位置进行估计。

下节对各行为及其之间的协调详细介绍。

3.3.3 行为设计

1. 搜索羽流行为

搜索羽流行为的功能是控制 AUV 在设定的探测区域[$X_{\min}$ $X_{\max}$ $Y_{\min}$ $Y_{\max}$]中寻找羽流。最直接的方法是控制 AUV 从该区域的最下游开始，逐渐向上游方向对整个区域进行梳形搜索。但为了提高搜索效率，采用文献[16]提出的一种“之”字形的搜索策略，即 AUV 在垂直于流向运动的同时，又向上游方向即源头的方向运动，这种策略相对于梳形搜索具有更高的效率，使 AUV 能够更快地完成对整个区域进行的覆盖式搜索。当 AUV 通过“之”字形的搜索航行到探测区域上游的顶端位置而没有搜索到羽流，除了该区域中不存在羽流的情况外，还有可能是羽流的不连续导致 AUV 从羽流的间隙中穿过而没有检测到羽流，因此 AUV 又从上游方向向下游方向开始进行“之”字形的搜索，到达下游的末端，然后继续向上游方向搜索。

该行为的设计参数为向上游和向下游方向搜索羽流的角度 θ_{Fu} 和 θ_{Fd}。如果 AUV 执行该搜索任务已经对该区域进行了 N_{F} 次搜索而仍然没有检测到羽流，则可以断定该区域中不存在羽流，AUV 转换到其他任务要求的行为。如果在搜索过程中检测到羽流，则 AUV 基于该事件转换到追踪羽流行为。同时，在转换前该行为判断 AUV 是从羽流的右侧向左侧航行或从羽流的左侧向右侧航行(左右方向的定义如图 3.3)，即判断 AUV 的航行速度方向 $\psi+\beta$ (ψ 和 β 分别为 AUV 的艏向角和漂角)与流向 f_{dir} 的关系：如果 $\psi+\beta-f_{\mathrm{dir}}<\pi$，则说明 AUV 正从羽流的右侧向左侧航行；如果 $\psi+\beta-d_{\mathrm{dir}}>\pi$，则说明 AUV 正从羽流的左侧向右侧航行。然后 AUV 记录该方向(左或右)于变量 T_D。

2. 追踪羽流行为

追踪羽流行为是模仿生物逆流向上追踪羽流的行为。该行为的功能是控制 AUV 沿与逆流方向 $f_{\mathrm{dir}}+\pi$ 夹角为 θ_{T} 的方向向上游方向运动(图 3.4)。该行为调用路径跟踪制导函数控制 AUV 跟踪射线，其起点为 AUV 转换到该行为时的位置 (x,y,z)、方向为与逆流方向夹角 θ_{T}，其中 θ_{T} 的方向由变量 T_D 确定(向左或向右运动)。AUV 在追踪羽流行为中如果检测到羽流，则保持该行为；如果在追踪的过程中没有检测到羽流，则可能是羽流的不连续特性导致的，因此需要继续沿该方向追踪一段距离 D_{T}，如果 AUV 已经连续航行

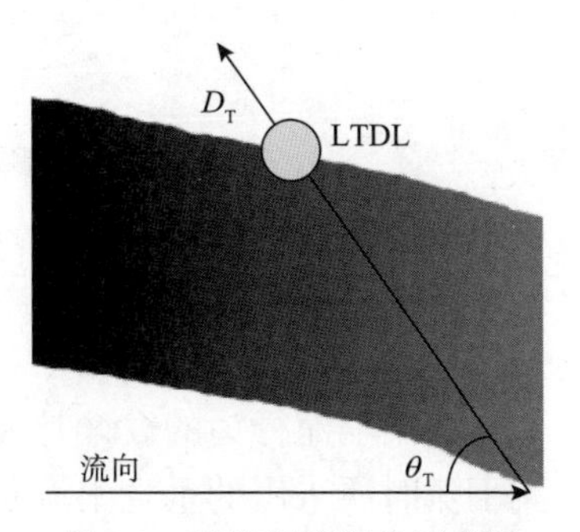

图 3.4 追踪羽流行为示意图

距离 D_T 没有检测到羽流，则说明或者 AUV 已经沿该方向离开了羽流的左或右边界，或者 AUV 已经航行超过了羽流源头，或者此处羽流的间断距离较大。无论何种情况发生，AUV 从该行为转换到探索羽流行为，并将该行为中最后检测到的羽流的位置(last tracer detected location，LTDL)记录在一个链表数据结构中，供其他行为如探索羽流行为、回溯追踪行为等调用。

追踪羽流行为的设计参数为追踪角度 θ_T 和追踪距离 D_T 。角度 θ_T 的选取主要是确保 AUV 能够从期望的方向 T_D 从羽流的左侧边界或右侧边界离开羽流，因此，θ_T 的选取一方面要考虑流速测量的不确定性(通常 AUV 通过 ADCP/DVL 测量得到的流向存在一定的误差)，如图 3.5(a)所示，如果 θ_T 小于真实流向与 AUV 测量得到的流向之间的误差 θ_{error} ，则当 AUV 认为其以 θ_T 角度向左侧航行追踪羽流时，AUV 实际上是在向右侧航行追踪羽流，因此 θ_T 的选择要大于 θ_{error} ；另一方面，θ_T 的选取还要考虑羽流在非均匀流场中所形成的弯曲，如图 3.5(b)所示，如果流向与羽流的轴线之间的夹角 θ_{diff} 大于 θ_T ，则 AUV 难以在该位置实现对羽流的有效追踪，因此 θ_T 的选取应该大于 θ_{diff} ，以避免这种不利影响。对于流向测量越准确、羽流轴线越平直的情况，则可以选取较小的 θ_T ，以使 AUV 追踪羽流行为具有较大的向羽流源头方向运动的成分，进而较快地航行到羽流源头的位置；反之，则应该选取较大的 θ_T ，以保证 AUV 能够采用该行为实现对羽流的期望追踪。参数 D_T 的选取主要是考虑羽流的不连续特性：羽流的不连续性较大，则应该选取较大的 D_T ，以避免频繁地追踪羽流行为失败而采用探索羽流行为；反之，羽流的不连续性较小，则应该选取较小的 D_T ，以避免 AUV 从羽流的一侧离开羽流的距离过远。

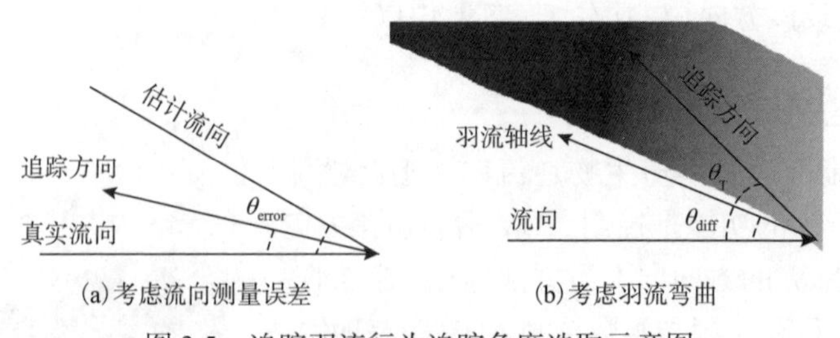

(a)考虑流向测量误差　　(b)考虑羽流弯曲

图 3.5　追踪羽流行为追踪角度选取示意图

3. 探索羽流行为

探索羽流行为的设计是模仿生物在追踪羽流过程中，如果一段时间没有感知到羽流时所采用的垂直于流向运动以在该局部范围内寻找羽流的行为。该行为的功能是在 AUV 采用追踪羽流行为追踪羽流失败时在 LTDL 附近探索羽流，以重新找到羽流进而继续追踪羽流。

本节设计的探索羽流行为如图 3.6 所示。

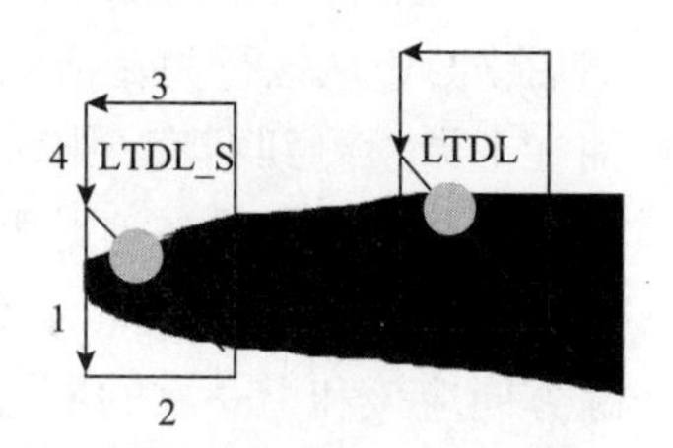

图 3.6 探索羽流行为示意图

AUV 在 LTDL 附近进行由四支探索路径组成的矩形路径探索模式，其中矩形的长边垂直于流向，矩形的短边平行于流向。AUV 首先沿第一支探索路径运动，在期望的情况下，AUV 追踪羽流失败是由于 AUV 已经从羽流的左侧或右侧边界离开了羽流，因此，AUV 应该首先向与追踪羽流行为相反的方向探索，以重新回到羽流的内部。如果在第一支探索路径上检测到羽流，则 AUV 从该行为转换到追踪羽流行为使 AUV 沿该方向继续追踪羽流；如果没有检测到羽流，则进入后续探索路径。如果在第一支探索路径没有检测到羽流，则可能是由于羽流的不连续性，AUV 恰好在羽流的间隙中穿过；由于流向的计算误差或者是由于羽流的弯曲，AUV 没有从期望的方向离开羽流，进而第一支探索路径使 AUV 继续从羽流的一侧边界离开了羽流；或者是 AUV 已经位于羽流源头的上游。因此，后续探索路径的设计就是要考虑在 LTDL 附近的探索以使在这三种情况下 AUV 能够再次检测到羽流而转换到追踪羽流行为。第一支探索路径的长度 L 的选取应该足够大（应大于 $D_{\mathrm{T}} \times \sin\theta_{\mathrm{T}}$），主要是考虑要在即使羽流不连续和轴线弯曲的情况下 AUV 也能够探索到羽流。

第二支探索路径中，首先使 AUV 沿顺流方向航行一段距离 W，W 的长度选取应该使矩形路径能够包围 LTDL。该支探索路径的设计主要是针对上述的第三种情况，LTDL 位于羽流的源头附近时，AUV 能够在源头的下游方向探索以能够重新检测到羽流。当 AUV 在沿第二支探索路径航行到 LTDL 的另一侧且仍然没有检测到羽流时，则进入到第三支羽流探索路径。如果在第二支探索路径中检测到羽流，则首先判断检测羽流的位置是否位于 LTDL 的上游，若是，则 AUV 转换到羽流追踪行为，并且此时说明 AUV 在追踪羽流行为中按照期望的方向离开了羽流，AUV 应位于羽流内部（通常情况下，LTDL 位于羽流的一侧边界），则 AUV 应向该方向继续追踪羽流，即与追踪羽流行为中的追踪羽流方向相反。若在 LTDL 的上游没有检测到羽流，而在下游检测到羽流，则 LTDL 可能位于羽流源头附近（羽流源头上游不存在羽流，而下游存在羽流），则记录该 LTDL 为 LTDL_S，并将该点保存在一个链表数据结构中，然后 AUV 从该行为转换到羽流源头判断行为。若源头判断行为未判断出羽流源头，则转换到羽流追踪行为并按上述方向追踪羽流。

第三支探索路径中，使 AUV 继续向追踪羽流的方向探索长度 L，然后向上游方向航行距离 W。如果在第三支探索路径没有检测到羽流，则进入第四支探索路径。如果在第三支探索路径检测到羽流，则判断其与 LTDL 的相对关系，若位于

LTDL 的下游，则记录该 LTDL 为 LTDL_S，并将其保存在一个链表数据结构中，然后 AUV 从该行为转换到羽流源头判断行为。若在 LTDL 下游没有检测到羽流而在上游检测到羽流，则转换到羽流追踪行为。AUV 在第三支探索路径检测到羽流，则很有可能是在追踪羽流行为时 AUV 没有按照期望的方向从羽流的一侧边界离开羽流，因此，此时经源头判断行为转换或直接转换到羽流追踪行为时，追踪方向应该和上一次的羽流追踪方向相同。

第四支探索路径中，使 AUV 在 LTDL 上游的方向探索羽流。如果 AUV 在第四支探索路径上航行到 LTDL 的另一侧而没有检测到羽流，则 AUV 继续沿第一支探索路径运动。如果 AUV 在第四支探索路径检测到羽流，则说明在 LTDL 的上游能够检测到羽流，LTDL 不会是羽流源头，且 AUV 应该继续沿上一次的羽流追踪行为追踪羽流的方向追踪羽流，此时 AUV 从该行为转换到羽流追踪行为。

如果 AUV 执行完一次完整的矩形探索路径任务而都没有检测到羽流，有可能是羽流的不连续导致的，AUV 在每一个位置都恰好处于羽流的间断处，因此 AUV 还应继续沿该探索路径运动，如果连续 N_O 次（N_O 为该行为设计参数）执行该探索路径任务都没有检测到羽流，可说明在该处不能探索到羽流，则 AUV 从该行为转换到羽流回溯追踪行为。

4. 回溯追踪行为

回溯追踪行为是模仿生物在跟踪羽流丢失后寻找羽流时的垂直于流向运动并同时向下游方向运动以寻找追踪丢失的羽流的行为。该行为的功能是在 AUV 执行 N_O 次探索羽流行为而没有探索到羽流的情况下，控制 AUV 在 LTDL 的下游位置探索羽流，以重新检测到羽流。

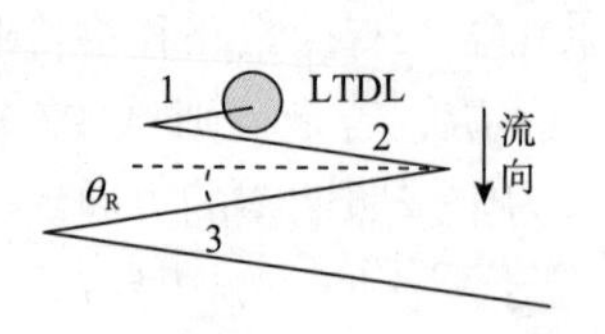

图 3.7　回溯追踪羽流行为示意图

由于海流的输运，在 LTDL 检测到的羽流会向下游方向运动，因此该行为控制 AUV 在 LTDL 的下游位置进行如图 3.7 所示的“之”字形的探索。从探索羽流行为转换到回溯追踪羽流行为时，首先计算 AUV 相对于顺流流向的运动方向（向左或向右运动，计算方法同搜索羽流行为，判断 $\psi+\beta$ 与流向 f_{dir} 的关系），然后 AUV 以该方向作为第一支回溯追踪羽流的方向。当第一支完成后没有检测到羽流，则转换到第二支探索路径，直到完成设定的 N_R 支探索路径。如果探测到羽流，则 AUV 从该行为转换到羽流追踪行为（转换到追踪羽流行为后的初始羽流追踪方向计算同搜索羽流行为，即判断 $\psi+\beta$ 与流向 f_{dir} 的关系）。如果该行为执行完成设定的 N_R 支探索路径任务而没有探索到羽流，则 AUV 转换到在探测区域中搜索羽流行为。

该行为的设计参数为角度 θ_R 和每一支探索路径的长度 L_{Ri}（设计为 $L_{Ri}=nL_{Ri-1}$，

$n>1$ 为比例系数)，其选取主要考虑 AUV 在 LTDL 下游的探索面积。对于流速较大且流向变化较大的情况，应该使 AUV 在 LTDL 下游位置进行更大范围的探测，则应选取较大的 θ_R 和 L_{Ri}；而对于流速较小且流向稳定的情况，则可选取较小的 θ_R 和 L_{Ri}。

5. 源头判断行为

源头判断行为利用 LTDL_S 的信息，来确认 AUV 是否航行到达羽流源头，并估计源头的位置。

LTDL_S 为在该点的上游位置检测不到羽流，而在该点的下游位置又能够检测到羽流的点。因此，当足够多的 LTDL_S 分布在一个局部范围内，则说明 AUV 在该范围内的 LTDL_S 上游区域内进行了充分探测而没有检测到羽流，而在该区域的下游又能够检测到羽流，则说明羽流的源头就在 LTDL_S 附近。

本节设计的算法是对链表中记录的 LTDL_S 沿流向按位置排序，当最上游的 LTDL_S 点与最下游的第 N_D 个 LTDL_S 之间沿流向的距离小于设定的一个阈值 L_D 时，则认为 AUV 已经航行到达了羽流的源头位置。其中 $N_D>0$ 为一设计参数，N_D 值越大，则 AUV 需要在源头位置附近进行探索羽流的次数越多，确认已经到达羽流源头位置的准确性也就越高，当然也消耗越多的任务时间；但 N_D 不能过小，否则容易产生错误的判断。L_D 也为一设计参数，其选取主要是基于羽流源头的尺度，对于大尺度的源头，则 L_D 相对较大，而对于小尺度如近似为点源，则 L_D 应选取为一个小值。

当通过 LTDL_S 判断出 AUV 已经航行到达羽流源头，利用 LTDL_S 还可以初步估计源头的位置 (x_{es}, y_{es})。对于热液非浮力羽流的源头，其尺度较大，则可估计 (x_{es}, y_{es}) 为获得的 N_D 个 LTDL_S 沿流向的中心。当判断 AUV 已经到达了源头位置，则 AUV 转换到其他任务行为。

3.4 浮力羽流追踪

3.4.1 问题描述

由于受到潮汐等水平流的作用，即使已经通过 AUV 追踪热液非浮力羽流进而找到并定位追踪高度处的浮力羽流水平横截面位置，热液喷口不一定位于该浮力羽流横截面的正下方，其位置与浮力羽流的平均上升速度和水平流的平均速度有关[30]。如图 3.8 所示，SH 为 AUV 追踪非浮力羽流所在高度处的浮力羽流水平横截面，当 $\sigma_{BP}>U_0 h_S/W_0$ 时(其中 σ_{BP} 为截面 SH 的特征半径，U_0 为平均水平流速，h_S 为截面 SH 的高度，W_0 为浮力羽流的平均上升速度)，则热液喷口位于 SH 的正下方，如图 3.8(a)所示；而当 $\sigma_{BP} < U_0 h_S / W_0$，则热液喷口位于 SH 的上游，如图 3.8(b)所示。因此，即使已经通过调查船或 AUV 的探测确定了浮力羽流的顶端截面位置，也需要研究有效的追踪策略和算法实现 AUV 追踪该浮力羽流到达喷口位置，进而实现对喷口的精确定位。下面研究 AUV 追踪浮力羽流到达海底喷口的策略和基于行为的规划算法。

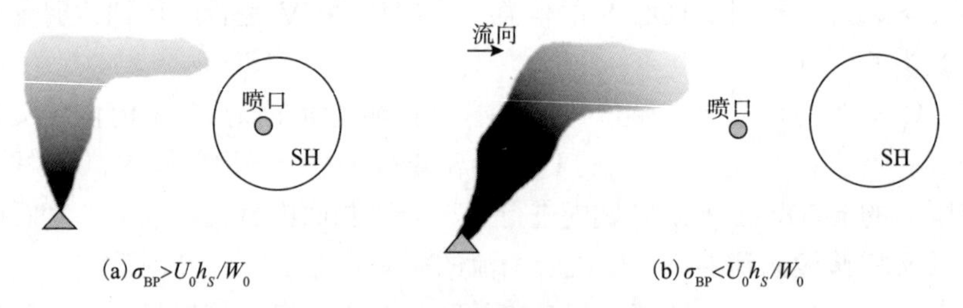

图 3.8 浮力羽流和喷口位置示意图

3.4.2 追踪策略

不同于水平面非浮力羽流追踪，羽流分布在某一个固定的流层，AUV 位于该流层的二维水平面内追踪羽流即可到达其源头位置。浮力羽流的直径从源头处向顶端逐渐增加，如果 AUV 未能在浮力羽流沿流向的纵中剖面内追踪，则终将导致 AUV 在浮力羽流顶端向源头处追踪的过程中离开浮力羽流。基于上述考虑，采用如图 3.9 所示的追踪策略，即 AUV 直接向下运动以接近底端源头。该策略不考虑 AUV 位于某一设定的二维垂直面内追踪羽流，只要其检测到羽流就向底端方向运动——模仿飞蛾在检测到羽流时逆流向上游的羽流追踪行为，直到离开羽流，然后 AUV 在该高度处的水平面内寻找羽流——模仿飞蛾在追踪羽流丢失后在垂直于流向的羽流探索行为，找到羽流后在向下运动，如此反复直到到达底端源头位置。

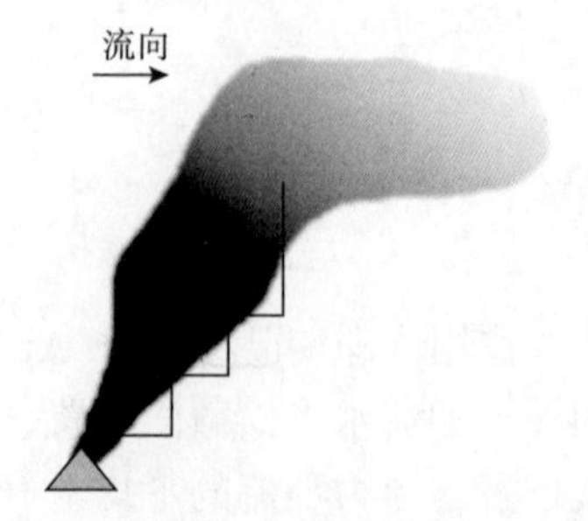

图 3.9 浮力羽流追踪策略示意图

3.4.3 行为设计

本节设计的浮力羽流追踪行为算法如下，包括追踪羽流行为（Track-In 和 Track-Out 两个子行为）、探索羽流行为（ExplorePlume）和源头判断行为（Declar Source）。

1. Track-In 行为

Track-In 行为设计为 AUV 追踪热液浮力羽流到达海底。考虑到 AUV 的欠驱动特性，我们设计 Track-In 为三维空间的螺旋线，如图 3.10 所示。该行为调用路径跟踪制导函数 FollowPath 来实现 AUV 对该螺旋线的跟踪。

三维空间螺旋线的参数方程如下：

$$x = a\cos t \tag{3.29}$$

$$y = b\sin t \tag{3.30}$$

$$z = ct \tag{3.31}$$

该三维空间螺旋线的参数的选取主要考虑 AUV 的动力学，a 和 b 可以设置为 a=b=AUV 的回转半径 r，c 的选取主要考虑 AUV 的俯仰角。

当 AUV 检测到浮力羽流，AUV 保持该行为追踪浮力羽流到达海底。同时，考虑到浮力羽流示踪物的不连续特性，设置一个距离参数 D_T（D_T 选取应大于羽流的间断间距），在 AUV 追踪羽流过程中，如果 D_T 距离内没有检测到浮力羽流，则 AUV 转换到 Track-Out 行为（由于浮力羽流的弯曲特性，以及浮力羽流的直径随浮力羽流的高度减小而减小，所以 AUV 在利用 Track-In 行为追踪羽流的过程中将会离开浮力羽流）。

同时，Track-In 行为记录下其在追踪过程中检测到的浮力羽流的水平位置 (x_T, y_T)，然后计算这些位置在圆形轨迹 $x = a\cos t$，$y = b\sin t$ 上的中心，然后保存该中心 T_O，用于其他的浮力羽流追踪行为调用。图 3.11 为 T_O 计算的一个示意图。

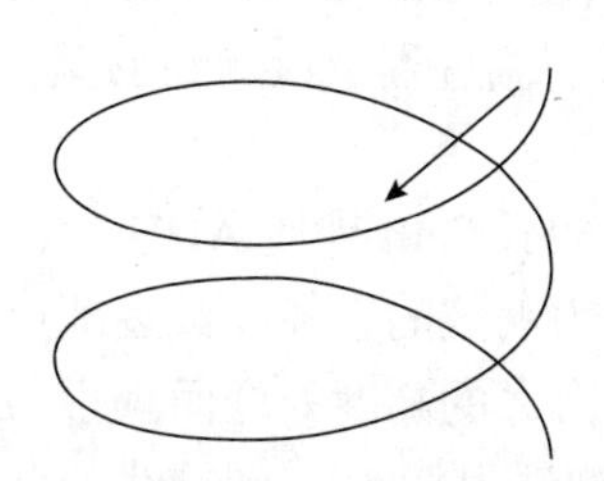

图 3.10 Track-In 行为示意图

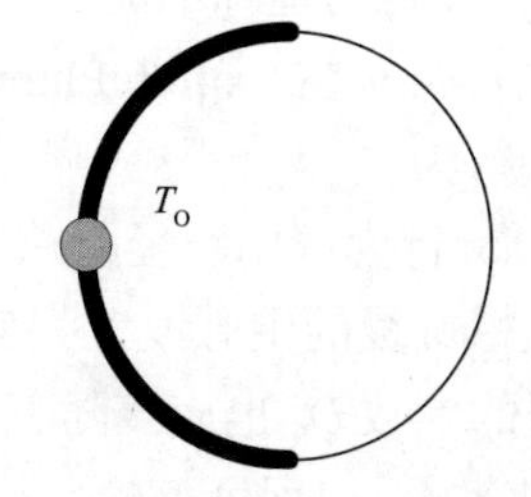

图 3.11 浮力羽流追踪螺旋线俯视图

2. Track-Out 行为

图 3.12 为 Track-Out 行为俯视图。其中，T_1 为 Track-In 行为的螺旋线，T_2 为

紧接着的Track-Out行为的螺旋线，其中心为Track-In行为中计算得到的中心 T_{O1}。

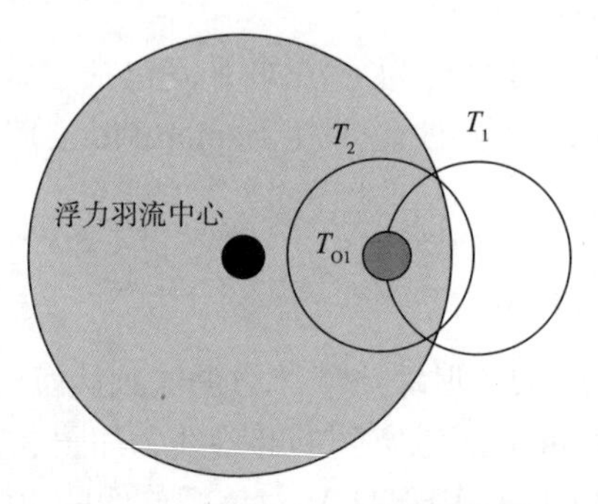

图 3.12　Track-Out 行为俯视图

Track-Out 行为控制 AUV 快速地在 Track-In 行为追踪羽流过程中离开羽流后再次追踪到羽流。由于 T_O 表示在其位置附近 AUV 相对于其他位置 AUV 检测到更多的羽流，因此 T_O 相对于该螺旋线上的其他位置更接近于浮力羽流的中心轴线（在图 3.8 所示的热液羽流水平横截面中，接近于浮力羽流的中心轴线，AUV 将越能够检测到更多的羽流）。在 Track-Out 行为中，AUV 同样进行 Track-In 行为中的三维空间螺旋线运动，但该行为改变螺旋线的中心为 Track-In 行为中计算得到的 T_O。

当 AUV 在 Track-Out 行为中检测到浮力羽流后，则 AUV 转换到 Track-In 行为继续追踪浮力羽流，其 Track-In 行为的螺旋线中心为 T_O。通过上述设计的算法，AUV 通过 Track-In 和 Track-Out 行为，既向着海底方向运动，同时也向着浮力羽流的中心轴线方向运动。如果在 Track-Out 行为中，AUV 航行垂向距离 D_O 而没有检测到浮力羽流，则 AUV 转换到 ExplorePlume 行为。

3. ExplorePlume 行为

如果 Track-Out 行为追踪羽流丢失，则 AUV 转换到 ExplorePlume 行为，在 T_O 附近搜索羽流。当 AUV 在 ExplorePlume 行为搜索羽流过程中检测到羽流，则 AUV 转换到 Track-In 行为。

ExplorePlume 行为调用路径跟踪制导函数 FollowPath 来使 AUV 进行螺旋线的搜索路径，该螺旋线的中心设置为 T_O。由于浮力羽流的直径随其逐渐接近海底而减小，螺旋线的参数 D_R 也应该随着 AUV 距离海底的高度降低而减小（D_R 应该小于浮力羽流的直径，以保证该螺旋线能够接触到浮力羽流）。螺旋线的覆盖距离 R_R 应该足够大，以覆盖足够大的区域（考虑到浮力羽流的直径和浮力羽流的弯曲），保证 AUV 能够检测到浮力羽流。同时，当 AUV 接近海底时，D_R 也应该相应地减小。如果 AUV 执行该螺旋线的搜索而没有检测到浮力羽流，则 AUV 转换搜索的方向再次执行搜索，如图 3.13 虚线所示，直到找到羽流。

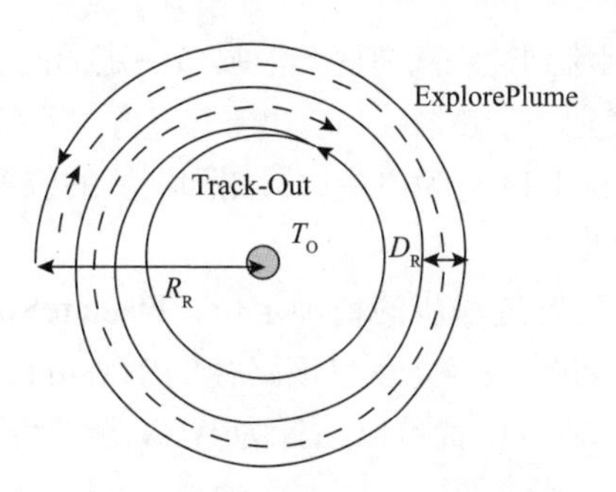

图 3.13　探索浮力羽流行为示意图

在浮力羽流追踪过程中，当浮力羽流的半径小于 AUV 的最小回转半径时，使用如图 3.13 所示的螺旋形路径可能使 AUV 无法检测到浮力羽流。因此,在 AUV 追踪浮力羽流过程中，如果浮力羽流的半径接近或者小于 AUV 的回转半径(热液浮力羽流的直径信息可作为 AUV 执行浮力羽流追踪任务的先验信息)，ExplorePlume 行为首先使用如图 3.14 所示的搜索路径来寻找羽流，其参数方程为 $x = R\cos(6t)\cos(3t)$， $y = R\cos(6t)\sin(3t)$（R 为方程的设计参数，其中 R =20)。该搜索路径能够覆盖较小的区域，因此当热液浮力羽流的直径小于 AUV 的回转直径时，该路径也能够保证 AUV 检测到浮力羽流。如果 AUV 应用该路径没有检测到羽流，则 AUV 转换到如图 3.13 所示的螺旋线继续追踪羽流。

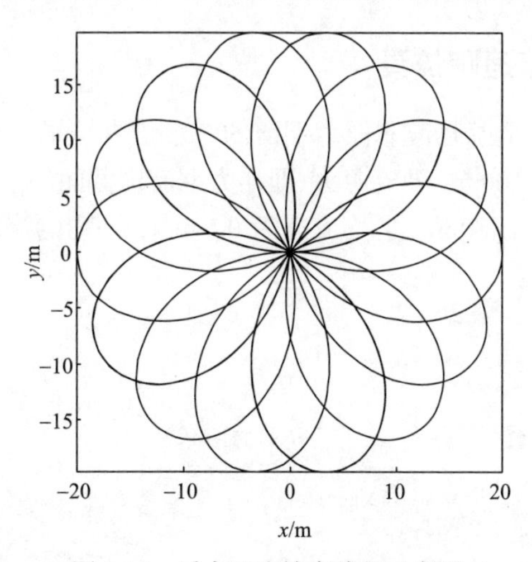

图 3.14　浮力羽流搜索路径示意图

为了提高上述搜索任务的效率，上述螺旋线可以在三维空间中进行，因此，当 AUV 利用 ExplorePlume 行为搜索羽流时，AUV 也向着海底的方向运动。

4. DeclareSource 行为

当 AUV 追踪浮力羽流到达距离海底热液喷口一定的高度时，DeclareSource 行为激活，声明 AUV 已经找到一个热液喷口。由于热液浮力羽流的直径在喷口上方处的尺度通常为米级，因此 Track-In 行为中最后检测到羽流的位置即可作为估计的喷口位置 V_E，其估计误差为米级。

为了实现热液喷口位置进一步的精确定位，DeclareSource 行为可以进行一个浮力羽流的测绘行为，如图 3.14 所示（该路径的中心可设置为估计得到的喷口的位置 V_E），则精确的热液喷口位置可以估计为 AUV 测绘浮力羽流的路径点上检测到浮力羽流位置点的中心 V_{EA}。

3.5 计算机仿真

由于进行 AUV 追踪深海热液羽流的实验复杂度和成本均较高，所以 AUV 追踪热液羽流的仿生策略研究和开发必然借助于计算机仿真。针对该研究需要，我们研究并开发了一个计算机仿真环境，为 AUV 追踪热液羽流的仿生策略研发提供支持。基于该仿真环境，对设计的 AUV 追踪热液非浮力羽流的策略进行了仿真实验，本节给出一些仿真实例。在以下的仿真中，AUV 的航行速度设置为 2.5 m/s，AUV 的规划和控制的周期均为 10 Hz。

3.5.1 非浮力羽流追踪仿真

图 3.15 为 AUV 追踪热液非浮力羽流的一个仿真结果。在该仿真中，流场计算网格的节点间距为 100 m，羽流源头（即浮力羽流横截面的中心）位于(500, 0) m，源头的尺度（直径）约为 80 m，平均流速为 0.5 m/s，平均的流向为水平向右，流向的变化周期为 2000 s。

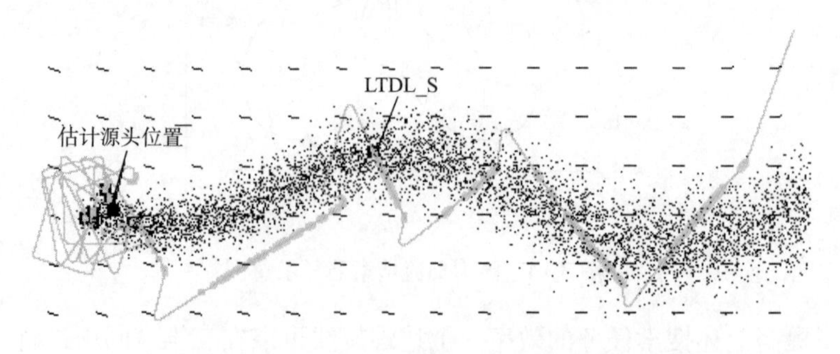

图 3.15 AUV 追踪非浮力羽流仿真结果

该任务中，AUV 首先在设定的探索区域[0　2000　–500　500] m 中寻找羽流，其中 θ_{Fu} 和 θ_{Fd} 分别为 20° 和 60°；然后 AUV 在 171.5 s、位置为(1850.7, –105.8) m 处检测到羽流，AUV 转换到追踪羽流行为，该行为中追踪羽流的角度 θ_T 选取为 50°，追踪羽流的距离 D_T 选取为 100 m；在跟踪丢失后转换到探索羽流行为，其中探索长度 L 选择为 100 m；在源头判断行为中，选择利用 6 个 LTDL_S 进行判断，当在流向坐标系下最上游的 LTDL_S 和其下游第 5 个 LTDL_S 之间沿流向的距离小于 100 m 时（该仿真中，最上游和其下游第 5 个 LTDL_S 之间的距离为 98.8 m，当时的流向为 16.8°），则 AUV 认为其已经到达了源头的位置，此时任务结束，任务的完成时间为 2587.1 s。任务结束时估计得到的源头的位置为(534.8, –8.9) m，并且利用 LTDL_S 估计得到的源头位置处羽流的宽度为 71.9 m。

图 3.16 为 AUV 追踪羽流的行为中采用不同的追踪角度（θ_T 分别为 50° 和 20°）追踪羽流的仿真结果。该仿真中，流向的变化周期设置为 4000 s。其中两个任务的 AUV 分别追踪羽流到达位置(500, –34.7) m 和(500, –34.9) m 时结束任务，AUV 完成任务的时间分别为 1139.8 s、1002.1 s。

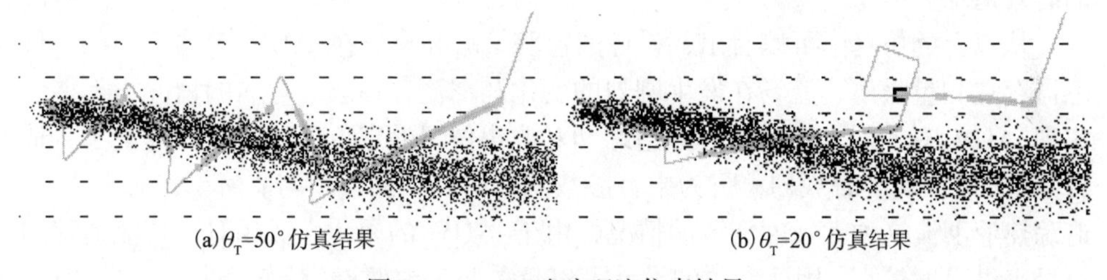

(a) θ_T=50° 仿真结果　　(b) θ_T=20° 仿真结果

图 3.16　AUV 追踪羽流仿真结果

从仿真结果可以看出，选择较小的追踪角度具有更高的追踪效率，即 AUV 能够更快地从羽流下游位置航行到源头位置。但同时，从图 3.16(a)可以看出，第一个追踪任务的过程也在一定程度上收集了更多的热液非浮力羽流分布数据，因此在某种意义上说也兼顾完成了一个热液羽流测绘的作业任务。同时，在 AUV 追踪热液羽流的作业中，除了追踪的效率外，能够完成追踪任务并找到源头的可靠性也是需要考虑的一个重要因素，选择较大的追踪角度，虽然一定程度上降低了任务效率，但是提高了可靠性。此外，收集更多的热液非浮力羽流分布数据，不但兼顾完成了热液羽流测绘任务，同时，如果由于某种原因 AUV 没有成功追踪羽流而找到热液喷口，收集的热液羽流分布数据也便于帮助工作人员在 AUV 回收后对数据进行分析而确定下一步的任务计划。

以上的仿真中，AUV 在追踪羽流的过程中利用的是瞬时感知的流向信息。图 3.17 为 AUV 利用 0°的平均流向追踪羽流的仿真结果。

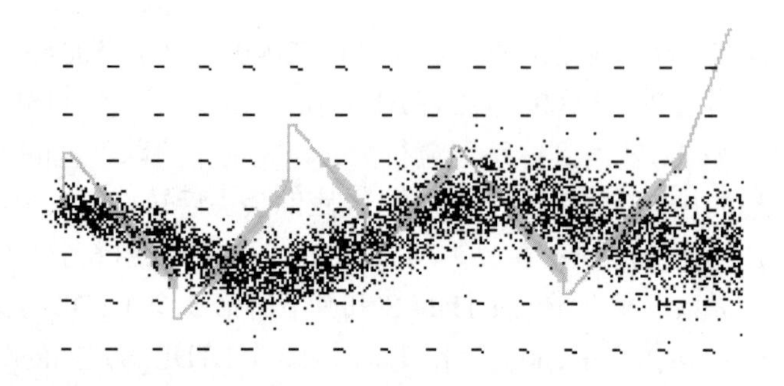

图 3.17　AUV 利用 0° 的平均流向追踪羽流仿真结果

该任务中 AUV 仍然从(2000, −500) m 位置出发寻找和追踪羽流，追踪羽流到达位置为(500, −7.4) m 时的任务执行时间为 1187.8 s，其中追踪羽流行为中的追踪角度 θ_T 选取为 50°。在 AUV 追踪热液羽流的任务中，由于获取的流向数据也均为时间平均值，采用本章设计的追踪策略和算法，只要设计的追踪角度 θ_T 大于羽流轴线与测量或估计的平均流向之间的差值，也可实现 AUV 对热液非浮力羽流的有效追踪。

从以上的仿真中可以看出，设计的追踪策略和算法在 AUV 定位不精确、传感器存在测量噪声、流场在发生剧烈的变化和羽流存在较大弯曲的情况下，能够实现 AUV 对非浮力羽流的有效追踪和对源头位置的定位。该算法计算量小，适合于 AUV 在线实时规划；行为中各参数意义明确、设计和调节简单，对于 AUV 追踪热液羽流这种大尺度羽流的情况，由于 AUV 的回转直径相对于羽流追踪的路径来讲尺度较小，因此参数的设计可以只需要考虑羽流(不连续性、弯曲、宽度和源头直径等尺度)、流场的特性和流向测量的不精确性，而无须考虑 AUV 的动力学特性——AUV 的回转直径。

采用反应式的规划算法，羽流检测的准确性是该算法成功实现的重要前提，即 AUV 在没有羽流的位置而传感器误报检测到羽流，或在有羽流的位置而误报为没有检测到羽流，将使 AUV 跟踪到错误的方向。因此，将 AUV 搭载的热液羽流原位探测传感器的数据处理和融合，以准确辨识检测到热液羽流是实现该策略的一个重要前提。

除了逆流向上的“之”字形的追踪策略，自然界中也有螃蟹等生物追踪羽流的边界。本章设计的策略很容易修改成为一种边界追踪策略，即在追踪羽流行为中将追踪羽流的方向始终保持为向一个方向追踪。边界提供了热液羽流分布的一个重要信息，因此在流向信息难以利用的情况下，设计 AUV 追踪边界的策略也是实现 AUV 追踪羽流的一种有效途径。

最后需要指出，本章研究的追踪策略并不是在任何环境条件下都是最优的策略，如多个热液喷口分布的比较密集且其喷溢的热液非浮力羽流交叠情况也比较复杂，据此难以对探测区域进行有效的分割，则 AUV 比较难以通过追踪非浮力羽流来找到所有的热液喷口，此时采用对搜索区域的覆盖式的非浮力羽流测绘作业以保证能够找到所有的热液喷口仍然是必须进行的。

3.5.2 浮力羽流追踪仿真

为了验证算法的有效性，我们利用研发的计算机仿真研究环境，对浮力羽流追踪策略进行仿真验证。

图 3.18 为一个热液浮力羽流追踪的仿真结果。该仿真中，AUV 利用该算法在三维空间中从浮力羽流顶端追踪浮力羽流到达海底热液喷口位置。在该仿真中，设置三个热液喷口，位置分别为(500, 0) m、(515, 15) m、(500, –40) m。三个喷口喷发的热液羽流在喷出后一定高度处融合形成一个热液浮力羽流。

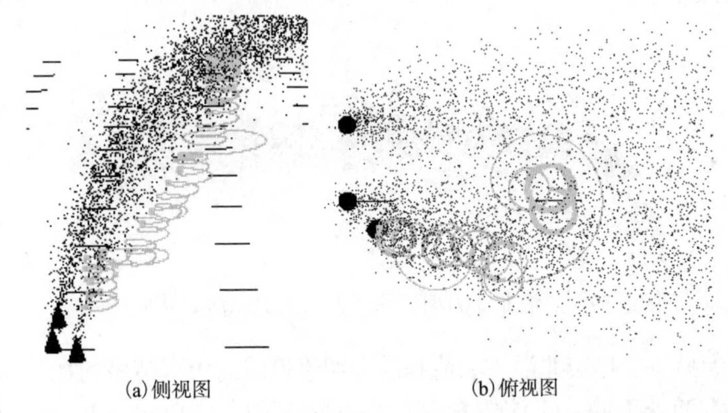

(a) 侧视图　　(b) 俯视图

图 3.18　AUV 利用研发的算法在三维空间中追踪热液浮力羽流的一个仿真结果

在该仿真中，AUV 于(600,–10,170) m 开始浮力羽流追踪任务，然后利用 Track-In 行为追踪浮力羽流。Track-In 行为的参数设置为 $a = b = 1$，$c = 1$，$D_T = 5$ m。当 AUV 利用 Track-In 行为追踪羽流过程中离开羽流后，Track-Out 行为激活来驱动 AUV 向浮力羽流的中心线方向移动来重新接触到羽流，其中参数 D_O 设置为 10 m。如果 Track-Out 行为没有检测到羽流，则 AUV 转换到 ExplorePlume 行为利用螺旋线来搜索羽流，其中螺旋线的中心设置为 T_O。考虑到浮力羽流的直径随着浮力羽流的高度减小而减小，设置参数 D_R [D_R 随 AUV 的高度(也即浮力羽流的高度)减小而线性减小]，来保证 Archimedes 螺旋线能够接触到浮力羽流。当 AUV 追踪浮力羽流到达热液喷口上方高度处 30 m 时，DeclareSource 行为激活，并且利用最近检测到的浮力羽流位置估计热液喷口的位置为(19.96,14.11) m[真实的位置为(515,15) m]。该任务的执行时间为 695 s。从上述仿真结果可以看出，设计的浮力羽流追踪算法是有效的。

图 3.19 为 AUV 追踪非浮力羽流和浮力羽流的一个完整的仿真结果。该仿真中，AUV 首先在二维水平面追踪非浮力羽流，在该过程中如果检测到浮力羽流的示踪物，则 AUV 转换到在三维空间中追踪浮力羽流的过程。该仿真中，设置两个热液喷口，位置分别为(1000, 0) m 和(1025, −25) m（这两个热液浮力羽流在上升过程中融合形成一个热液浮力羽流）。在该仿真中，AUV 于(2000, −500, 200) m 开始浮力羽流追踪任务，然后利用非浮力羽流追踪策略追踪非浮力羽流。在该过程中，当 AUV 在(1216.06, 3.00) m 位置检测到浮力羽流示踪物后，转换到浮力羽流追踪策略来追踪浮力羽流。当 AUV 追踪浮力羽流到达喷口上方高度 30 m 后，DeclareSource 行为激活，并应用浮力羽流测绘行为在喷口上方根据图 3.14 所示的路径采集浮力羽流的分布数据，基于该数据估计（采集到的浮力羽流位置的中心点）热液喷口的位置为(1031.74, −24.40) m[真实位置为(1025, −25) m]。该任务的执行时间为 1906.4 s。

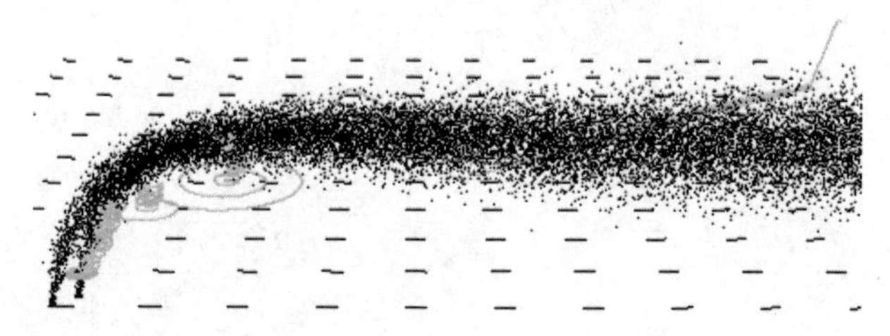

图 3.19　热液非浮力羽流和浮力羽流追踪仿真结果（一）

图 3.20 为另一个热液非浮力羽流和浮力羽流追踪的仿真结果。但该仿真与图 3.19 所示的仿真有两处不同：①该仿真中，浮力羽流追踪时 ExplorePlume 行为所采用的螺旋线扩展到三维，以提升 ExplorePlume 行为的执行效率（AUV 在该行为中也向着海底方向运动）；②该仿真中，当 AUV 在追踪非浮力羽流的过程中检测到浮力羽流的示踪物后，AUV 也应用了非浮力羽流追踪策略的源头判断行为来确认 AUV 已经到达了浮力羽流的顶端位置。由于联合应用了源头判断行为和浮力羽流示踪物检测信息，源头判断行为仅采用三个 LTDL-S 点来判断浮力羽流顶端位置。该仿真的执行时间为 2175.5 s。

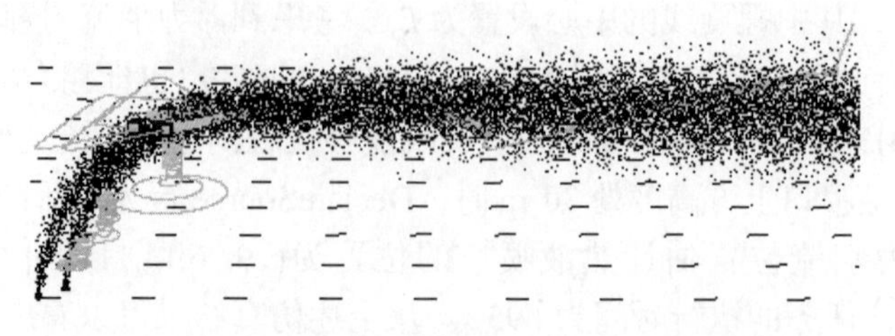

图 3.20　热液非浮力羽流和浮力羽流追踪仿真结果（二）

从上述仿真结果可以看出，设计的热液非浮力羽流和浮力羽流追踪算法可以实现对大尺度热液羽流的有效追踪。

参考文献

[1] Christopoulos V N, Roumeliotis S. Adaptive sensing for instantaneous gas release parameter estimation[C]. Proceedings of the IEEE International Conference on Robotics and Automation, 2005: 4450-4456.

[2] Pang S, Farrell J A. Chemical plume source localization[J]. IEEE Transactions on Systems, Man, and Cybernetics-Part B: Cybernetics, 2006, 36(5): 1068-2080.

[3] Pang S, Zhu F. Reactive planning for olfactory-based mobile robots[C]. Proceedings of the 2009 IEEE/RSJ International Conference on Intelligent Robots and Systems, 2009: 4375-4380.

[4] Vergassola M, Villermaux E, Shraiman B I. Infotaxis as a strategy for searching without gradients[J]. Nature, 2007, 445(25): 406-409.

[5] Moraud E M, Martinez D. Effectiveness and robustness of robot infotaxis for searching in dilute conditions[J]. Frontiers in Neurorobotics, 2010, 4: 1-8.

[6] Ferri G, Jakuba M V, Caselli E, et al. Localizing multiple gas/odor sources in an indoor environment using Bayesian occupancy grid mapping[C]. Proceedings of the 2007 IEEE/RSJ Intentional Conference on Intelligent Robots and Systems, 2007: 566-571.

[7] Jakuba M V, Yoerger D R. Autonomous search for hydrothermal vent fields with occupancy grid maps[C]. Proceedings of the 2008 Australasian Conference on Robotics and Automation, 2008: 1-10.

[8] Saigol Z A. Automated planning for hydrothermla vent prospecting using AUVs[D]. Birmingham: University of Birmingham, 2011.

[9] Vickers N J. Mechanisms of animal navigation in odor plumes[J]. Biological Bulletin, 2000, 198: 203-212.

[10] Belanger J H, Willis M A. Biologically-inspired search algorithms for locating unseen odor sources[C]. Proceedings of the IEEE International Symposium on Intelligent Control, 1998: 265-270.

[11] Grasso F W, Atema J. Integration of flow and chemical sensing for guidance of autonomous marine robots in turbulent flows[J]. Environmental Fluid Mechanics, 2002, 2: 95-114.

[12] Edwards S, Rutkowski A J, Quinn R D, et al. Moth-inspired plume tracking strategies in three-dimensions[C]. Proceedings of the IEEE International Conference on Robotics and Automation, 2005: 1669-1674.

[13] Porter M J, Vasquez J R. Bio-inspired navigation of chemical plumes[C]. Proceedings of the 9th International Conference on Information Fusion, 2006: 1-8.

[14] Farrell J A, Murlis J, Long X, et al. Filament-based atmospheric dispersion model to achieve short time-scale structure of odor plumes[J]. Environmental Fluid Mechanics, 2002, 2: 143-169.

[15] Li W, Farrell J A, Cardé R T. Tracking of fluid-advected odor plumes: strategies inspired by insect orientation to pheromone[J]. Adaptive Behavior, 2001, 9(3-4): 143-170.

[16] Farrell J A, Pang S, Li W. Chemical plume tracing via an autonomous underwater vehicle[J]. IEEE Journal of Oceanic Engineering, 2005, 30(2): 428-442.

[17] Li W, Farrell J A, Pang S, et al. Moth-inspired chemical plume tracing on an autonomous underwater vehicle[J]. IEEE Transactions on Robotics, 2006, 22(2): 292-307.

[18] Li W. Identifying an odour source in fluid-advected environments, algorithms abstracted from moth-inspired plume tracing strategies[J]. Applied Bionics and Biomechanics, 2010, 7: 1, 3-17.

[19] Li W, Carter D. Subsumption architecture for fluid-advected chemical plume tracing with soft obstacle avoidance[C]. Proceedings of the Oceans 2006, 2006: 1-6.

[20] Lapierre L, Soetanto D, Pascoal A. Nonlinear path following with applications to the control of autonomous underwater vehicles[C]. Proceedings of the 42nd IEEE Conference on Decision and Control, 2003:1256-1261.

[21] Lapierre L, Jouvencel B. Robust nonlinear path-following control of an AUV[J]. IEEE Journal of Oceanic Engineering, 2008, 33(2): 89-102.

[22] Encarnacao P, Pascoal A. 3D path following for autonomous underwater vehicle[C]. Proceedings of the 39th IEEE Conference on Decision and Control, 2000: 2977-2982.

[23] Ma L, Cui W C. Path following control of a deep-sea manned submersible based upon NTSM[J]. China Ocean Engineering, 2005, 19(4): 625-636.

[24] Slotine J J, Li W. Applied non-linear control[M]. Englewood Cliffs: Prentice-Hall, 1995, 125-128.

[25] Li W. Design of a hybrid fuzzy logic proportional plus conventional integral-derivative controller[J]. IEEE Transactions on Fuzzy Systems, 1998, 6(4), 449-463.

[26] Li W, Chang X G, Farrell J, et al. Design of an enhanced hybrid fuzzy P+ID controller for a mechanical manipulator[J]. IEEE Transactions on Systems, Man, and Cybernetics-Part B: Cybernetics, 2001, 31(6), 938-945.

[27] Guo J, Chiu F C, Huang C C. Design of a sliding mode fuzzy controller for the guidance and control of an autonomous underwater vehicle[J]. Ocean Engineering, 2003, 30: 2137-2155.

[28] 刘学敏, 徐玉如. 水下机器人运动的S面控制方法[J]. 海洋工程, 2001, 19(3): 81-84.

[29] Vidyasagar M. Nonlinear system analysis [M].2nd ed. Englewood Cliffs: Prentice-Hall, 1993.

[30] Jakuba M V. Stochastic mapping for chemical plume source localization with application to autonomous hydrothermal vent discovery[D]. Boston: Woods Hole Oceanographic Institute, 2007.

4

水下机器人声光自主感知

4.1 基于光视觉感知的热液喷口识别

水下机器人的三阶段热液活动探测策略中，第一阶段水下机器人的主要任务是基于热液羽流信息搜索和定位热液喷口。当水下机器人追踪热液羽流到达喷口位置附近后，需要对喷口进行确认。视觉是对热液喷口进行确认的有效技术途径，水下机器人可直接利用其携带的摄像机反馈的实时视频信息辨识和确认热液喷口。

当确认找到热液喷口后，水下机器人的一个重要任务是对热液喷口及其浮力羽流进行精细观测，并对浮力羽流进行测量或采样。水下机器人也需要实时处理视频信息，自主识别热液喷口以及热液羽流，进而为水下机器人基于视觉的热液喷口和羽流的观测、测量和采样提供位置伺服信息。针对在单幅静态图片中对热液喷口进行识别和声呐图像中对热液浮力羽流进行识别，国际上已经开展了相关的研究工作。本节将针对应用需求，研究水下机器人实时处理摄像机视频信息，实现对浮力羽流的识别和热液喷口的精确定位方法。

4.1.1 热液喷口识别的光视觉识别策略

水下机器人在热液喷口附近区域捕获到的图像包含海底热液硫化物、热液生物群落、热液喷口、复杂海水背景、弥散的热液流体，以及热液浮力羽流等多种要素，其中热液浮力羽流与其下方形成的热液硫化物的交界为喷口的位置。考虑喷口处除羽流以外因素具有不确定性，通常先识别热液浮力羽流，再从其底部区域检测浮力羽流与硫化物交界，以实现对喷口进行识别和定位。

由于热液喷口和浮力羽流形态复杂、水下机器人运动伴随视域的光照变化、热液喷发的高温流体引起的海洋环境光学特性变化、时空变化海流引起的热液浮力羽流形态的实时动态变化，以及海洋中生物的扰动，特别是雾状的热液羽流与环境海水之间差异的模糊性等复杂性因素的存在，常规的基于纹理、色彩、形状等人工提取特征的方法难以实现浮力羽流区域的准确识别，而利用连续帧的运动特征分割方法又易受弥散的热液流体和海洋浮游生物等的干扰而难以实现高的正确率。针对上述复杂性因素，借鉴陆地上烟雾视觉识别的研究结果，本节介绍稀疏表示和光流算法结合的方法策略，实现序列图像静态帧信息和连续帧间的动态信息的综合利用，以达到对非结构化、运动的热液浮力羽流的识别。首先对已有热液喷口视频数据开展研究，对多个已知场景下的海水背景和弥散的热液流体区域进行窗口采样的字典学习，创建背景和热液弥散流体区域的字典模型；利用稀疏表示方法对新场景图像中的采样窗口与字典模型相对比，进而从图像中将弥散的热液流体及背景区域去除。由于热液流体具有较大的初始动量，并且其浮力小于环境海水，所以初始热液浮力羽流具有较大的纵向速度分量。因此，基于上述羽流的物理运动特征，可利用光流方法获得连续帧的动态信息，将热液浮力羽流区域与其他区域相分离，热液硫化物位于浮力羽流下方，两个区域的交界处为喷口位置。方案的流程图如图 4.1 所示。

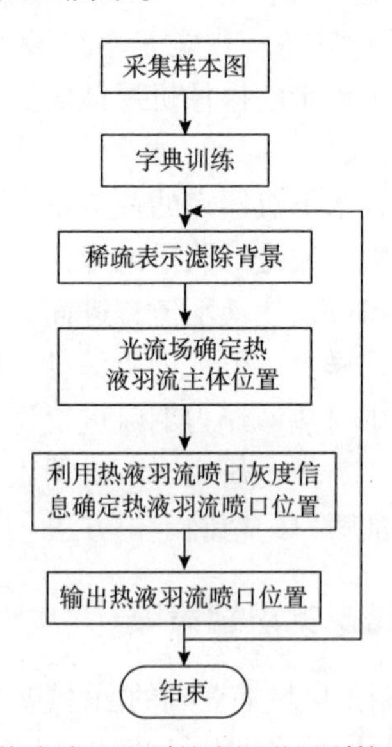

图 4.1　热液喷口识别的光视觉识别策略流程图

4.1.2　热液喷口区域样本图像采集

在稀疏表示的学习过程中涉及大量的图像样本，为了便于用户操作获得样本图像，这里编写了一个样本采集工具(图 4.2)。该工具可以同时导入多幅光学 RGB 格式图像，并可将图像分割为设定的样本块(区域)，用鼠标选取目标取样的图像块进行保存生成样本图像。

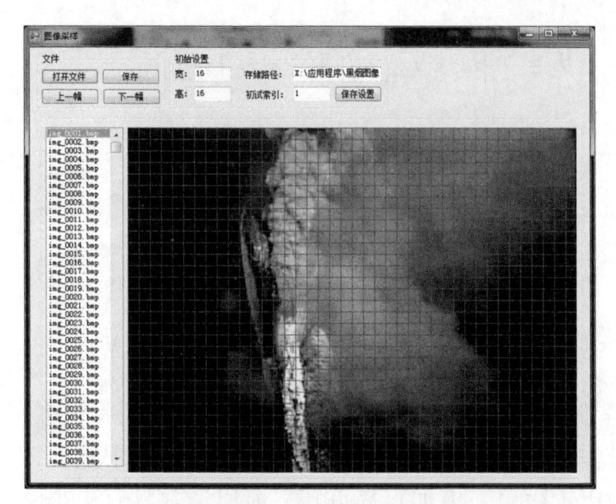

图 4.2　热液喷口区域光视觉样本采样

4.1.3　样本字典构建

首先需要获取包含海底热液的视频图像，在图像中采集大小为 $n \times n$（如 16×16）的背景及弥散热液羽流的 RGB 图像样本作为稀疏表示的字典学习样本，每幅图像中获取的样本的数量均是不定的，但是选取的样本必须具有代表性。如图 4.3 所示，将样本各通道的像素（灰度值）按列排列成一个 $n \times n \times 3$ 的多维数据，将所有的样本按照上述方式组合成一个样本集，然后利用该样本集学习并获得字典。

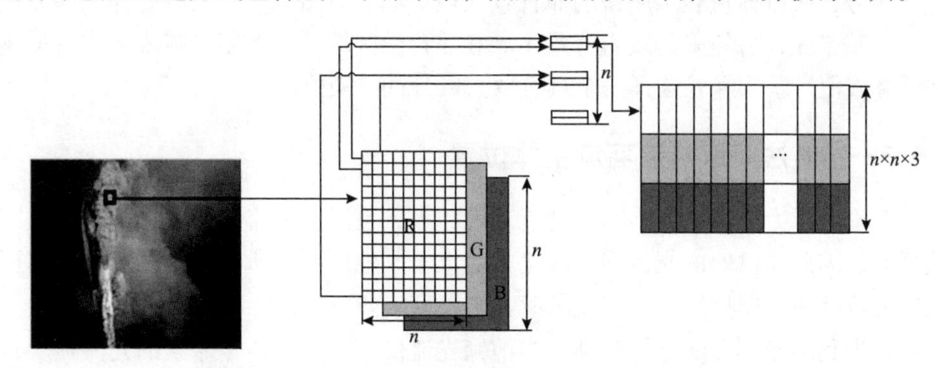

图 4.3　图像数据排列方式

4.1.4　稀疏表示滤除背景

将欲处理的图像分割为最大数量的 $n \times n$ 的图像区域（舍弃图像边缘处不足 $n \times n$ 的区域）。对每个 $n \times n$ 图像区域利用学习训练所得的字典进行稀疏表示，假设原始图像块各个像素的 RGB 值分别为 I_{Rx}、I_{Gx}、I_{Bx}，稀疏表示的图像块的各个像素为 I^*_{Rx}、I_{Gx}、I^*_{Bx}，那么各块稀疏表示的误差为式（4.1）或式（4.2）：

$$
\begin{aligned}
E &= \sum_{x=1}^{n\times n}\left|I_{Rx}-I_{Rx}^{*}\right|+\sum_{x=1}^{n\times n}\left|I_{Gx}-I_{Gx}^{*}\right|+\sum_{x=1}^{n\times n}\left|I_{Bx}-I_{Bx}^{*}\right| \\
&= \sum_{x=1}^{n\times n}\left|I_{Rx}-I_{Rx}^{*}\right|+\left|I_{Gx}-I_{Gx}^{*}\right|+\left|I_{Bx}-I_{Bx}^{*}\right|
\end{aligned} \tag{4.1}
$$

或

$$
\begin{aligned}
E &= \sum_{x=1}^{n\times n}\left(I_{Rx}-I_{Rx}^{*}\right)^{2}+\sum_{x=1}^{n\times n}\left(I_{Gx}-I_{Gx}^{*}\right)^{2}+\sum_{x=1}^{n\times n}\left(I_{Bx}-I_{Bx}^{*}\right)^{2} \\
&= \sum_{x=1}^{n\times n}\left(I_{Rx}-I_{Rx}^{*}\right)^{2}+\left(I_{Gx}-I_{Gx}^{*}\right)^{2}+\left(I_{Bx}-I_{Bx}^{*}\right)^{2}
\end{aligned} \tag{4.2}
$$

式(4.1)更便于理论理解，式(4.2)取消了绝对值运算，利于编程实现。

图像分割过程基于上述所得经验阈值T，但在实验中发现，由于背景和弥散的羽流区域纹理比较简单，更加容易重建，所以通常具有更小的误差。因此，在此增加下限误差阈值T_l以删除部分背景和弥散的热液羽流，并记T为上限阈值T_h，其具体分割过程如下：将在图像中满足$E \geqslant T_l$并且$E \leqslant T_h$的区域判别为浮力热液羽流；而满足$E < T_l$的区域判别为背景或者弥散的热液羽流；$E > T_h$的区域判别为岩石。

由于稀疏表示所用的字典是对背景和弥散的热液羽流样本进行学习得到的，所以理论上，用稀疏表示所描述的背景(包含弥散的热液羽流)应该与原图中的热液羽流区域更加相似，E值应该相对较小。字典中含有较少的热液羽流主体与岩石的成分，所以稀疏表示所得的非背景区域应该与原图具有较大的差异，即E值较大。基于此，另外采集多组背景区域和非背景区域的样本用稀疏表示进行描述并计算E值，基于经验选择一个具有较大区分性的阈值。

4.1.5 光流法获取热液羽流主体位置

理论上浮力热液羽流离喷口越近速度越大，且浮力羽流的速度要高于弥散区域羽流，因此喷口处的光流强度理论上应大于其他区域，所以可以利用光流的模值作为特征来识别喷口处的羽流区域，具体方法如下：

首先利用光流算法计算前帧与当前帧光流信息，获取各个像素的光流强度，并计算所有像素光流强度的均值$\overline{F}$，按照 4.1.4 小节获得热液羽流区域的光流，计算其均值$\overline{f}$。设定一个较小的经验阈值H，如果$\overline{f}-\overline{F}>H$且$H \geqslant 0$，则认为存在热液羽流，否则认为不存在热液羽流，如下式所示：

$$
\begin{cases}
\overline{f}-\overline{F}>H \text{ 且 } H\geqslant 0, & \text{存在} \\
\text{否则}, & \text{不存在}
\end{cases} \tag{4.3}
$$

事实上这种方法存在着局限性。由于喷口附近海水流速较大，所以弥散的热液羽流在海水的带动下也会具有比较大的速度，并且距离摄像机较近的弥散羽流运动在小孔成像原理的作用下在图像中进一步放大，使其具有较大光流强度，所以仅仅利用光流强度为特征来识别喷口处的热液羽流往往会有较大的误识别率。但喷口处的羽流相对于其他(羽流)区域存在着较大的纵向速度分量和较小的横向分量，而弥散的羽流浮力较小，通常纵向运动分量较小。所以相比光流的强度，纵向光流分量是浮力羽流与弥散羽流更易于区分的特征。这里，设纵向的光流分量为v_y(垂直向下为正方向)，那么可以按照式(4.4)取f_y为新的光流特性：

$$f_y = \left|v_y\right| - v_y \tag{4.4}$$

式中，$\left|v_y\right|$表示v_y的绝对值。

根据以上描述可以得到，由于热液喷口处的压力较大，所以喷口处的热液羽流会具有较大的纵向速度分量并且横向分量相对较小，而弥散的羽流以及漂浮的杂质在水流的作用下则会具有较大的横向速度分量，这样横向的光流特性则又可以作为一个新的特征用以识别喷口处的羽流区域。基于上述特点，对式(4.4)做如下改进：

$$f_{yx} = \frac{\left(\left|v_y\right| - v_y\right) \times \overline{\left|V_x\right|}}{\left|v_x\right|} \tag{4.5}$$

式中，$\overline{\left|V_x\right|} = \dfrac{\sum_i^{m\times n}\left|v_x^i\right|}{m\times n}$，$v_x^i$表示第$i$个像素处的横向光流(水平向右为正方向)分量，$m$、$n$分别表示图像的宽度和长度(像素)。那么式(4.3)可改为

$$\begin{cases} f_{yx} - \overline{F_{xy}} > H \text{ 且 } H \geqslant 0, & \text{存在} \\ \text{否则}, & \text{不存在} \end{cases} \tag{4.6}$$

式中，$\overline{F_{xy}} = \dfrac{\sum_i^{m\times n} f_{xy}^i}{m\times n}$；$H$为经验阈值。实验证明，式(4.6)比式(4.3)的正确率有较大幅度提高。

如果图像中某些区域被认为存在热液羽流，此时为了去除海洋中漂浮的杂质以及海洋生物的干扰(这些干扰所形成的误识别区域往往面积较小)，可以采用形态学连通域面积滤波方法滤除图像中较小热液羽流判别区域。如果经形态学处理后确实存在较大的热液羽流区域，并且该区域的底部距离图像底部边缘的距离大于阈值 L，那么热液喷口被认为存在于该区域最底部的下方，否则认为热液喷口不存在于本幅图像中而存在于该图像所示区域的下方。

4.1.6 喷口位置定位

为了得到热液羽流喷口的精确位置，如图 4.4 所示，在热液羽流区域(每个连通域)的底部对原图的灰度图像设置一个宽与“热液羽流底部”平齐、高 h 像素的区域，并对该区域中每一行像素的灰度取中值，得到一个含有 h 个数据的数据组，之后对前后两个数据取差值，从而获得一组梯度数据，对该组数据进行中值滤波以去除噪声干扰。设置经验阈值 $\varDelta$，第一个大于等于阈值 $\varDelta$ 的数据的位置被认为是热液喷口的位置。

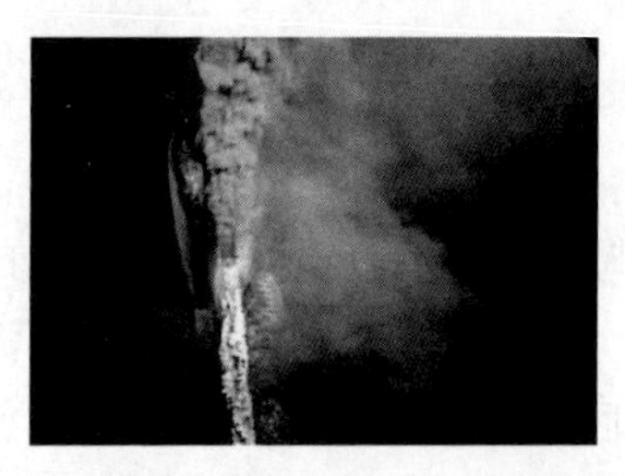
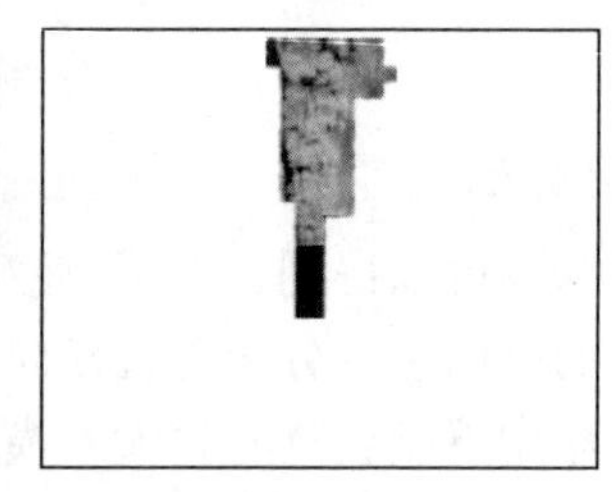

图 4.4　“热液羽流底部”所取区域

一般而言，靠近热液喷口的热液羽流密度较大、运动规律、灰度相对均匀，且灰度值较低，一般情况下很难得到准确的光流信息，甚至在极端的情况下热液喷口会被误识别为背景过滤掉，因此一般只能保证识别出接近热液喷口上方的热液羽流而不能精确地识别热液喷口根部的羽流，所以仅仅依赖于识别区域的底部很难定位到精确的热液喷口的位置。岩石灰度值相对较高，纹理清晰，在热液喷口处取一定的区域进行灰度分析，该区域的灰度从上到下在热液喷口处应有明显的变化，为了便于提取由上到下的灰度变化规律，选取每行像素的中值作为该行灰度的特征，则得到的灰度变换规律如图 4.5 所示；为了获得灰度变换规律，对前后灰度取差值，得到差值曲线(图 4.5②线)，为了降低干扰，对差值曲线进行中值滤波可以得到一个平滑的灰度增益变化曲线(图 4.5③线)。对多组曲线进行观察可以得到一个较好的经验阈值 $\varDelta$。事实上，由于热液喷口处热液羽流的灰度基本保持不变，所以经验阈值选取一个较小的值可得到更好的效果。

为了增强算法的适应性，选取这 h 个数据的均值和最大值的平均值为阈值 $\varDelta$。另外，当该组数据整体都比较小时，通常被认为是热液羽流区域的定位出现了错误，所以在这种情况下无法获得热液喷口的位置，需要重新采样执行以上过程(即在该对图像中不能发现热液喷口的位置，需要重新获取下两帧图像进行重新定位)。具体描述如下式所示：

$$\begin{cases} \text{无法定位热液喷口}, & \max(A) < T_e \\ \varDelta = 0.5[\max(A) + \text{mean}(A)], & \max(A) \geqslant T_e \end{cases} \tag{4.7}$$

式中，T_e表示预设的阈值；max(*A*)表示该组数据的最大值；mean(*A*)表示该组数据的均值。

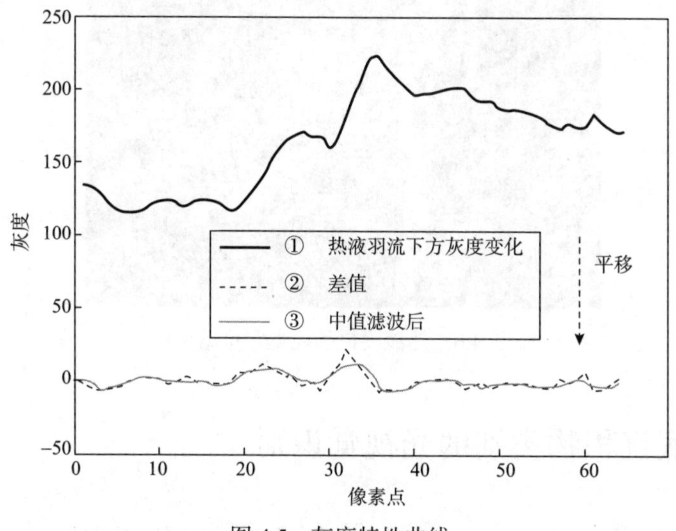

图 4.5 灰度特性曲线

在实际执行过程中，图像中喷口的定位往往会出现错误，为了增强算法整体的鲁棒性，采用位置约束来去除执行过程中产生的大部分错误定位。

(1)在首次定位热液喷口时，需要首先获取之后 M 对图像中检测到的热液喷口位置，并求取这 M 对位置的中值(如果一对图像中同时含有多个位置，则同时保留多个中值)。如果在这 M 对图像中至少存在 P 对图像，在这 P 对图像中获取到的热液喷口的位置与中值的距离小于阈值 L，则认为获得了有效的热液喷口位置(如果存在多个位置，则对于所有的位置与距离“最近”中值的距离应都小于阈值 L)。那么这 P 对位置的中值，或者这 P 对位置中的最后一对位置被认为是首次获取的热液喷口的位置。

(2)若前几帧中已获得有效的位置，该帧(帧对)中的位置与最近有效帧的位置的距离小于 L，则认为该帧中获取的热液喷口位置有效，为热液喷口的最新位置。如果该帧获取的位置与最近有效帧的位置的距离大于 L 或者有某一个位置(对于存在多个热液喷口的情况)大于 L 时，则认为该帧中所确定的位置无效，然后需要选取后两帧图像继续执行该步操作；如果连续 W 帧(帧对)中均未获取有效位置，则认为有效的热液喷口位置已经丢失，需要重新执行第(1)步。

将上述方法应用于海底热液喷口的识别定位的结果如图 4.6 所示，验证了方法的可行性与正确性。

图 4.6　热液喷口的视觉定位结果

4.2　海底沉积物类别的光视觉识别

如前所述，水下机器人在热液喷口区域近底自主探测和探索时，感知方面的一个重要问题是对识别光学相机拍摄数据的海底表面沉积物信息进行分析，使水下机器人理解自身所处的海底环境，进而自主选择最佳的作业区域开展针对性的探测作业。

根据水下机器人所获取的热液活动区海底光视觉数据，结合识别任务要求，抽象出几种典型的热液活动区海底沉积物形态，如典型热液生物群落、海底泥沙、金属矿物等。热液活动区由于表面沉积物类型的多样性以及分布排列的不规则性，地貌呈现出多种表现形式和质地的差异，传统的图像处理方法难以对各种地貌进行建模和识别。基于此，本节设计一种针对海底沉积物类别的多分类器算法，通过对几种典型海底沉积物视觉特征的分析，实现水下机器人对于海底沉积物类型的感知识别。

4.2.1　海底沉积物探测的研究现况

在过去的研究中，大多数的海底探测主要是应用基于声呐系统的声学技术，例如单波束、侧扫、多波束等[1-3]。另外，研究人员也提出采用物理回声特征以实现海底形态的识别[4]。文献[5]介绍了粗糙度和坚硬度两个指标作为特征来分类海底形态。后来，这两个指标和另外的一些指标被成功地应用于各种海底形态的识别感知研究中[6]。研究人员还提出了一些描述声学特征的度量指标来特征化分析海底，其中包括回声延迟、偏度、小波系数和分形维数等[7]。此外，基于这些声学特征，研究人员提出了多元统计的分析方法用于实现海底监督或无监督的分类中[8]。但是，声学特征的描述往往比较困难，需要与真实的海底形态相对比，而真实的海底形态往往通过获取海底样本或水下图像来估计[9]。同时，声学探测系统的缺点十分明确，高昂的设备价格以及颜色、纹理信息的缺失阻碍了海底探测的发展。

机器人视觉技术能够提供给机器人系统大量信息，利用这些信息可以提高智能机器人系统的自主感知能力[10]。图像处理技术的迅猛发展促使机器人视觉系统逐渐成为水下机器人平台的常规标准化探测工具。这保证了这些机器人平台能够完成工程和科学研究相关的各种任务，例如物体的识别与追踪[11]、生态学研究[12, 13]、定位与导航[14, 15]以及海底地图构建[16]等。

但是，海底沉积物的视觉感知等核心技术还没有完全深入地开展。在最近几年，人工智能技术被成功地应用于目标的识别之中，神经网络、模糊理论等方法相继被提出并取得了良好的分类识别结果。然而，相对于陆地环境，水下图像数据采集较为困难导致真实数据的积累较少，数据驱动学习的方法较难发挥优势。结合水下数据的这一特点，支持向量机(support vector machine，SVM)这一机器学习模型在水下数据分类中获得了更多的关注，其原因在于 SVM 模型能够在有限的训练样本的条件下很好地运行并可获得比传统方法更高的分类准确率[17]。

4.2.2 海底沉积物视觉特征提取

热液区周围的海底环境较为复杂，往往被多种形态的沉积物所覆盖，其中包括金属矿物、泥沙和生态群落等。这三种类型的海底沉积物具有各自的视觉特征。海底的生态群落区域往往被大量的贝类和蟹类等生物体所杂乱无章地覆盖；金属矿物区域的结构形态较之相对单一；而泥沙的覆盖区域通常没有较为明显的视觉结构。然而，通常用于特征描述的物体形状、边缘等特征由于水介质对于光的物理影响，在水下环境中表现得不是很明显，很难对非结构化的海底形态进行数学描述。因此，基于灰度共生矩阵和分形理论来描述海底地貌纹理特征用以分类识别各类型的海底地貌，是一种较为可行的方式。

基于灰度共生矩阵和分形理论，我们定义了海底沉积物的多个维度下的统计纹理特征。灰度共生矩阵是图像中灰度像素对的联合概率分布，数学表达式如下：

$$P_\mu(i,j),\ i,j=0,1,2,\cdots,L_{\text{gray}}-1 \tag{4.8}$$

式中，i 、j 分别表示图像中两个像素所属的灰度级；L_{gray} 表示图像的灰度级；μ 是这两个像素相互的位置关系。通常选择 0°、45°、90° 和 135° 四个方向进行分析。Haralick 等在其成果中提出了灰度共生矩阵的 14 个统计学度量特征[18]。考虑到计算的复杂性，这里选择了 4 个灰度共生矩阵的度量作为特征，包括能量(又称角二阶矩)、相关性、熵和对比度。4 个度量特征的数学表达式如下。

能量：

$$f_1=\sum_{i=0}^{L_{\text{gray}}-1}\sum_{j=0}^{L_{\text{gray}}-1}P^2\left(i,j\right) \tag{4.9}$$

相关性：

$$f_2=\frac{\sum_{i=0}^{L_{\text{gray}}-1}\sum_{j=0}^{L_{\text{gray}}-1}(ij)\cdot P\left(i,j\right)-\mu_x\mu_y}{\sigma_x\sigma_y} \tag{4.10}$$

式中，$\mu_x=\sum_{i=0}^{L_{\text{gray}}-1}\sum_{j=0}^{L_{\text{gray}}-1}i\cdot P\left(i,j\right)$；$\mu_y=\sum_{i=0}^{L_{\text{gray}}-1}\sum_{j=0}^{L_{\text{gray}}-1}j\cdot P\left(i,j\right)$；$\sigma_x=\sum_{i=0}^{L_{\text{gray}}-1}\sum_{j=0}^{L_{\text{gray}}-1}\left(i-\mu_x\right)^2\cdot P\left(i,j\right)$；$\sigma_y=\sum_{i=0}^{L_{\text{gray}}-1}\sum_{j=0}^{L_{\text{gray}}-1}\left(j-\mu_y\right)^2\cdot P\left(i,j\right)$。

熵：

$$f_3=-\sum_{i=0}^{L_{\text{gray}}-1}\sum_{j=0}^{L_{\text{gray}}-1}P\left(i,j\right)\log\left(P\left(i,j\right)\right) \tag{4.11}$$

对比度：

$$f_4=\sum_{n=0}^{L_{\text{gray}}-1}n^2\left\{\sum_{i=0}^{L_{\text{gray}}-1}\sum_{j=0}^{L_{\text{gray}}-1}P\left(i,j\right)\middle|\,|i-j|=n\right\} \tag{4.12}$$

除灰度共生矩阵外，分形理论中的分形维数也被用来描述海底图像的纹理特征。分形理论认为具有自相似性的物体和物理现象能够被一个非整数的分形维数表示，来展现物体的不规则结构。分形维数通过测量物体的不规则和复杂程度来描述其自相似性[19]。因此，分形维数可以被用来分析图像的纹理特征。

在 1980 年被提出的盒子计数法是最常用的一种估计分形维数的方法[20]。图像中的分形维数 FD 可以表示为

$$\text{FD}=\frac{\log N_r}{\log\frac{1}{r}} \tag{4.13}$$

式中，r 是尺度比；N_r 是在这个尺度比下所包含的盒子的数量。

4.2.3 纹理特征因子分类相关性分析

为了检验实验中所采用的 9 种纹理特征度量因子在海底沉积物图像分类中的可行性，在进行分类实验验证之前，本节采用一种名为自组织映射（self-organizing map，SOM）模型的非监督学习模型来分析检验所定义的纹理特征的相关性。与其他神经网络模型相比，自组织映射模型可以将非线性的数据投影到一个二维空间中，通过将输入数据进行非监督性的学习生成一幅聚类细胞图。在这里选用了大

小为 8×6 的细胞图。

随机选择部分沉积物的图像数据来测试纹理特征在沉积物分类中的可行性。被选择的数据包括 18 幅金属矿物图像、19 幅生态群落图像以及 44 幅海底沉沙图像，在图 4.7 中分别采用 M1-M18、B1-B19、S1-S44 表示。通过自组织映射模型对这些随机选择图像数据的 9 种纹理特征进行训练，同一类沉积物图像数据聚集到了一起，细胞图被明显地分为了三类，如图 4.7 所示。这个自组织映射模型的聚类分析表明所定义的 9 种纹理特征在海底沉积物分类中是可行的。

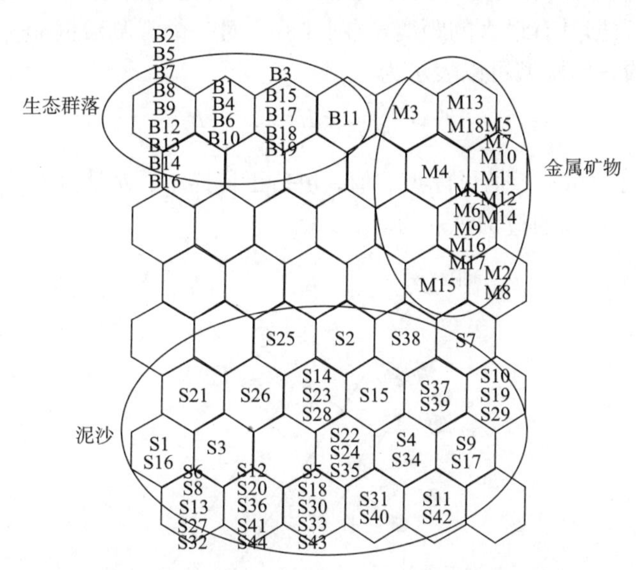

图 4.7　基于自组织映射模型的纹理特征在海底沉积物分类中的可行性分析

4.2.4　海底沉积物类别分类器构建

热液活动区周边沉积物种类较为复杂，且样本数量有限，因此需要利用已有的数量有限的海底图像数据训练一个鲁棒的分类器模型。常用的图像分类算法有最大似然分类法、神经网络分类法、SVM 分类方法等。最大似然分类法需要大量的训练样本，神经网络分类方法的精度受神经网络结构和训练算法的影响很大，而通过对非线性分类器模型的研究，SVM 在解决小样本和高维度特征的模式识别中表现出较好的正确率和稳定性。支持向量数据描述(support vector data description，SVDD)源于 SVM 的启发，是一个解决具有不同意义数据的二分类问题的学习方法[21]。SVDD 方法设定一类数据为目标数据而其余类数据被视为异常值，通过这样多个二分类器的相互组合，SVDD 方法可用以解决多分类的问题。与 SVM 方法的不同在于，SVM 方法是寻找一个最优的超平面来解决数据二分类的问题，而 SVDD 是将一类感兴趣的数据进行训练，寻找一个可以尽可能多的包括所有目标类数据而拒绝其他类数据的最优超球体[22, 23]。

本节将设计一种优化的多分类 SVDD 方法来对海底热液喷口附近的沉积物进行分类识别。在上述的介绍中可以得知 SVDD 是在 SVM 概念基础上提出的一种二分类器，在训练数据较少的情况下十分有效。

1. SVM 和 SVDD 方法原理介绍

SVM 是一个典型的有监督的分类器。其基本思想是寻求一个最优的分界面使两个不同类的数据具有最大的距离 d（图 4.8）。对一个观测数据 $x \in X$ 和一个核函数 K，SVM 的数学模型可以表示为

$$f(x) = \sum_i \lambda_i \xi_i K\left(x, x_i\right) + b \tag{4.14}$$

式中，x_i 是支持向量；ξ_i 是目标类的值，包括正负样本；b 是偏差。参数 x_i、ξ_i 和拉格朗日乘子 λ_i 可以通过训练获得。

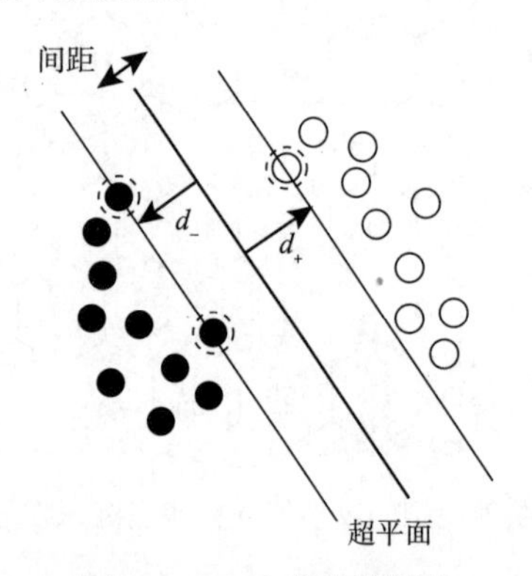

图 4.8　SVM 分类器概念

与 SVM 方法寻找一个最优的分割超平面不同，SVDD 方法是寻找一个能够尽可能包括目标数据的最优闭合超球体[23]（图 4.9）。

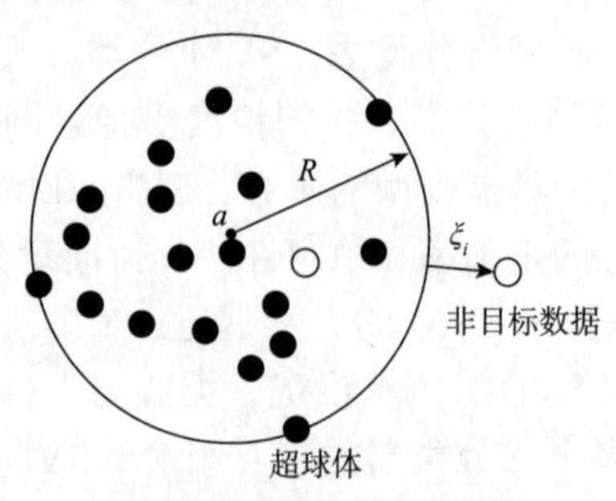

图 4.9　SVDD 分类器概念

考虑到被训练的数据中存在异常值的可能性，从 x_i 到超球体中心 a 的距离

要确保小于超球体的最小半径R。因此，引入了松弛变量ξ_i，最小化的问题就转变为

$$F(R,a,\xi)=R^2+C\sum_i \xi_i \tag{4.15}$$

约束条件为绝大多数数据在球体内：

$$\|x_i-a\|^2\leqslant R^2+\xi_i,\quad \xi\geqslant 0,\ \forall i \tag{4.16}$$

式中，参数C用来权衡超球体内的数据和超球体外的误识别数据。

为解决这一约束优化问题，使用拉格朗日乘子约束(4.16)代入式(4.15)：

$$F(R,a,\alpha,\gamma,\xi)=R^2+C\sum_i \xi_i-\sum_i \alpha_i\times\left[R^2+\xi_i-\left(\|x_i\|^2-2a\cdot x_i+\|a\|^2\right)\right]-\sum_i \gamma_i\xi_i \tag{4.17}$$

拉格朗日乘子$\alpha_i\geqslant 0$和$\gamma_i\geqslant 0$。设置F的偏导数为0，得到下面的约束：

$$\frac{\partial L}{\partial R}=0:\sum_i \alpha_i=1 \tag{4.18}$$

$$\frac{\partial L}{\partial a}=0:a=\frac{\sum_i \alpha_i x_i}{\sum_i \alpha_i}=\sum_i \alpha_i x_i \tag{4.19}$$

$$\frac{\partial L}{\partial \xi_i}=0:C-\alpha_i-\gamma_i=0 \tag{4.20}$$

可以获得$\alpha_i=C-\gamma_i$。考虑到约束$\alpha_i\geqslant 0$和$\gamma_i\geqslant 0$，一个新的约束$0\leqslant\alpha_i\leqslant C$和拉格朗日乘子$\gamma_i$可以被去除掉。利用新的约束并将式(4.18)～式(4.20)代入式(4.17)可得

$$F=\sum_i \alpha_i(x_i\cdot x_i)-\sum_{i,j}\alpha_i\alpha_j(x_i\cdot x_j) \tag{4.21}$$

对一类数据的分类需要计算超球体的中心 a，因此很容易判断一个新的样本数据是否被包含于超球体中。这需要计算从测试样本数据z到超球体中心的距离。一个测试数据到超球体中心的距离小于或等于其半径，则认为此测试样本数据位于超球体内：

$$\|z-a\|^2=(z\cdot z)-2\sum_i \alpha_i(z\cdot x_i)+\sum_{i,j}\alpha_i\alpha_j(x_i\cdot x_j)\leqslant R^2 \tag{4.22}$$

式中，R是从超球体中心到边界的距离。

2. 基于SVDD的海底沉积物多类分类器构建

这里的目标是对三类海底沉积物类型进行分类，单个二分类器不能解决此类多分类的问题。因此，需要将多个SVDD的二分类器进行组合构建一个多分类策略，这里以每类海底沉积物数据作为目标数据构建超球体模型(图4.10)。

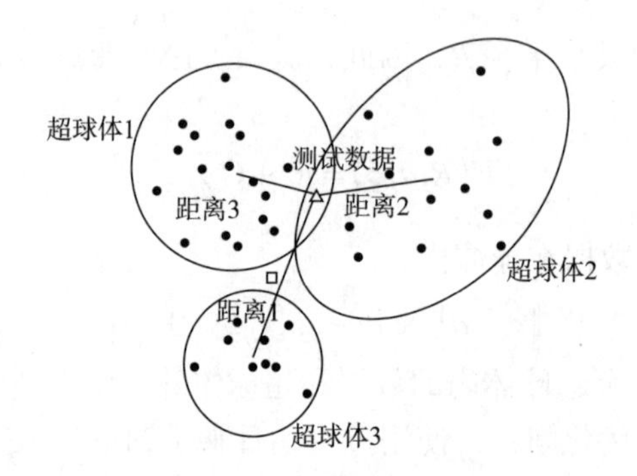

图 4.10　SVDD 多类数据分类策略概念

当所有的样本数据经过三个 SVDD 模型分析后，最理想的情况是所有的样本数据都能落入自身所属类型的超球体内，也就是所有的样本数据都能够被正确地分类。但是会有一些奇异数据没有被任何超球体所包围，或者同一个数据同时落入了两个以上的超球体内。这表示这些数据同时被三种类型的模型所拒绝或同时被识别为多种类型。因此，这里设立了一个判别函数式(4.23)，通过比较奇异数据到每个超球体中心的距离对奇异数据进行二次分类。即对于一个样本数据 z，它被重新分类到距离其最近的超球体中：

$$z \in \text{Class}_i, \quad \text{s.t. } \min\|z - a_i\| \tag{4.23}$$

4.2.5　海底沉积物的分类识别结果分析

实验针对每类海底沉积物图像数据分别选择了 500 组数据，共计 1500 组数据，这些图像数据在开展实验之前经过了人工类别标定。训练数据和测试数据的组成如表 4.1 所示。

表 4.1　实验数据组成　　单位：组

	生物群落	金属矿物	泥沙
训练数据	200	200	200
测试数据	300	300	300
总计	500	500	500

为了验证所提出方法的性能，基于 SVDD 分别对每类海底沉积物构建了一个二分类器。对于某个类的二分类器，目标数据为 200 组，也就是说属于其他两个二分类器的目标数据被认为是此类二分类器的非目标数据，数量为 400 组。SVDD 允许一些目标数据位于超球体的外部，在实验中对其中的相关参数做了设定，其中设定 SVDD 的拒绝因子为 0.1，径向基核函数为 0.5。然后，对所有的测试数据

分别测试每一个二分类器，三个二分类器的识别率均高于 82%，平均正确识别率为 88.9%，每个二分类的正确识别率如表 4.2 所示。

表 4.2　由每类海底沉积物数据构建的二分类器的正确率识别

	目标数据/组	非目标数据/组	测试数据/组	误识别/组	正确识别率/%
生物群落	200	400	900	160	82.2
金属矿物	200	400	900	63	93.0
泥沙	200	400	900	76	91.6
平均	—	—	—	—	88.9

在这里提出了一种组合的策略来解决海底沉积物多分类的问题，算法流程如图 4.11 所示。首先用三个针对每种类型沉积物数据构建的二分类器分别对测试数据进行预分类。虽然大部分的数据都能够落入相对应的椭球体中，也就是说能够被正确地分到所属类型，但仍有一些奇异的数据落入三个超球体之外或者被多个超球体同时包含。如上面方法中所介绍，这些奇异数据会利用判别函数，通过比较每个奇异数据自身到三个超球体中心的距离进行二次分类。三个超球体的半径在这里用 R 表示，每个奇异数据到三个超球体中心的距离分别用 R_1 、R_2 、R_3 来表示，结果如表 4.3 所示。属于生态群落类型的测试数据到同属于此类型的训练数据所构建的超球体中心的平均距离为 0.881，低于到其他两个超球体中心的距离。因此，这个平均距离与属于同一类型的训练数据所构建的超球体半径最为接近。同样的现象也出现在属于其他两类的测试数据中。这个结果表示属于不同沉积物类型的数据可以采用 SVDD 方法进行分类识别。

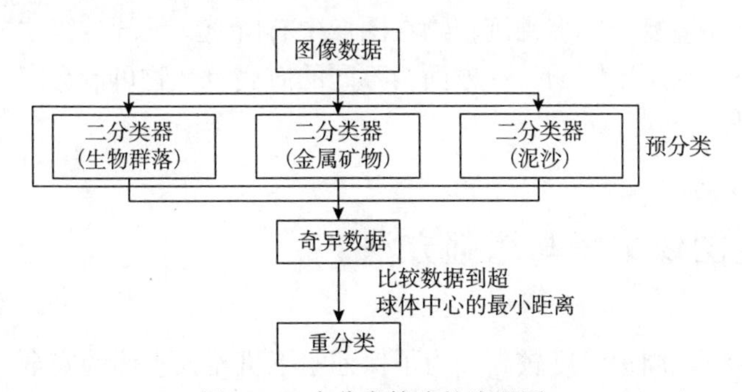

图 4.11　多分类策略的流程图

表 4.3　三类沉积物数据所训练的超球体半径和测试数据到超球体中心的距离

	R	R_1	R_2	R_3
生物群落	0.880	0.881±0.022	0.939±0.138	1.054±0.067

续表

	R	R_1	R_2	R_3
金属矿物	0.751	0.897±0.019	0.750±0.032	1.082±0.025
泥沙	0.889	0.912±0.037	1.069±0.083	0.895±0.030

为了验证所提出的基于 SVDD 的多海底沉积物分类识别的性能，用同样的数据采用 SVM 方法进行了分类识别，并对这两种方法的分类结果进行了比较。采用两种方法分类 900 组测试数据的结果如表 4.4 所示，结果说明大部分的测试数据都能够被这两种方法正确分类。对于改进了的 SVDD 策略，在经过三个二分类器的预分类以后，有 630 组数据被正确分类，预分类的正确率达到了 70%。但是有 91 组数据落在了所有三个超球体之外并且有 160 组数据同时被两个超球体所包括。这些奇异数据在经过了第二次分类以后，被错误分类的数据降为了 60 组，正确率提高到了 93.3%。相对于 SVM 的分类方法，改进了的 SVDD 正确率提升了 3.3%。

表 4.4　SVM 和改进了的 SVDD 的分类结果比较

	SVM	改进了的 SVDD
数据集/组	900	900
正确识别数/组	810	840
正确识别率/%	90	93.3

对错误分类的图像数据进行分析可以发现，分类错误的原因主要有两个方面：一方面为海底环境复杂，多种沉积物在图像中有所交叉，导致算法分类的结果与人工标定的类别有所不同；另一方面，不同的海底沉积物可能会存在纹理特征较为相近的情况。

4.3　声呐图像去噪与增强方法

海底热液喷口周边温度较高，为了保证水下机器人本体的安全，机器人需要与热液喷口保持一定的距离。受海流的影响，热液喷发的羽流往往会影响光学图像的解析度，使水下机器人的视线不再清晰，因此，在光视觉基础上水下机器人还通常会采用声学手段对热液喷口区进行探测和识别。此外，在完成热液喷口的视觉定位以及光学引导水下机器人开展热液喷口周边的精细化采样作业后，往往还需要为热液喷口区域构建较为详细的地形图。随着探测尺度的不断加大，光学相机由于探测距离相比于声学探测较短而难以执行此项作业任务，也需要声学探测设备的介入来完成。声呐具有对大范围水下场景探测的能力，一直以来都是水下设备感知外界环境的重要手段之一，但由于声呐图像分辨率低，海洋环境噪声干扰较为复杂，所以在诸多方面的应用都受到了限制。声呐图像分割的目的是在复杂的海底区域内提取目标和阴影，马尔可夫随机场（Markov random field，MRF）方法由于其模型参数少、空间约束性强等优点，被较为广泛地应用于声呐图像分割处理中。本节介绍一种基于 MRF 和引导滤波的声呐图像去噪与增强方法，使用 MRF 对声呐图像进行预分割，然后采用中值滤波方法对原始图像进行简单滤波处理，最后将该图像作为引导图像对 MRF 分割后的图像进行引导滤波，实现对声呐图像去噪与增强。

4.3.1 声呐图像去噪方法

声学图像在总体上与光学图像存在巨大的差异，经典光学中的空间域、频域滤波方法，如均值加权、中值滤波、巴特沃思滤波器、高斯滤波器等对声呐图像的处理效果并不十分理想，而一些小波去噪方法虽然对声呐噪声有很好的抑制性，但是却容易模糊边缘。根据声学图像的特点，一些更具针对性的方法不断被提出，文献[24]采用有限脊波变换（finite ridgelet transform，FRIT）方法对声学图像的噪声进行滤除，设计了一种循环抽样 FRIT 滤波方法，在信噪比和边缘保持方面有较好的特性；文献[25]将偏微分方程运用于声呐图像去噪，并对 PM（Perona-Malik）模型、林石算子模型、ROF（Rudin-Osher-Fatemi）模型和 YouKaveh 模型在信噪比、峰值信噪比、均方误差等方面的性能进行了验证，最终认为林石算子模型和 ROF 模型的效果较佳。

本节介绍的基于 MRF 与引导滤波的声呐图像去噪与增强方法对 MRF 分割后的目标区域采用引导滤波进行处理，在平滑边缘区域进行非线性扩展去除伪边缘效应，并且对真正的边缘区域较为敏感，在抑制区域内部噪声的同时不会模糊边缘，甚至在一定程度上增强了边缘特性。

4.3.2 基于 MRF 的声呐图像分割方法

MRF 将马尔可夫性质与贝叶斯理论相结合，形成了一种具有上下文约束性质的统计估计模型，在图像分割中，该方法充分利用了像素间的空间关联，具有较强的空间约束性。

随机场主要描述的是相空间与位置的概率映射关系，其本质上就是空间位置的最优标签问题。设平面位置的有限格点集为 $S=\{s_i \mid 1\leqslant i\leqslant M\times N\}$，并将相空间记为$\Lambda=\{L_1,L_2,\cdots,L_n\}$，其中$s_i$表示第$i$个像素位置，$M\times N$表示像素的总数，$L_j$表示第$j$个标号，$n$为总的标号数(图像中不同区域的总的类别数目)。那么T时刻的随机场X_T可被描述为

$$X_T=\{x_s\mid s\in S,x_s\in\Lambda\} \tag{4.24}$$

根据马尔可夫性可知，随机场T时刻的状态仅与$T-1$时刻有关而与之前状态无关，即$P(X_T=x\mid X_0,X_1,\cdots,X_{T-1})=P(X_T=x\mid X_{T-1})$，在像素空间中则可引申为任一位置的像素标号仅与其邻域像素有关而与其他像素无关，即若一像素的周围都为“目标像素”，该像素即被认为最可能是“目标像素”，而像素的周围若多为“影子像素”，那么该像素则更有可能是“影子像素”，因此可以利用 MRF 建立像素间的约束关系。

邻域系统构成了空间临近像素的概率依赖关系，在图像分割领域一般采用四邻域系统[图 4.12(a)]或八邻域系统[图 4.12(b)]。在实验中采用八邻域系统，记邻域系统为$\delta=\{\delta(s)\mid s\in S\}$，其满足以下三个约束：①对于任意单点$s\in S$，其邻域$\delta(s)\in S$；②$s\notin\delta(s)$；③对任意点$s,r\in S$，若$r\in\delta(s)$，则$s\in\delta(r)$。

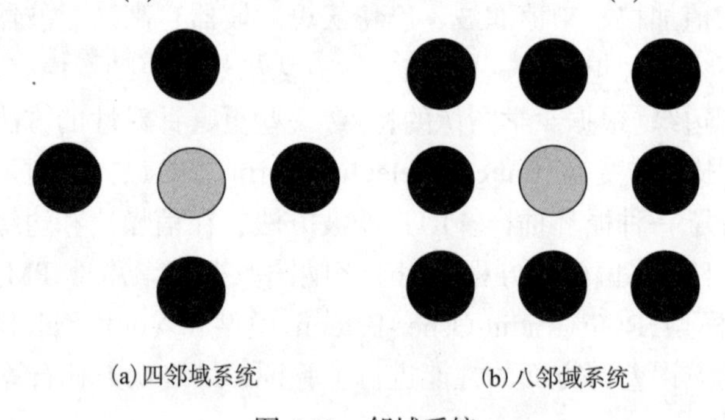

(a)四邻域系统　　(b)八邻域系统

图 4.12　邻域系统

为了便于求解，利用贝叶斯原理可以将马尔可夫问题转化为求解最大后验问题，即最大后验概率-马尔可夫随机场(maximuma posteriori-Markov random field，MAP-MRF)。

贝叶斯原理如下式所示：

$$P(\Lambda\mid X)=\frac{P(\Lambda)P(X|\Lambda)}{P(X)} \tag{4.25}$$

式中，$X=\{x_s\mid s\in S\}$是特征场，在图像分割中一般使用图像的灰度场；$P(\Lambda)$是相空间的先验概率；$P(X)$是特征场的先验概率；$P(X\mid\Lambda)$是条件概率；$P(\Lambda\mid X)$是后验概率。那么对空间位置的最优标号问题转化为了最大后验概率问题，即

$$\overline{\Lambda} = \max_{\Lambda} P(\Lambda \mid X) = \max_{\Lambda} \frac{P(\Lambda)P(X \mid \Lambda)}{P(X)} \tag{4.26}$$

由于 $P(X)$ 一般被视为常量，所以 $P(\Lambda \mid X) \propto P(\Lambda)P(X \mid \Lambda)$，对右侧取对数以降低运算难度：

$$P(\Lambda \mid X) \propto \ln P(\Lambda) + \ln P(X \mid \Lambda) \tag{4.27}$$

20 世纪 70 年代，Hammersley-Clifford 定理建立了 MRF 与 Gibbs 分布的联系[26]，定理认为：若随机场对于邻域系统是 MRF，当且仅当该随机场对于邻域系统是 Gibbs 分布，即

$$P(\Lambda_s \mid \Lambda_r, r \in \delta(s)) = Z^{-1} \times \mathrm{e}^{-\frac{1}{T}\sum_{c \in C} V_c(\Lambda_s \mid \Lambda_r)} \tag{4.28}$$

式中，C 是邻域系统 δ 所包含基团的集合；Λ_* 是第 $*(* \in S)$ 个位置的标号；$Z = \sum \mathrm{e}^{-\frac{1}{T}U}$ 是归一化系数；T 是温度常数；$U = \sum_{c \in C} V_c(\Lambda_s \mid \Lambda_r)$ 被称为能量函数；V_c 被称为势函数，表示如下：

$$V_c(\Lambda_s \mid \Lambda_r) = \begin{cases} -\beta_s, & \Lambda_s = \Lambda_r \\ \beta_s, & \Lambda_s \neq \Lambda_r \end{cases} \tag{4.29}$$

其中，β_s 是耦合系数，通常为[0.1,2.4]之间的一个常数，取值越小图像分割越为细腻，这里 β_s 被取为 1。

由马尔可夫性质可知 $P(\Lambda) = P(\Lambda_s, s \in S) = P(\Lambda_s \mid \Lambda_r, r \in \delta(s))$，则

$$\begin{aligned} \ln P(\Lambda) &= \ln P(\Lambda_s, s \in S) \\ &= \ln P(\Lambda_s \mid \Lambda_r, r \in \delta(s)) \\ &= -\ln Z - \frac{1}{T}\sum_{c \in C} V_c(\Lambda_s \mid \Lambda_r) \end{aligned} \tag{4.30}$$

因为 Z 为常数，所以有

$$P(\Lambda) \propto \ln P(\Lambda) \propto -\frac{1}{T}\sum_{c \in C} V_c(\Lambda_s \mid \Lambda_r) \tag{4.31}$$

另外，由声呐图像的混响区域服从正态分布，设图像的各区域服从正态分布，那么有

$$P(x_s \mid \Lambda_s, s \in S) = \frac{1}{\sqrt{(2\pi)^2}\sigma_{\Lambda_s}} \mathrm{e}^{-\frac{x_s - u_{\Lambda_s}}{\sigma_{\Lambda_s}}} \tag{4.32}$$

式中，σ 和 u 分别是属于 Λ_s 标签特征值的标准差和均值。特征通常被假定是相互独立的，所以条件概率可以表示为

$$\begin{aligned} P(X|\Lambda) &= \prod_{s\in S} P(x_s \mid \Lambda) \\ &= \prod_{s\in S} \frac{1}{\sqrt{(2\pi)^2}\sigma_\Lambda} \mathrm{e}^{-\frac{x_s - u_\Lambda}{\sigma_\Lambda}} \end{aligned} \tag{4.33}$$

故有

$$\begin{aligned} \ln P(X|\Lambda) &\propto \ln \prod_{s\in S} P(x_s \mid \Lambda) \\ &= \ln \prod_{s\in S} \frac{1}{\sqrt{(2\pi)^2}\sigma_\Lambda} \mathrm{e}^{-\frac{x_s - u_\Lambda}{\sigma_\Lambda}} \\ &= \sum_{s\in S} \ln \frac{1}{\sqrt{(2\pi)^2}\sigma_\Lambda} + \sum_{s\in S} -\frac{x_s - u_\Lambda}{\sigma_\Lambda} \\ &\propto -\sum_{s\in S} \frac{x_s - u_\Lambda}{\sigma_\Lambda} \end{aligned} \tag{4.34}$$

由式(4.27)、式(4.31)、式(4.34)可得

$$P(\Lambda \mid X) \propto -\frac{1}{T}\sum_{c\in C} V_c(\Lambda_s \mid \Lambda_r) - \sum_{s\in S} \frac{x_s - u_\Lambda}{\sigma_\Lambda} \tag{4.35}$$

那么式(4.25)可化为

$$\begin{aligned} \overline{\Lambda} &= \max_{\Lambda} P(\Lambda \mid X) \\ &= \min_{\Lambda} \frac{1}{T}\sum_{c\in C} V_c(\Lambda_s \mid \Lambda_r) + \sum_{s\in S} \frac{x_s - u_\Lambda}{\sigma_\Lambda} \end{aligned} \tag{4.36}$$

在声呐图像中，标签一般被分为三类，即背景、影子和目标。首先使用 K 均值聚类方法将图像像素按灰度分为三类，其过程如下：

在聚类过程中首先将灰度按照大小均分为三类，并选择各类中值为三个聚类中心 u_1、u_2、u_3，如下式所示：

$$u_j = x_{\min} + \frac{x_{\max} - x_{\min}}{k+1} \times j \tag{4.37}$$

式中，$x_{\min}$ 与 $x_{\max}$ 分别为图像中灰度的最大值与最小值；k 是聚类中心的数目(一般取为 3)。然后重复迭代以下两步直到聚类中心不再变化为止。

(1)计算各像素灰度距各聚类中心的距离，并将其分配到距离聚类中心最近的类，即

$$\Lambda_j = \underset{j}{\operatorname{argmin}} \left\| x_i - u_j \right\|, \quad j \in \{1,2,3\} \tag{4.38}$$

式中，Λ_j 是第 j 个像素的标签(所属的分类)。

(2)重新计算聚类中心，如下式所示：

$$u_j = \frac{\sum_{i=1}^{n} x_i^j}{n} \tag{4.39}$$

式中，x_i^j 是第 j 个分类中第 i 个元素的灰度；n 是第 j 个分类的元素总数；u_j 是新的聚类中心。

图 4.13 描绘了对一幅声呐图像的聚类过程。由于图像中 0 灰度像素占有过大的比重，为了便于观察，在显示过程中规避了 0 灰度像素。图中红绿蓝三种线段分别描述了三种分类像素的灰度直方图，黑色虚线表示相应的聚类中心。图 4.13(a)是按照式(4.37)与式(4.38)对聚类中心和标签进行的初始化，该组数据共进行了 10 次迭代，图 4.13(b)是第 5 次迭代结果，图 4.13(c)是最终迭代结果。

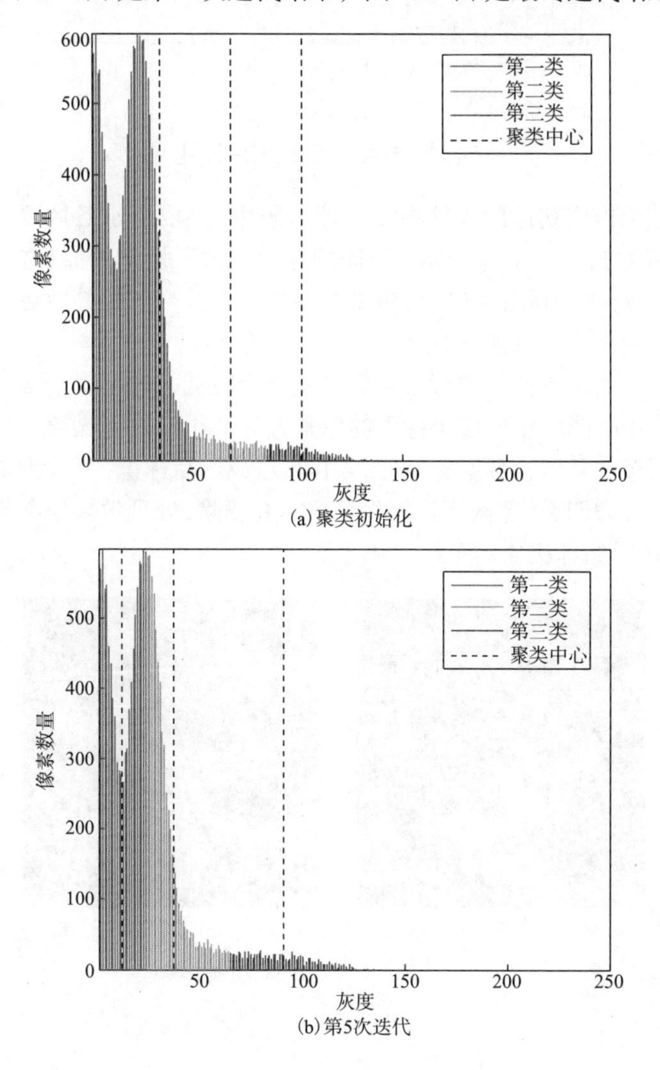

(a) 聚类初始化

(b) 第5次迭代

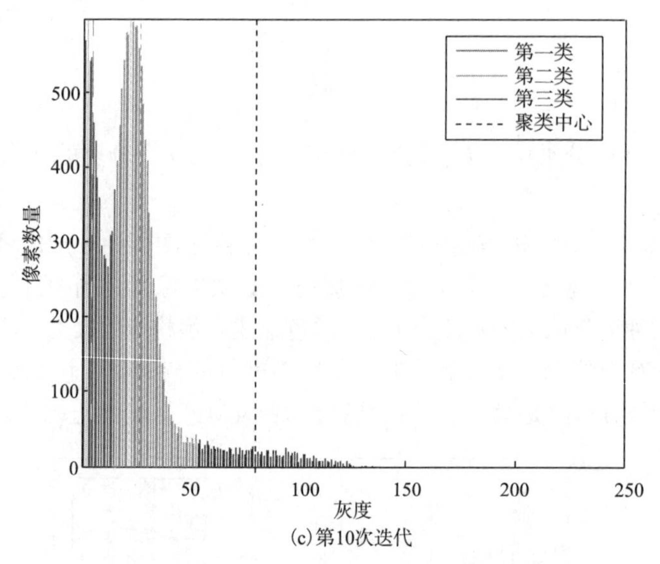

(c)第10次迭代

图 4.13　聚类过程(见书后彩图)

将聚类结果构成初始的标签场 L_0，然后采用式(4.36)求各像素的最佳标签，将标签场更新为 L_{T+1}，若 L_{T+1} 与 L_T 不同的标签数大于设定阈值(这里取为总像素数目的 4%)，则重复利用式(4.36)更新标签场直至改变的标签数目小于设定阈值或者迭代次数大于指定阈值(这里取为 100 次)为止。

由于在大多数声呐图像中背景和影子灰度级较低，通常属于第一类和第二类标签，所以将声呐图像中前两类像素的像素置为 0 予以删除噪声。另外，在实际工程中声呐图像常常包含数字标签[图 4.14(a)]或产品标识，所以为了去除这些标识可以将像素分为四类，即数字标签为第四类并删除，处理效果如图 4.14(b)所示。MRF 方法伪代码如算法 4.1 所示。

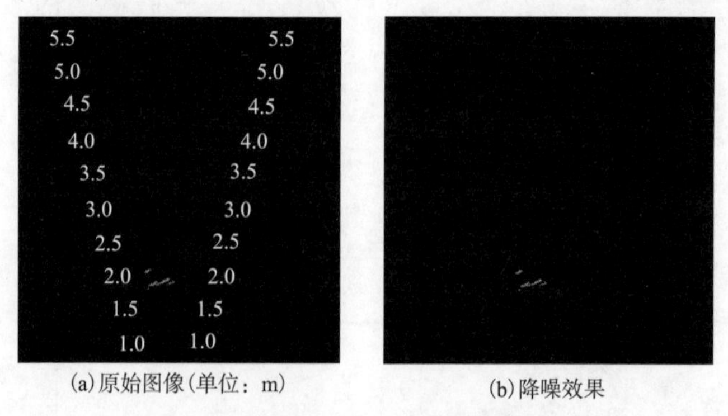

(a)原始图像(单位：m)　　(b)降噪效果

图 4.14　MRF 对原始图像的降噪效果

算法 4.1： MRF 方法的伪代码

```
img = imread('SonarImage.jpg')；%读入声呐图像
L_0 = K-means(img,3)；%使用 K 均值聚类方法初始化标签场
L_T=L_0；
e = 0；%误差
for i=1:100 %迭代次数阈值
        u[3,1]=getMean(img,L_T)；%得到三类像素灰度均值
        δ[3,1]=getStanDev(img,L_T)；%得到三类的标准差
        %计算三类的 MRF 特征值
        Chara[m,n,3]=getMRFChara(img,L_T,u,δ)；
        for k=1:m
            for r=1:n
                %获得最佳标签
                L_{T-1}(k,r)=find(Chara(k,r,:)==min(Chara(k,r,:)))；
                if L_{T+1}(k,r) ~= L_T(k,r) %判断标签是否变化
                    e = e + 1；
                end
            end
        end
        if e/(m*n) ⩽ 0.04 %判断变化是否小于阈值
          i = 100;
        end
        L_T = L_{T+1};
end
img(find(L_{T+1}(:,:)=3))；%删除背景和影子内的噪声
```

4.3.3 利用引导滤波对声呐图像去噪与增强

图 4.15 图像产生的伪轮廓特征

MRF 方法虽然能够十分有效地去除背景和影子内的噪声，但是却无法抑制目标内的噪声，并且 MRF 方法常会在目标和一些误分割区域周围产生伪轮廓特征(图 4.15)，这样会对一些基于特征点或基于轮廓的特征提取以及匹配算法产生严重干扰。本节在 MRF 方法的基础上，使用引导滤波(guided filter，GF)[27]的方法对图像进

行进一步优化处理，以消除伪轮廓、抑制目标内部噪声并且保留目标原有的边缘特征。

利用引导图像(可以是原始图像)对原始图像进行滤波，在对原始图像进行降噪的同时还能够很好地融合引导图像的边缘特征。

设引导图像为I，去噪后图像为q，且在一个边长为r的有限二维窗口ω_k内满足如下线性关系：

$$q_i = a_k I_i + b_k,\quad \forall i \in \omega_k \tag{4.40}$$

式中，q_i、I_i分别是窗口内第i个滤波输出像素和引导滤波像素；a_k、b_k是ω_k内线性系数。上式两边取梯度有

$$\nabla q = a\nabla I \tag{4.41}$$

式中，a为系数。

可以看出，输出图像与引导图像有相同的梯度变化，故滤波器有效地融合了引导图像的边缘特征。

为了最小化输出图像与原始图像的差异，即尽可能多地保留原始图像的特性，构造如下误差函数，通过求最佳线性系数a_k、b_k使误差最小：

$$E\left(a_k,b_k\right)=\sum_{i\in\omega_k}\left(a_k I_i + b_k - p_i\right)^2 \tag{4.42}$$

式中，p_i是原始图像中窗口ω_k内第i个像素。但是该式很容易使得a_k过大，尤其是将原始图像作为引导滤波时，故对式(4.42)做如下优化：

$$E\left(a_k,b_k\right)=\sum_{i\in\omega_k}\left[\left(a_k I_i + b_k - p_i\right)^2 + \varepsilon a_k^2\right] \tag{4.43}$$

式中，ε是调节系数。

利用最小二乘法对上式求解可得

$$a_k = \frac{\dfrac{1}{|\omega|}\sum_{i\in\omega_k} I_i p_i - u_k \overline{p}_k}{\sigma_k^2 + \varepsilon} \tag{4.44}$$

$$b_k = \overline{p}_k - a_k u_k \tag{4.45}$$

式中，$|\omega|$是ω_k窗口内像素的数量；$\overline{p}_k$是窗口内原始图像像素均值；u_k是引导图像像素均值；σ_k是引导图像窗口内均方差。当引导图像在窗口内灰度变化不大时$I_i \approx u_k$，所以$a_k \approx 0$，此时$b_k \approx \overline{p}_k$，故在引导图像梯度变化不大的区域引导滤波器对原始图像做了类似均值滤波的处理。

一般p为原始图像(这里为MRF处理后的图像)但这里一个主要解决的问题是消除随机场处理后产生的伪轮廓。由式(4.41)可知，输出图像会保留引导

图像的梯度特征,故并不能消除伪轮廓。将 MRF 输出结果作为 p(被引导图像),原始声呐图像作为引导图像对其进行引导滤波取得了出色的结果，甚至在将 MRF 分割结果二值化后对其进行引导亦能产生较好的效果，现对方法原理论证如下。

首先讨论 p 为二值图像的情况(令目标区域为该区域像素的最大值 RM，其余像素为 0)，此时若窗口 ω_k 观察到 p 中对应位置全为 0，那么根据式(4.41)可知 $p_i=0$，$\overline{p}_k=0$，那么有 $a_k=0$，将结果代入式(4.45)可知 b_k 也为 0，再由式(4.40)可知输出像素 $q_i=0$，所以该方法可以有效地保留 MRF 方法对背景和影子内噪声的去除结果。

当 ω_k 窗口位于目标与非目标区域边界时(图 4.16)，设非目标区域 ω_1 的像素数量为 $|\omega_1|$，在原始图像中区域的灰度均值为 u_1，目标区域 ω_2 的像素数量为 $|\omega_2|$,原始图像中区域的灰度均值为 u_2，$|\omega|=|\omega_1|+|\omega_2|$，$u=\left(|\omega_1|u_1+|\omega_2|u_2\right)/|\omega|$，那么式(4.44)变为

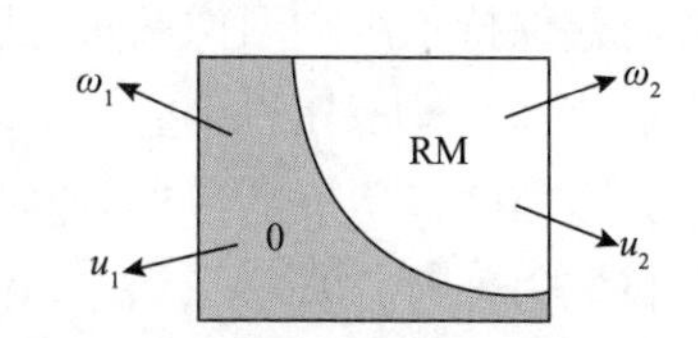

图 4.16　窗口位于边界时的示意图

$$
\begin{aligned}
a_k &= \frac{1}{\varphi}\left[\frac{\mathrm{RM}}{|\omega|}\cdot\sum_{i\in\omega_2} I_i - \frac{R|\omega_2|\left(|\omega_1|u_1+|\omega_2|u_2\right)}{|\omega|^2}\right] \\
&= \frac{\mathrm{RM}|\omega_2|u_2}{\varphi|\omega|} - \frac{R|\omega_2|\left(|\omega_1|u_1+|\omega_2|u_2\right)}{\varphi|\omega|^2} \\
&= \frac{\mathrm{RM}u_2(u_2-u_1)|\omega_1||\omega_2|}{\varphi|\omega|^2} \\
&= \frac{\mathrm{RM}u_2(u_2-u_1)\left(|\omega|-|\omega_2|\right)|\omega_2|}{\varphi|\omega|^2}
\end{aligned}
\tag{4.46}
$$

式中，$\varphi=\sigma_k^2+\varepsilon$。若将 $u_2(u_2-u_1)$ 视为 ω_1、ω_2 的灰度相关性对于系数 a_k 的作用，那么 $\mathrm{RM}\left(|\omega|-|\omega_2|\right)|\omega_2|/\left(\varphi|\omega|^2\right)$ 可视为两者的区域面积关系对于 a_k 的作用，由该式可知当 $|\omega_2|=|\omega|/2$ 即 $|\omega_1|=|\omega_2|$ 时 a_k 最大，也就是说当窗口中心大约位于边界上时 a_k 对于两者的灰度关系最为敏感。

此时式(4.45)变为

$$
b_k=\frac{|\omega_2|\mathrm{RM}}{|\omega|}-a_k u_k
$$

$$=\frac{|\omega_2|\mathrm{RM}}{|\omega|}-\frac{\mathrm{RM}u_2(u_2-u_1)(|\omega|-|\omega_2|)|\omega_2|}{\varphi|\omega|^2}u_k$$

$$=\frac{|\omega_2|\mathrm{RM}}{|\omega|}\left[1-\frac{|\omega_1|}{|\omega|^2\varphi}(u_2-u_1)u_k\right] \tag{4.47}$$

当窗口完全位于非目标区域时，$\omega_2=0$，$a_k=0$ 且 $b_k=0$，故输出像素为 0，保留了 MRF 对背景和影子内的去噪结果。由前文可知，一般 $u_2>u_1$，当 $u_2\gg u_1$ 时，a_k 为一个较大的值，此时 $|\omega_1|(u_2-u_1)u_k/\left(|\omega|^2\varphi\right)$ 为一个负值，若引导滤波像素 I_i 灰度较大时则其变化不大，而若为一个较小的值时则输出像素为0（负数均被归为0），故有效保持了声呐图像的边缘特性；当两者差距较小时，$u_2\approx u_1\approx 0$，a_k 为一个较小的值，$b_k\approx|\omega_2|R/|\omega|$ 是个与 $|\omega_1|$ 正相关的灰度变化，此时输出图像像素为 MRF 结果二值图像边缘的线性衰减地扩展，此处便消除了伪轮廓信息。当窗口完全位于目标内部时，$\omega=\omega_2$，$a_k=0$，$b_k=\mathrm{RM}$，输出像素为常值 RM。事实上对于一些细节较多的声呐图像，或当窗口取得较大时，窗口大部分处于前两种情况，所以即使被引导 MRF 结果图像为一个二值图像，该方法仍然有一个比较好的结果，如图 4.17（b）所示[图 4.17（a）是原始图像]。

当被引导图像 p 为 MRF 分割后的一般灰度图像时，非目标区域的去噪和边缘保持效果均没有变化，当窗口位于边缘 $u_2\approx u_1\approx 0$，$b_k\approx|\omega_2|\overline{p_k}/|\omega|$ 时具有比例衰减特性的边缘灰度均值平滑扩展，具有更好的消除伪轮廓信息的能力。若窗口在目标内部且灰度变化的区域，此时由前文可知 $b_k=\overline{p}_k$，$a_k\approx 0$，可视为均值滤波操作，而若在灰度变化较大的区域，由式（4.41）可知输出图像会保留引导图像的梯度特性，故在目标内部保持边缘特性不变的情况起到了抑制噪声的功能，是一种非常全面的图像去噪和增强方法。此外，为了更好地抑制如椒盐噪声等细微噪声的影响，在进行引导滤波前，对引导图像（原始图像）使用中值滤波方法进行处理，MRF+GF 方法效果如图 4.17（c）所示。方法流程图如图 4.18 所示。

（a）原始图像

（b）MRF输出结果二值化后作为被引导图像

（c）MRF+GF方法

图 4.17　不同方法的去噪效果

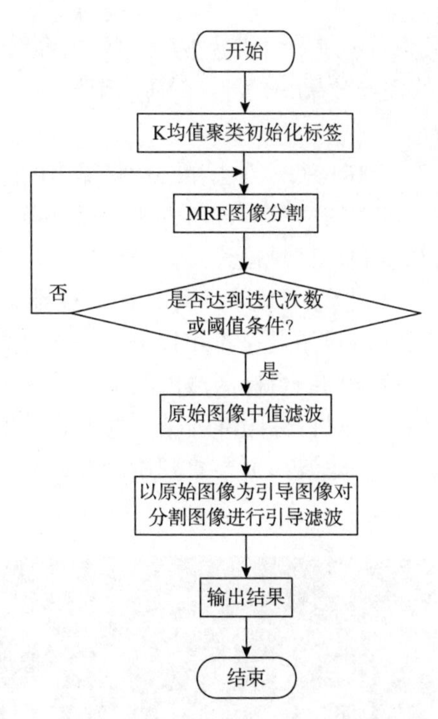

图 4.18　MRF+GF 方法流程图

4.3.4　声呐图像分割效果分析

为了形成与其他方法的对比，首先本节优化了一幅声呐图像作为基准图像[图 4.17(c)]，并对此图像添加不同强度的高斯噪声以模拟受到不同噪声干扰的声呐图像，然后运用 MRF+GF 方法以及其他滤波、去噪方法分别对其进行处理(结果如图 4.19 所示)，并运用峰值信噪比对去噪效果进行量化(结果如图 4.20 所示)。

峰值信噪比通常被用于评估图像去噪的结果，主要运用均方差进行定义，其值越大表示噪声干扰越小，采用峰值信噪比指标定义如下：

$$\mathrm{PSNR}=10\times\log_{10}\left(\frac{\mathrm{MAX}_I^2}{\mathrm{MSE}}\right) \tag{4.48}$$

式中，MAX_I 是图像灰度的最大值，这里取为 255；MSE 是均方差，其定义为

$$\mathrm{MSE}=\frac{1}{mn}\sum_{i=0}^{m-1}\sum_{j=0}^{n-1}\left\|N(i,j)-K(i,j)\right\|^2 \tag{4.49}$$

其中，N 是无噪声图像，K 是含噪声图像，m、n 分别是图像行数和列数。

图 4.19 给出了不同去噪方法对含有不同强度噪声的去噪结果。a 列自上而下分别是基准图像加入了均值为 0、方差为 0.01～0.1 的高斯噪声的模拟声呐图像，每行剩余图像分别表示几种去噪方法对首幅图像的去噪结果，其中 b 列为

MRF+GF 方法的去噪效果，c 列为均值滤波的去噪效果，d 列为维纳滤波的去噪效果，e 列为双边滤波的去噪效果，f 列为普通的引导滤波方法的去噪效果(其输入输出均为待去噪图像)。

从实验结果可以看出，MRF+GF 方法在对背景噪声的滤除上性能要好于其他方法，尤其是噪声强度比较大的情况下普通方法对背景噪声的抑制性较弱，当方差大于 0.03 后，普通方法的目标区域已经逐渐淹没在背景噪声中，特别是双边滤波和引导滤波方法；当方差达到 0.1 时，目标已经很难从背景中区分出来，而 MRF+GF 方法在不同的噪声强度下几乎都可以完全去除背景噪声。就目标本身而言，MRF+GF 方法能够较好地抑制目标区域内的噪声并且保留和恢复了大量的细节特征。均值滤波和维纳滤波对目标内部的噪声处理效果较好，不过细节损失严重，边缘明显有模糊感。双边滤波和引导滤波在低噪声下对细节的损失较小，但是对强噪声的去噪能力较差。

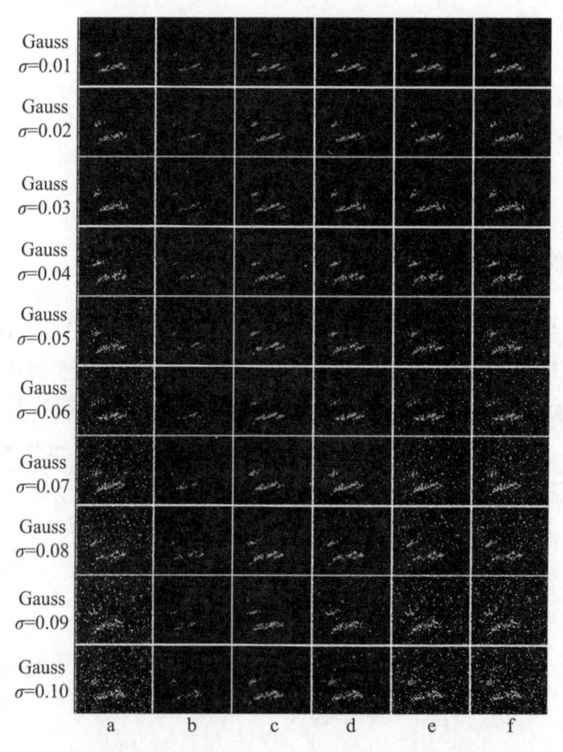

图 4.19　不同噪声下不同方法的去噪效果

如图 4.20 所示，利用峰值信噪比对各种方法的去噪效果进行了量化，纵轴表示峰值信噪比，横轴表示加入高斯噪声的方差大小。从图中更容易看出，双边滤波器与引导滤波器在高噪声下的性能较差，尤其是引导滤波器对噪声几乎没有任何抑制作用。采用均值滤波与维纳滤波在高噪声时与 MRF+GF 方法处理时指标接近，事实上这两种方法在一定程度削弱了目标的细节特征，所以从峰值信噪比表现出的性能要高于方法本身的能力。而 FRIT 循环抽样去噪方法对于该图像并没有起到很好的去噪效果。总体而言，MRF+GF 方法的性能一直保持在一个相对较高的水平。

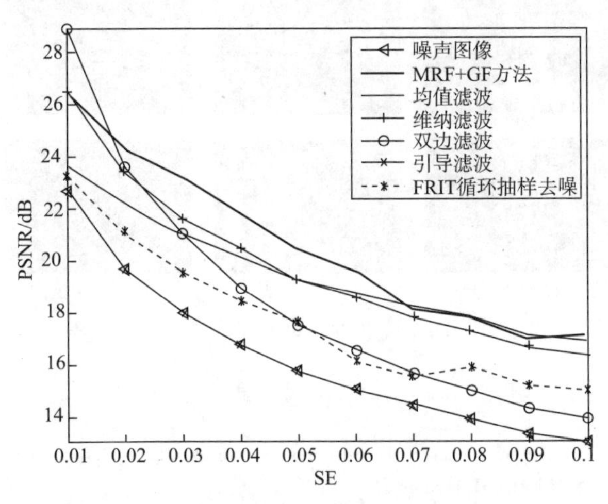

图 4.20　对不同方法去噪能力的量化曲线

为了验证 MRF+GF 方法的边缘保持效果，使用 Sobel 算子对海底沉船原始图像与去噪后所产生的结果图像进行边缘提取。便于对比观察，特将所提取的边缘映射到了原始图像中，其结果如图 4.21 所示，其中图 4.21(a)是使用 Sobel 算子对原始图像提取的边缘特征，图 4.21(b)是使用 MRF+GF 方法处理图像后提取的边缘特征。从结果可以看出，MRF+GF 方法保留了绝大多数原始图像的有效边缘特征，由于该方法去除了大量的噪声，所以大幅减少了伪边缘特征，特别是在船体内部区域，从去噪结果中所提取的边缘相比从原始图像中所提取的边缘更加连贯和接近对图像的主观理解。

(a) 对原始图像提取的边缘

(b) MRF+GF方法提取的边缘

图 4.21　MRF+GF 方法去噪后图像与原始图像提取的边缘（见书后彩图）

图 4.22 展示了 MRF+GF 方法在不同场景下的应用，其中第一行为原始图像，第二行是经 MRF+GF 方法去噪与增强后的图像。从结果容易看出，MRF+GF 方法应对不同场景的声呐图像都有很好的处理效果。

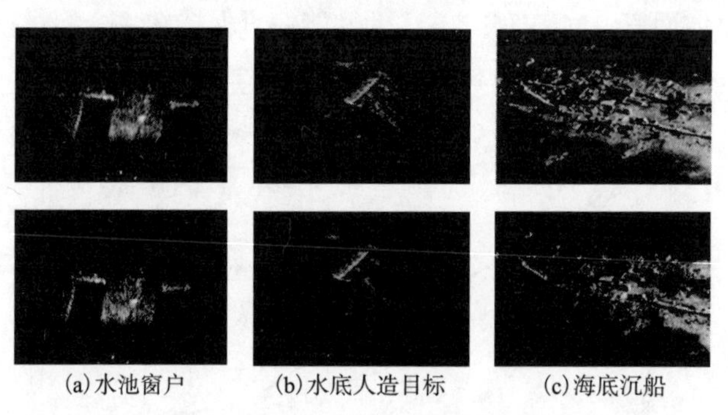

(a)水池窗户　(b)水底人造目标　(c)海底沉船

图 4.22　MRF+GF 方法对不同场景的处理效果

参 考 文 献

[1] Collier J, Brown C. Correlation of sidescan backscatter with grain size distribution of surficial seabed sediments[J]. Marine Geology, 2005, 214(4): 431-449.

[2] Ji D X, Liu J, Zheng R. Acoustic theory application in ultra short baseline system for tracking AUV[J]. Marine Geodesy, 2013, 36(4): 428-435.

[3] Ji D X, Liu J. Multi-beam sonar application on autonomous underwater robot[J]. Marine Geodesy, 2015, 38(3): 281-288.

[4] Rodríguez-Pérez D, Sánchez-Carnero N, Freire J. A pulse-length correction to improve energy-based seabed classification in coastal areas[J]. Continental Shelf Research, 2014, 77: 1-13.

[5] Orlowski A. Application of multiple echoes energy measurements for evaluation of sea bottom type[J]. Oceanologia, 1984, 19: 61-78.

[6] Strong J A. Using optimum allocation analysis to improve seed mussel stock assessments[J]. Journal of Shellfish Research, 2011, 30(1): 1-6.

[7] Biffard B, Bloomer S, Chapman N, et al. The role of echo duration in acoustic seabed classification and characterization[C]. Proceedings of the Oceans 2010, 2010: 1-8.

[8] Tsemahman A S, Collins W T, Prager B T. Acoustic seabed classification and correlation analysis of sediment properties by QTC VIEW[C]. Proceedings of the Oceans 1997, 1997: 921-926.

[9] Blondel P, Murton B J. Handbook of seafloor sonar imagery[M]. Chichester: Wiley, 1997.

[10] Tang X, Zhu W, Pang Y, et al. Target recognition system based on optical vision for AUV[J]. Robot, 2009, 31(2): 171-178.

[11] Kia C, Arshad M R. Robotics vision-based heuristic reasoning for underwater target tracking and navigation[J]. International Journal of Advanced Robotic Systems, 2005, 2(3): 25.

[12] Armstrong R A, Singh H, Torres J, et al. Characterizing the deep insular shelf coral reef habitat of the Hind Bank marine conservation district (US Virgin Islands) using the Seabed autonomous underwater vehicle[J]. Continental Shelf Research, 2006, 26(2): 194-205.

[13] Singh H, Armstrong R, Gilbes F, et al. Imaging coral I: imaging coral habitats with the Seabed AUV[J]. Subsurface Sensing Technologies and Applications, 2004, 5(1): 25-42.

[14] Hao Y M, Wu Q X, Zhou C, et al. Technique and implementation of underwater vehicle station keeping based on monocular vision[J]. Robot, 2006, 28(6): 656-661.

[15] Gracias N R, van der Zwaan S, Bernardino A, et al. Mosaic-based navigation for autonomous underwater vehicles[J]. IEEE Journal of Oceanic Engineering, 2003, 28(4): 609-624.
[16] Rzhanov Y, Linnett L M, Forbes R. Underwater video mosaicing for seabed mapping[C]. Proceedings of the 2000 International Conference on Image Processing, 2000: 224-227.
[17] Mountrakis G, Im J, Ogole C. Support vector machines in remote sensing: a review[J]. ISPRS Journal of Photogrammetry and Remote Sensing, 2011, 66(3): 247-259.
[18] Haralick R M, Shanmugam K, Dinstein I H. Textural features for image classification[J]. IEEE Transactions on Systems, Man, and Cybernetics, 1973, 3(6): 610-621.
[19] Tricot C. Curves and fractal dimension[M]. New York: Springer Science & Business Media, 1994.
[20] Sarkar N, Chaudhuri B B. An efficient differential box-counting approach to compute fractal dimension of image[J]. IEEE Transactions on Systems, Man, and Cybernetics, 1994, 24(1): 115-120.
[21] Pan Y, Chen J, Guo L. Robust bearing performance degradation assessment method based on improved wavelet packet-support vector data description[J]. Mechanical Systems and Signal Processing, 2009, 23(3): 669-681.
[22] Tax D M, Duin R P. Support vector domain description[J]. Pattern Recognition Letters, 1999, 20(11-13): 1191-1199.
[23] Tax D M, Duin R P. Support vector data description[J]. Machine Learning, 2004, 54(1): 45-66.
[24] 尚政国. 基于 FRIT 循环抽样声纳图像去噪新方法[J]. 计算机工程与应用, 2007, 43(10): 1-3.
[25] 梁世欣. 基于偏微分方程的声纳图像去噪算法研究[D]. 哈尔滨: 哈尔滨工程大学, 2014.
[26] Besag J. Spatial interaction and the statistical analysis of lattice systems[J]. Journal of the Royal Statistical Society: Series B (Methodological), 1974, 36(2): 192-225.
[27] He K, Sun J, Tang X. Guided image filtering[J]. IEEE Transactions on Pattern Analysis and Machine Intelligence, 2012, 35(6): 1397-1409.

5 水下机器人环境探索和目标观察的共享控制

5.1 共享控制与应用综述

5.1.1 共享控制概述

共享控制的应用实例可以追溯到 1963 年 Goertz 设计的一种能够根据操作人员不精确的输入处理放射性材料的机械手[1]，之后其概念由 Sheridan 首先提出，指一种由人和自主控制系统互相协调，共同对机器人进行控制的控制策略[2, 3]，广泛应用于作业环境信息未知、控制信号不稳定等场景下的机器人控制。

共享控制的重要内容是人和自主控制系统控制权重的分配，即确定人和自主控制系统各自在任务过程中对机器人影响能力的大小，一般使用自主水平来衡量：自主水平越高，自主控制系统对机器人的影响越大，人对机器人的影响越小。共享控制自主水平的范围从仅由自主控制系统提供应急避障功能的安全导航到只需要操作人员指定目标的自主导航。

与自主控制系统自主控制和人遥控相比，共享控制具有许多优势如下：

(1) 适当的共享控制方案可以发挥人和自主控制系统各自的特长，从而提高机器人系统的任务表现；

(2) 与人遥控相比，共享控制降低了任务过程中机器人系统对人输入的正确控制命令频率的要求，从而降低了人操作的复杂性，减轻了工作负担；

(3) 与自主控制系统控制相比，共享控制将人的环境意识和决策能力融入到控制系统中，突破了现有传感器技术和机器智能水平的限制，提高了机器人系统执行任务的能力。

共享控制在未知、复杂、非结构化、存在时延等作业环境中的机器人控制中具有独特的优势，为大深度、全局信息未知、非结构化环境下以及复杂任务条件下水下机器人的控制提供了很好的解决方案。

5.1.2 共享控制主要研究思路

在智能轮椅、辅助驾驶、手术机器人、无人机、移动机器人、救援机器人等领域，许多大学和研究机构开展了共享控制的研究工作。通过分析国内外文献，可以根据单个控制周期内控制信号的组成将共享控制的研究思路划分为两种：一种是单个控制周期内控制信号仅来自操作人员或者自主控制系统，仅由一方拥有对机器人的控制权，称为仲裁法；另一种是单个控制周期内控制信号由操作人员和自主控制系统共同决定，双方均拥有对机器人的控制权，称为融合法。

1. 仲裁法

在仲裁法的研究思路中，操作人员和自主控制系统对机器人的控制权是分离的，即在一段时间内仅由一方控制机器人。不同控制方法的主要区别在于操作人员和自主控制系统之间切换控制权的策略，切换依据通常包括工作环境状况、任务需求、机器人的运动状态和操作人员的工作状态等，切换方式包括自动方式和手动方式。

为减轻操作人员的工作负担，可以采取自主控制系统控制为主的共享控制策略，操作人员仅在必要的时候短暂地获取控制权。文献[4]提出了一种共享控制模式，在该模式下，机器人基于对环境的感知使用反应式导航的方法自主寻找路径，机器人在需要操作人员介入时可以通过预先定义的脚本以对话或者文本的形式接受操作人员的干预，短暂地将控制权切换到操作人员，获取建议后再次将控制权切换到自主控制系统。

以简单的条件作为控制权切换的依据是一种比较常见的方法。如文献[5]将共享控制用于脑控智能轮椅系统，使用智能轮椅与障碍物的最小距离作为切换控制权的依据。当智能轮椅与障碍物的最小距离大于所设定的阈值时，智能轮椅处于比较安全的区域，操作人员通过脑机接口对智能轮椅进行控制；当智能轮椅与障碍物的最小距离小于所设定的阈值时，智能轮椅所处的区域危险程度较高，此时由自主控制系统控制智能轮椅进行避障。该共享控制策略简单可靠，考虑了脑电信号的特点，适合脑控智能轮椅系统。文献[4]提出的安全模式与该种策略类似，在安全模式下，机器人由操作人员手动控制，但是当机器人将要发生碰撞等危险情况时，机器人将会由自主控制系统控制以确保安全。

设计算法的自动切换控制权可以考虑更多的因素，从而适应更复杂的情形。文献[6]提出了包含手动控制和自动控制切换开关的两级共享控制方案，分别建立了操作人员和自主控制系统的模型以分别计算两者的信任水平，使用基于信任与自信模型的开关机制进行控制权的切换，将控制权分配给信任水平较大的一方。文献[7]在智能轮椅的控制中设计了估计操作人员意图的置信函数，根据轮椅与所有潜在目标的夹角和距离计算置信函数值，当潜在目标的置信函数值大于某一阈值时，智能轮椅的控制权自动切换到自主控制系统，由自主控制系统根据置信函数估计的操作人员的意图控制智能轮椅。在此过程中，操作人员可以通过手动切换重新获取控制权。

2. 融合法

在融合法的研究思路中，操作人员和自主控制系统均拥有对机器人的控制权，在同一控制周期内共同对机器人产生控制作用，研究的重点在于人机控制权重的分配，即如何融合操作人员和自主控制系统的控制信号控制机器人。

加权融合是最常用的人机信号融合方式。文献[8]在机械臂的控制中将操作人员的控制命令和人工势场法产生的控制命令通过向量求和进行融合，提高了操作人员的操作安全性并避免了人工势场法中可能存在的局部极小值问题。文献[9]在智能轮椅的控制中提出一种反应式的共享控制策略，设计了效率函数评估智能轮椅的安全性、对控制命令的服从性以及轨迹的平顺性，分别用来评估操作人员和自主控制系统的控制命令，并根据评估的结果确定各自的权重，通过线性加权得到智能轮椅的控制命令，动态地适应了操作人员的控制需求，有效地提高了智能轮椅的控制效果。文献[10]在机械臂的控制中使用频率直方图预测操作人员的意图，自主控制系统根据预测到的意图生成控制信号，使用加权方式实现与操作人员控制信号的融合，与自主控制和操作人员遥控相比有效地提高了工作效率。

将控制机器人所需的控制命令分解，由操作人员和自主控制系统分别控制机器人的不同方面，经过融合形成机器人最终的运动状态，是实现融合法共享控制的另一种方式。文献[11]在汽车辅助驾驶系统中使用自主控制系统控制汽车转向以实现路径跟踪以及避碰，由操作人员根据实际需求改变车辆行驶的速度。实验表明，在系统自主能力较强时该控制方法可以取得较好的控制效果。文献[12]在智能轮椅的控制中预先在室内生成软件指导路径，在软件指导路径上移动时由自主控制系统控制转向、操作人员控制速度，通过发挥操作人员的环境意识和规划能力使智能轮椅系统简单、可靠且低成本。文献[13]在遥控弧焊机器人焊缝跟踪控制中设计了一种自由度分割算法，由操作人员手动控制横向偏差，自主控制系统控制焊枪前进方向和其他自由度，经融合得到机器人的控制命令。

虚拟夹具可以融合操作人员和自主控制系统的控制信号控制机器人，常用于以操作人员为主的共享控制。虚拟夹具由文献[14]提出，是一种由自主控制系统根据机器人的工作环境、任务需求等信息生成的，通过交互设备作用于操作人员的虚拟约束，通过在交互中为操作人员提供额外的、虚拟的反馈信息，可以减轻操作人员的工作负担、提高操作人员控制机器人作业的能力并保障机器人系统的安全，分为有力反馈和无力反馈两种。文献[15]将虚拟夹具应用于机械臂控制，把操作人员的意图分为路径跟踪、与目标对齐和避障三种，根据操作人员手臂的移动速度和操作对象的位置，使用隐马尔可夫链识别意图，并根据识别的结果通过虚拟夹具辅助操作人员操作。文献[16]中定义了多种虚拟基约束，通过叠加虚拟基约束对操作人员的操作进行辅助，并且采用了基于柔顺控制的虚拟约束改善虚拟夹具的性能。文献[17]针对虚拟夹具中由不同虚拟约束产生的虚拟管道在拼接处过渡不平滑、实时性差的问题，提出一种实时生成安全虚拟管道的方法，使操作人员在力、视觉等反馈信息的引导下控制操作对象运动，使机器人实现了高效的避障，提高了操作人员的操作效率。

5.1.3 共享控制在水下机器人领域的研究与应用

操作人员通过遥控方式实时控制水下机器人的工作负担较重，对其精力和技术水平的要求很高。通过共享控制使水下机器人主动与操作人员配合可以改善操作条件，减少操作人员在水下机器人作业中的职责，使操作人员的操作更加轻松和高效。

文献[18]基于仲裁法共享控制的研究思路，在自主水下机器人的控制中根据操作人员的疲劳程度和水下机器人自主控制的表现分别建立了操作人员和自主控制系统的评估模型，基于评估模型使用开关线性二次调节器(switched linear quadratic regulator，SLQR)方式实现操作人员遥控和自主控制系统控制的自动切换，有效地减少了操作人员的工作时间并提高了自主水下机器人执行任务的能力。

文献[19]在水下机器人的控制中为减轻操作人员的操作负担、提高操作效率并提升水下机器人的安全性，基于仲裁法共享控制的研究思路，提出了一种包含位置模式、轨道模式、遥控模式等控制模式的自适应共享控制结构，通过操作人员手动切换控制模式满足不同任务阶段的需求。

文献[20]基于仲裁法共享控制的研究思路，提出了一种水下机器人的共享控制结构，根据任务需求或自主控制系统的请求在操作人员遥控和自主控制系统控制之间手动切换，提高了控制权切换的流畅性。该控制结构基于机器人操作系统(robot operating system，ROS)实现，由交互模块、机器人控制模块和监控模块组成。交互模块用于选择显示重要信息以及获取操作人员的控制信息；机器人控制模块用于机器人的自主控制和对操作人员的手动控制进行辅助；监控模块主要用于任务管理和机器人自身的安全保障，可以管理任务的每个阶段，方便人介入和模式切换。

文献[21]在水下的观测任务中使用了仲裁法共享控制的研究思路，在操作人员观测时，机器人的运动由自主控制系统控制，仅在导航任务遇到困难时请求操作人员介入，有效地减轻了操作人员的工作负担。此外，瑞典 SAAB 公司设计开发的商业性混合型水下机器人 Seaeye Sabertooth 的辅助操控模式，实现了一定程度的共享控制[22]。在辅助操作模式下，操作人员可以根据低带宽通信接收的视频或声呐图像，通过辅助控制对每一步指令进行修正和控制，例如离岸距离、最小悬停高度、航行速度、向前移动距离等。另外，操作人员还可以通过辅助操控模式实时选择和修改机器人动态观测的目标物。

基于仲裁法的共享控制在控制权切换时往往存在控制命令和机器人状态的不连续和不稳定问题，且一般仅通过减少操作人员的工作时间减轻其工作负担。各领域研究结果表明，基于融合法的共享控制可以在有效避免仲裁法存在的问题同时取得更好的共享控制效果(提升机器人的任务性能和减轻操作人员的工作负担)。目前，水下机器人领域的共享控制研究较少且大多采用仲裁法的研究思路实现，与其他领域的研究相比,仅有的采用融合法的研究所考虑的任务情形也比较单一。因此，面向水下机器人环境探索任务和目标观察任务的共享控制需求，本章主要采用融合法的研究思路开展共享控制研究，以期基于研究结果提高水下机器人共享控制的效果。

5.2 基于行为的共享控制方法

基于行为的水下机器人共享控制方法针对机器人在二维水平面运动(定深航行)执行环境探索任务和目标观察任务设计，采用基于行为控制的思想实现，以融合法共享控制作为主要研究思路，根据工作环境、任务需求等因素将操作人员遥控、自主控制系统自主控制等设计为若干行为，通过调整不同行为在行为融合中的作用实现控制权重的分配从而实现共享控制。

基于行为的共享控制方法将机器人在环境探索任务和目标观察任务中的共享控制分别设计为“人主机辅”和“机主人辅”两种共享控制模式，采用仲裁法的研究思路以手动方式切换。

1. “人主机辅”模式

指在控制过程中操作人员的控制权重较大，自主控制系统的控制权重较小，机器人的运动主要受操作人员控制。在环境探索任务中，通常由操作人员依靠机器人携带的前视声呐、相机等传感器获取的局部环境信息实时控制机器人运动，同时根据任务需求对未知环境进行观测以及搜寻感兴趣的目标，机器人需要更多的服从操作人员的控制以满足其观测环境和搜寻目标的需求，自主控制系统主要用来辅助操作人员避障以提高机器人的安全性，因此使用“人主机辅”模式进行共享控制。

2. “机主人辅”模式

指在控制过程中自主控制系统的控制权重较大，操作人员的控制权重较小，机器人的运动主要受自主控制系统控制。在目标观察任务中，操作人员观察目标的同时需要使机器人与目标保持相对稳定的距离，经常需要遥控机器人围绕目标运动以对目标进行详细观察，对机器人运动的要求比较简单(即以相对稳定的距离围绕目标运动)，但仅由操作人员控制时操作复杂，可以主要交由自主控制系统控制，操作人员根据观测需求输入机器人到目标的距离、机器人速度等控制命令调节机器人的运动，因此使用“机主人辅”模式。

基于行为的共享控制方法设计了实现环境探索的遥控行为、自主避障行为以及实现目标观察的人机协同路径跟踪控制行为，通过设计的基于优先级的行为组织和融合方法，实现基于设计的行为以“人主机辅”模式执行环境探索任务继而以“机主人辅”模式执行目标观察任务的有效共享控制。

5.2.1 控制结构

为了便于设计和实现基于行为的共享控制方法，本节设计了一种模块化的基于行为的控制结构(图 5.1)，由相互串联的行为管理模块、行为模块、行为融合模块、运动控制模块组成。

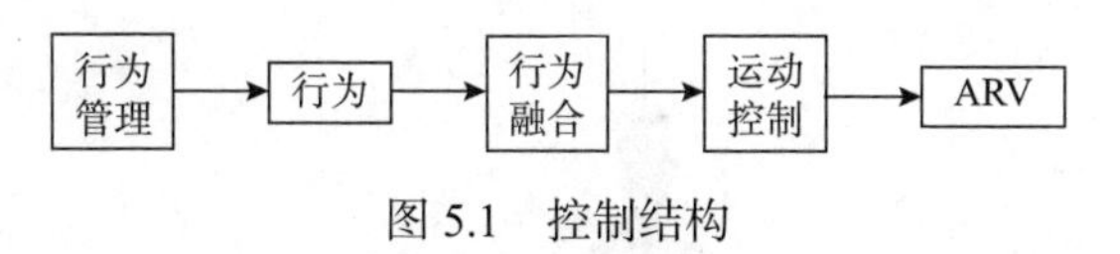

图 5.1 控制结构

(1)行为管理模块根据所执行任务的要求打开或关闭行为模块中的行为，即设置行为是否参与执行给定的控制任务。

(2)行为模块为设计的控制行为的集合，各行为的输入为传感器的感知信息以及操作人员的控制信息，各行为输出为机器人的期望艏向角ψ_c和期望前向速度大小v_c。

(3)行为融合模块负责融合行为模块中各个行为输出的ψ_c和v_c，并将融合结果输出给运动控制模块。

(4)运动控制模块根据行为融合模块输出的ψ_c和v_c，计算机器人舵、推进器等执行机构控制指令，使机器人实现期望的运动。在本章中，运动控制模块采用基于反馈线性化的方法进行机器人的前向速度控制，采用第 3 章介绍的混合模糊 P+ID 控制方法进行机器人的艏向角控制。

5.2.2 环境探索共享控制

环境探索任务是水下机器人执行的重要任务之一，机器人可以在环境探索任务中进行水下环境探测、目标搜寻等作业。该任务中通常全局环境信息未知，操作人员需要根据声学、光学等传感器获取的局部环境信息实时控制机器人以使机器人按照操作人员的意图对未知环境进行探索并搜寻感兴趣的目标。因此，在基于行为的共享控制方法中设计了输出操作人员控制命令的遥控行为，使操作人员在共享控制中通过操作杆实时控制机器人的运动速度和方向。由于机器人也具备通过声呐、相机传感器等感知周边环境并基于感知信息进行自主运动控制的能力，因此，为进一步保障环境探索任务过程中机器人在操作人员遥控下的航行安全，本章设计了机器人的自主避障行为。通过遥控行为和自主避障行为的融合，实现环境探索任务中机器人“人主机辅”的共享控制，由操作人员控制机器人运动，自主避障行为辅助操作人员避障。

1. 遥控行为

遥控行为的作用是实现操作人员通过操作杆实时控制机器人的航行速度和艏向角。该行为的输入为操作人员在操作杆 x 和 y 轴上的控制输入量 J_x 和 J_y，其中，J_x 控制机器人的艏向角，J_y 控制机器人的前向速度，并且 $J_x \in [-1,1]$，$J_y \in [-1,1]$，如图 5.2 所示。该行为的输出为机器人的期望艏向角 ψ_c 和期望的前向速度大小 v_c。

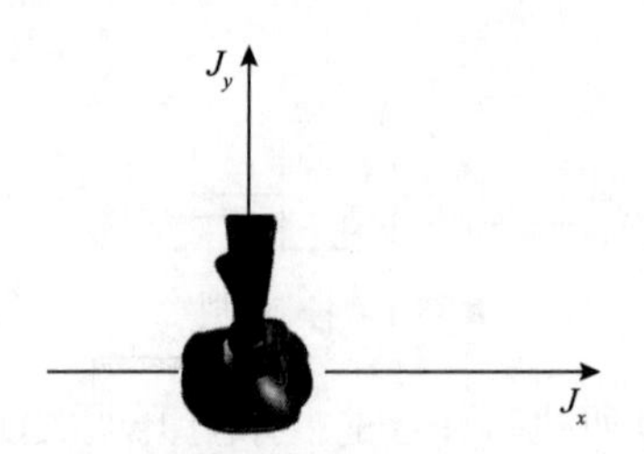

图 5.2　操作杆输出信号示意图

ψ_c 和 v_c 分别按下式计算：

$$\psi_c(t)=\begin{cases}\psi(t)+k_\psi\dfrac{J_x(t)-J_{xt}}{1-J_{xt}}, & J_x(t)\geqslant J_{xt}\\ \psi_c(t-1), & |J_x(t)|<J_{xt}\\ \psi(t)+k_\psi\dfrac{J_x(t)+J_{xt}}{1-J_{xt}}, & J_x(t)\leqslant -J_{xt}\end{cases} \tag{5.1}$$

$$v_c(t)=\begin{cases}\dfrac{J_y(t)-J_{yt}}{1-J_{yt}}v_{\max}, & J_y(t)>J_{yt}\\ 0, & J_y(t)\leqslant J_{yt}\end{cases} \tag{5.2}$$

式中，$\psi(t)$为机器人当前的艏向角；$v_{\max}$ 为机器人的最大前向速度；k_ψ 为调节艏向角增量的增益系数，根据机器人运动控制器的控制能力和机器人的转向能力确定；$J_{xt}>0$和$J_{yt}>0$为在操作杆 x 轴和 y 轴 0 位置附近设定的死区阈值，便于操作人员输入使机器人保持当前运动方向和速度为 0 的控制命令，根据操作人员的技术水平和任务对操作人员控制命令的要求确定。

2. 自主避障行为

由于机器人具有基于声呐等传感器检测环境中的障碍物并基于感知信息进行自主运动控制以实现避障的能力，因此在基于行为的共享控制方法中设计了自主避障行为，以辅助操作人员在通过遥控行为控制机器人的过程中避免机器人与环境中的障碍物发生碰撞，进一步保障机器人的航行安全。

自主避障行为的输入为机器人和障碍物的当前位置 $\boldsymbol{P}_v=[x_v,y_v]^{\mathrm{T}}$ 和 $\boldsymbol{P}_o=[x_o,y_o]^{\mathrm{T}}$，输出为机器人的期望艏向角$\psi_c$ 和期望的前向速度大小v_c，分别使用式(5.3)、式(5.4)计算：

$$\psi_c(t)=\arctan(y_v-y_o,x_v-x_o) \tag{5.3}$$

式中，$\arctan(\cdot)$为反正切函数。

$$v_c(t)=\begin{cases}0, & l_o\geqslant l_{\max}\\ k_o\dfrac{l_{\max}-l_o}{l_{\max}-l_{\min}}v_{\max}, & l_{\min}<l_o<l_{\max}\\ v_{\max}, & l_o\leqslant l_{\min}\end{cases} \tag{5.4}$$

式中，$l_o=|\boldsymbol{P}_v-\boldsymbol{P}_o|$为水下机器人与障碍物之间的距离；$l_{\max}$、$l_{\min}$、$k_o$ 为行为中的设计参数，$l_{\max}$>0 为障碍物对机器人航行安全产生影响的最大距离，$l_{\min}$<0 为保障机器人与障碍物之间安全的距离阈值，$l_{\max}$、$l_{\min}$ 根据机器人的运动半径确定，k_o（$1\geqslant k_o>0$）为比例系数，用于调整自主避障行为辅助其他行为避障的程度，根据操作人员的技术水平和对安全性的要求确定，对安全性的要求越高，k_o 越大。

若环境中存在多个障碍物，则自主避障行为的输出为各个障碍物对机器人影响的综合：

$$\begin{cases}\psi_c(t)=\angle\left(\sum\limits_{i=1}^{n}\boldsymbol{V}_{ci}\right)\\ v_c(t)=\sum\limits_{i=1}^{n}\boldsymbol{V}_{ci}，\text{如果}v_c(t)\geqslant v_{\max}\end{cases} \tag{5.5}$$

式中，$\boldsymbol{V}_{ci}$ 为自主避障行为输出的机器人对第 i 个障碍物避障的速度向量，其模值为 v_{ci} 、方向为 ψ_{ci} ；$\angle$ 为取向量的方向；n 为环境中对机器人航行安全产生影响的障碍物数量。

3. 行为融合

环境探索任务中的共享控制通过遥控行为和自主避障行为的融合来实现，即在控制结构的行为融合模块中融合遥控行为输出的 ψ_c 、 v_c 以及自主避障行为输出的 ψ_c 、v_c ，得到机器人运动控制模块输入的 ψ_c 和 v_c 。为了保障机器人的安全，设计自主避障行为与遥控行为相比具有高优先级，采用基于行为优先级的融合方法实现行为融合。

考虑到如下的共享控制要求：

(1) 当机器人与障碍物之间的距离 l_o 小于设定的机器人与障碍物之间安全距离阈值 $l_{\min}$ 时，自主避障行为需抑制遥控行为，控制机器人自主避障以保障其安全；

(2) 当机器人与障碍物之间的距离 l_o 大于障碍物对机器人航行安全产生影响的最大距离 $l_{\max}$ 时，机器人所处的环境较安全，自主避障行为无输出，机器人仅在操作人员遥控下运动；

(3) 当机器人与障碍物之间的距离 l_o 大于 $l_{\min}$ 但小于 $l_{\max}$ 时，自主避障行为发挥部分作用，对操作人员遥控的水下机器人运动施加影响以辅助操作人员避障，使机器人远离障碍物。

针对以上共享控制要求，设计行为输出融合方法如下：

$$\boldsymbol{V}_{cf} = \boldsymbol{V}_{ch}\frac{\alpha_h}{\alpha_f} + \boldsymbol{V}_{cl}\frac{\alpha_l\left(1-\alpha_h\right)}{\alpha_f} \tag{5.6}$$

式中，$\angle\boldsymbol{V}_{ch}=\psi_{ch}$ ；$\left|\boldsymbol{V}_{ch}\right|=v_{ch}$ ；$\angle\boldsymbol{V}_{cl}=\psi_{cl}$ ；$\left|\boldsymbol{V}_{cl}\right|=v_{cl}$ ；$\angle\boldsymbol{V}_{cf}=\psi_{cf}$ ；$\left|\boldsymbol{V}_{cf}\right|=v_{cf}$ ；下标 h 、l 和 f 分别表示高优先级行为(自主避障行为)、低优先级行为(遥控行为)和融合后的行为输出结果；$\alpha_f=\alpha_h+\alpha_l\left(1-\alpha_h\right)$ ，其中，α_h 、$\alpha_l\left(1-\alpha_h\right)$ 分别为高优先级行为和低优先级行为输出结果的加权系数，$\alpha_h\in[0,1]$ 根据下式计算：

$$\alpha_h=\begin{cases}0, & l_o \geqslant l_{\max} \\ \dfrac{l_{\max}-l_o}{l_{\max}-l_{\min}}, & l_{\min}<l_o<l_{\max} \\ 1, & l_o \leqslant l_{\min}\end{cases} \tag{5.7}$$

$\alpha_l>0$ 为低优先级行为输出结果加权系数的调节参数(当 $\alpha_l>1$ 时，增加融合结果中遥控行为输出的权重；当 $\alpha_l<1$ 时，增加融合结果中自主避障行为输出的权重)。α_l 可根据操作人员操作机器人的技术水平以及期望的机器人运动对操作人员遥控的依从度来进行设置。通过式(5.6)和式(5.7)调节加权系数，即实现了上述的共享控制要求。

5.2.3 目标观察共享控制

完成近海底环境探索和寻找到感兴趣的目标后，对目标进行围绕观察也是机器人所需执行的重要任务。由于机器人具有自主运动控制能力，且其控制精度要高于操作人员的遥控。因此，本节设计路径跟踪控制行为实现机器人自主精确地跟踪期望的目标围绕观察路径。然而，由于机器人的自主感知和理解能力限制，其难以在目标观察过程中根据环境、目标的信息和操作人员的观察意图自主调整路径。因此，本节在自主路径跟踪控制中融入操作人员对路径参数及路径跟踪运动的控制，即设计人机协同路径跟踪控制行为，实现在围绕目标观察过程中，以机器人自主路径跟踪控制为主、操作人员调节路径参数及路径跟踪运动为辅助的“机主人辅”的共享控制，提高机器人执行目标观察路径跟踪过程中对环境、目标以及观测要求变化的适应能力。

1. 超椭圆路径

为了便于对不同形状和尺度的目标进行详细观察，本节设计机器人的超椭圆路径以实现围绕目标观察。超椭圆是介于椭圆和矩形之间的一类曲线，具有良好的几何性质，其形状可以在椭圆和矩形之间连续变化，参数方程为

$$\begin{cases} x = a \cdot \operatorname{sgn}(\cos t)|\cos t|^{\frac{2}{n}} \\ y = b \cdot \operatorname{sgn}(\sin t)|\sin t|^{\frac{2}{n}} \end{cases} \tag{5.8}$$

式中，$\operatorname{sgn}(\cdot)$为符号函数；$t$为超椭圆参数方程的参数；$a$和$b$分别为超椭圆的长半轴和短半轴的长度；$n$为超椭圆的形状系数，通过调节$n$可得到不同形状的曲线。

2. 人机协同路径跟踪控制行为

在机器人通过自主路径跟踪控制跟踪超椭圆路径对目标进行围绕观察过程中，操作人员可以通过机器人搭载的摄像机等传感器反馈的信息实时进行目标观察。因此，操作人员可以根据目标观察的要求实时调节超椭圆路径以及机器人的路径跟踪运动，实现可根据环境、目标以及观察需要相应变化的更好的目标观察。

针对该要求，在上述超椭圆路径和水下机器人自主路径跟踪控制的基础上，本节设计了人机协同路径跟踪控制行为实现目标观察任务中的共享控制。该行为的输入为机器人需要跟踪的路径P(即超椭圆路径的参数a、b和n，由操作人员根据获取的目标信息确定)、机器人的位置速度等状态信息，以及操作人员通过操作杆输出的信号J_x和J_y（$J_x \in [-1,1]$，$J_y \in [-1,1]$），行为的输出为机器人的期望艏

向角ψ_c和期望的前向速度大小v_c。

在此设计由操作人员通过操作杆y轴输出J_y来实时调节人机协同路径跟踪控制行为中机器人的期望前向速度大小v_c和围绕目标运动的方向(分为顺时针方向和逆时针方向)：

$$v_c(t)=\begin{cases}\dfrac{J_y(t)-J_{yt}}{1-J_{yt}}v_{\max}, & J_y(t)\geqslant J_{yt}\\ 0, & -J_{yt}<J_y(t)<J_{yt}\\ \dfrac{-[J_{yt}+J_y(t)]}{1-J_{yt}}v_{\max}, & J_y(t)\leqslant -J_{yt}\end{cases} \tag{5.9}$$

设计操作人员通过操作杆x轴输出J_x来实时调节超椭圆路径的参数a和b，即相应地调节机器人与目标的观察距离，当J_x的值增大时机器人远离目标，当J_x的值减小时机器人接近目标：

$$a(t)=\begin{cases}a_0+k_a\dfrac{J_x(t)-J_{xt}}{1-J_{xt}}, & J_x(t)\geqslant J_{xt}\\ a_0, & |J_x(t)|<J_{xt}\\ a_0+k_a\dfrac{J_x(t)+J_{xt}}{1-J_{xt}}, & J_x(t)\leqslant -J_{xt}\end{cases} \tag{5.10}$$

$$b(t)=\begin{cases}b_0+k_b\dfrac{J_x(t)-J_{xt}}{1-J_{xt}}, & J_x(t)\geqslant J_{xt}\\ b_0, & |J_x(t)|<J_{xt}\\ b_0+k_b\dfrac{J_x(t)+J_{xt}}{1-J_{xt}}, & J_x(t)\leqslant -J_{xt}\end{cases} \tag{5.11}$$

式中，a_0、b_0为该行为执行时a和b参数的初始值，根据目标的形状确定；$k_a>0$、$k_b>0$分别为调节参数a和b变化的增益系数，决定了操作人员可以通过操作杆改变的机器人与目标距离的范围，根据观测需求确定。当参数a和b调节后，该行为使用自主路径跟踪控制算法实时计算$\psi_c(t)$。

如上所述，不同于环境探索任务中通过融合遥控行为和自主避障行为来实现共享控制(即共享控制在行为间实现)，在围绕目标观察中，本节通过单个人机协同路径跟踪控制行为实现了机器人围绕目标观察运动的共享控制(即共享控制在行为内实现)。

5.2.4 行为综合管理与融合

如上所述，针对环境探索任务和目标观察任务中的共享控制需求，本章设计了自主避障行为、遥控行为和人机协同路径跟踪控制行为，它们置于控制结构的行为模块中。为了对行为模块中各行为的输出进行融合，本节以上述自主避障行为和遥控行为融合的方法为基础，设计控制结构的行为融合模块中基于优先级的行为融合方法。

行为融合模块中，对行为模块中的各行为赋予优先级并按优先级从高到低进行顺序排序。以机器人进行环境探索、目标观察、完成任务后返航这一完整的作业过程为例，将行为按照优先级从高到低的顺序分别排列为自主避障行为、人机协同路径跟踪控制行为、遥控行为、返航行为。其中，返航行为控制机器人自主返回到期望位置 $\boldsymbol{P}_h=[x_h,y_h]^{\mathrm{T}}$，其输出 v_c 为行为中设定的参数，其输出 ψ_c 根据式(5.12)计算：

$$\psi_c=\arctan\left(y_v-y_h,x_v-x_h\right) \tag{5.12}$$

行为融合方法及各个行为的优先级设置如图 5.3 所示，行为的优先级由上到下依次降低。

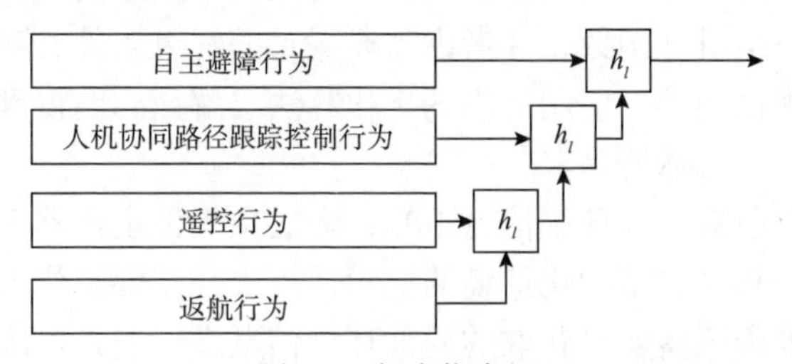

图 5.3　行为优先级

基于行为的优先级，利用式(5.6)对各行为的输出进行融合。在自主避障行为中，加权系数由式(5.7)进行计算，而其他行为的加权系数则由操作人员在行为管理模块中根据任务要求进行设置(即由操作人员手动切换共享控制模式)：当人机协同路径跟踪控制行为和遥控行为的加权系数均设置为 0 时，行为融合模块融合自主避障行为和返航行为的输出，机器人自主返航；当遥控行为的加权系数设置为 1 时，其将抑制返航行为，进而行为融合模块融合自主避障行为和人机协同路径跟踪控制行为输出，实现机器人进行环境探索的共享控制；当路径跟踪行为的加权系数设置为 1 时，其将抑制遥控行为和返航行为的输出，进而行为融合模块融合自主避障行为和人机协同路径跟踪控制行为的输出，实现机器人进行目标观察的共享控制，同时通过自主避障行为保障其安全。

因此，通过行为管理模块对行为融合模块中各行为加权系数的设置，实现了对行为模块中行为的协调和其输出的融合，使机器人基于设计的行为执行不同的任务。

5.3 基于多目标优化的共享控制方法

在基于行为的共享控制方法中，机器人执行环境探索任务时根据机器人到障碍物的距离调节操作人员遥控和自主控制系统自主控制(即自主避障行为)的控制权重，仅考虑了保障机器人安全的需求。为进一步提高环境探索任务中机器人共享控制的效果，在控制权重分配中兼顾操作人员需求、任务需求等多种因素，本节设计一种基于多目标优化的共享控制方法。

多目标优化又称为多目标优化问题，指需要同时对多个目标进行优化处理的优化问题。多目标优化中的目标往往是相互冲突的，针对每个目标设计相应的目标函数，并考虑其中的约束条件，使用适当的优化算法求解可以得到兼顾多个目标的有效解(即多目标优化中的 Pareto 最优解)。

因此，根据任务需求、操作人员需求及对机器人任务性能的要求等因素，本节提出多个在融合法共享控制分配控制权重的过程中期望达到的目标，根据这些目标设计对应的一组目标函数，并考虑需要满足的约束条件，将机器人的共享控制转化为多目标优化问题，使用适当的优化算法求解该问题得到的共享控制的控制命令能够兼顾多个目标的要求。

环境探索任务通常全局环境信息未知，无法预先设定机器人的运动目标和运动路径，在全局未知、非结构化环境的探索任务中，需要操作人员依靠机器人携带的声学、光学等传感器实时获取的局部环境信息进行搜索、决策和规划。本节面向机器人在全局环境信息未知的二维水平面运动执行环境探索任务，基于多目标优化的有关理论和融合法共享控制的研究思路，提出一种基于多目标优化的共享控制方法以实时融合机器人自主控制与操作人员通过操作杆遥控的控制命令。本节将机器人艏向角的控制命令作为决策变量，提出服从操作人员控制意图、提升机器人安全性、降低操作人员操作复杂性并优化机器人运动路径等要求作为目标，分别设计服从度、自主度和稳定度三个目标函数；根据栅格地图表示的局部环境中障碍物的分布信息设计艏向角控制命令的安全性评估函数，并由安全性评估函数确定约束条件以保障机器人的安全；从而使用目标函数和约束条件将机器人艏向角的共享控制转化为多目标优化问题，并使用最小最大法求解以得到最优解作为共享控制命令，考虑了更多的因素以充分发挥融合法共享控制的优势。

5.3.1 控制结构

为便于实现机器人在环境探索中的共享控制，本节设计如图 5.4 所示的模块化的控制结构，由传感系统模块、操作人员遥控模块、自主控制模块和共享控制模块组成，各个模块之间的关系如图 5.4 中的箭头表示。

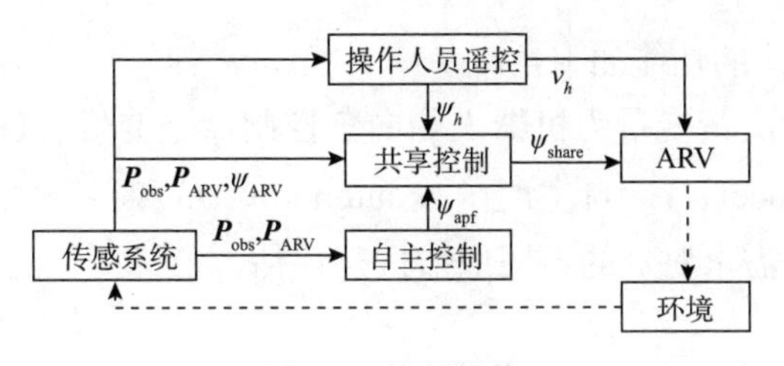

图 5.4　控制结构

各个模块的功能如下：

传感系统模块用于获取并输出与环境和机器人运动状态相关的信息，包括局部环境中障碍物的分布 $\boldsymbol{P}_{\text{obs}}=\left[\boldsymbol{P}_{\text{obs\_1}},\boldsymbol{P}_{\text{obs\_2}},\cdots,\boldsymbol{P}_{\text{obs\_}n}\right]$（$n$ 为障碍物的数量）、机器人当前的位置 $\boldsymbol{P}_V$ 和艏向角 ψ_V。

操作人员遥控模块的功能是由操作人员根据传感系统模块输出的 $\boldsymbol{P}_V$、ψ_V 和 $\boldsymbol{P}_{\text{obs}}$ 通过遥控操作杆的 x 轴和 y 轴分别输出机器人艏向角控制命令 ψ_h 和前向速度的控制命令 v_h。模块中使用式(5.1)和式(5.2)将操作杆信号转换为机器人的控制命令 ψ_h 和 v_h。

自主控制模块根据传感系统模块输出的 $\boldsymbol{P}_{\text{obs}}$ 和 $\boldsymbol{P}_V$，使用人工势场法计算机器人艏向角的控制命令 ψ_{apf}。

共享控制模块根据传感系统模块输出的 ψ_V、$\boldsymbol{P}_V$ 和 $\boldsymbol{P}_{\text{obs}}$，操作人员遥控模块输出的 ψ_h，自主控制模块输出的 ψ_{apf}，使用基于多目标优化的共享控制方法产生艏向角的共享控制命令 ψ_{share}。

该结构中，机器人的前向速度由操作人员直接控制，艏向角由共享控制模块控制。

5.3.2　方法概述

在 5.3.1 节的控制结构中，共享控制模块使用基于多目标优化的共享控制方法产生 ψ_{share} 控制机器人的艏向角。基于多目标优化的共享控制方法由目标函数、约束条件和优化算法三部分组成，其控制结构如图 5.5 所示。

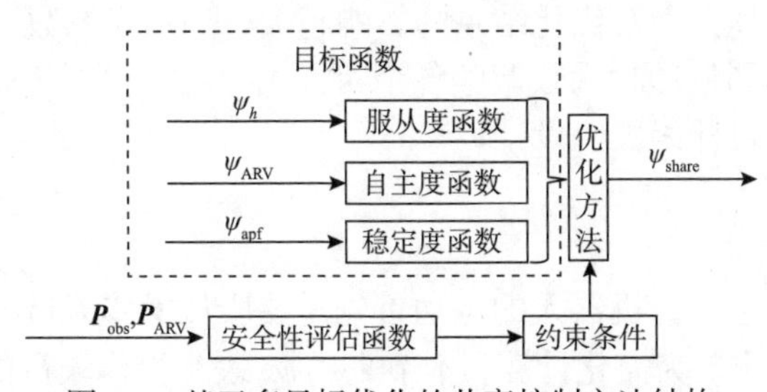

图 5.5　基于多目标优化的共享控制方法结构

图 5.5 中各模块的功能如下：

目标函数中的决策变量为机器人艏向角控制命令变量ψ（$\psi \in (-\pi, \pi]$），包括服从度函数$\text{obedience}(\psi)$、自主度函数$\text{autonomy}(\psi)$和稳定度函数$\text{stability}(\psi)$，其作用是根据任务需求对ψ的不同取值进行评估，目标函数的取值与ψ满足对应目标的程度正相关。

约束条件为ψ可行解取值区间的集合$I_{\text{safe}} = \{I_1, I_2, \cdots, I_i\}$（$i$为取值区间的个数），通过安全性评估函数确定，安全性评估函数根据局部环境中障碍物的分布计算以保障机器人在任务中的安全。

优化算法用于求解多目标优化问题以得到最优解ψ_{share}，本节使用最小最大法作为优化算法。

基于多目标优化的共享控制方法使用目标函数和约束条件将机器人艏向角的共享控制转化为以艏向角控制命令变量ψ作为决策变量的极大化的多目标优化问题，通过优化算法求解该问题以得到ψ的最优解，即ψ_{share}。该方法中，机器人艏向角的共享控制可以表示为式(5.13)所示的极大化的多目标优化问题，其中max表示在多目标优化中优先取目标函数的最大值对应的ψ：

$$\psi_{\text{share}} = \begin{cases} \max \text{obedience}(\psi) \\ \max \text{autonomy}(\psi) \\ \max \text{stability}(\psi) \\ \text{s.t. } \psi \in I_{\text{safe}} \end{cases} \tag{5.13}$$

5.3.3 目标函数

借鉴文献[9]、[23]中设计效率函数的方法和表示形式，将目标函数均设计为以自然常数为底数的负指数函数形式，各个目标函数值域均在区间(0, 1]内，便于对不同的目标函数的函数值进行比较。该形式的目标函数的函数值在对称轴处取得最大值 1 并向两侧递减，通过调整形状系数(形状系数非负)可以改变函数值递减的速度，形状系数越大，递减的速度越快。特别的，当形状系数为 0 时，函数值恒为 1。采用最小最大法求解时优化结果由函数值最小的函数确定，因此，目标函数的形状系数越大，对优化结果的影响越大，当形状系数为 0 时对优化结果无影响，便于通过调整形状系数调整各个目标函数在多目标优化问题求解中的作用。下面介绍三个目标函数的设计。

1. 服从度函数

在环境探索任务中，机器人的运动首先需要服从操作人员的控制意图以满足操作人员的观测需求。为简化计算，本节采用ψ_h表示操作人员的控制意图，因此设计式(5.14)所示的服从度函数评估ψ服从ψ_h的程度：

$$\text{obdieance}(\psi)=\exp\left(-\alpha\left|\psi-\psi_h\right|\right) \tag{5.14}$$

式中，$\exp(\cdot)$为以自然常数作为底数的指数函数；$\psi=\psi_h$为该函数的对称轴，ψ与ψ_h的差别越小，服从度函数的取值越大；α为服从度函数的形状系数，其值由式(5.15)确定：

$$\alpha=\begin{cases}\alpha_{\max}, & d_{\min}>d_{\text{share}}\\ \dfrac{\left(d_{\min}-d_{\text{safe}}\right)\alpha_{\max}}{d_{\text{share}}-d_{\text{safe}}}, & d_{\text{safe}}\leqslant d_{\min}\leqslant d_{\text{share}}\\ 0, & d_{\min}<d_{\text{safe}}\end{cases} \tag{5.15}$$

其中，$\alpha_{\max}$为大于0的常数，根据操作人员的技术水平设定，技术水平越高，$\alpha_{\max}$越大，机器人在基于多目标优化的共享控制中越服从操作人员的控制命令；$d_{\min}$为机器人到障碍物的最小距离变量；d_{share}为障碍物影响机器人运动的距离阈值，d_{safe}为保障机器人与障碍物之间安全的距离阈值，d_{share}和d_{safe}根据机器人的运动半径确定。式(5.15)根据$d_{\min}$调整α的值从而改变操作人员影响机器人运动的程度，$d_{\min}$越小，服从度函数形状系数越小，服从度函数对优化结果的影响也越小，操作人员遥控在机器人的共享控制中控制权重越小，机器人更多地服从自主控制系统的控制命令以保障其安全。

2. 自主度函数

机器人在环境探索阶段还应该服从自主控制系统的控制命令以辅助操作人员的操作并提高机器人的安全性，基于多目标优化的共享控制方法中自主控制系统的控制命令使用ψ_{apf}以辅助操作人员避障从而保障机器人的安全，因此设计了式(5.16)所示的自主度函数评估ψ与ψ_{apf}的差别：

$$\text{autonomy}(\psi)=\exp\left(-\gamma\left|\psi-\psi_{\text{apf}}\right|\right) \tag{5.16}$$

式中，γ为自主度函数的形状系数，其值由式(5.17)确定：

$$\gamma=\begin{cases}0, & d_{\min}\geqslant d_{\text{share}}\\ \gamma_{\max}, & d_{\min}<d_{\text{share}}\end{cases} \tag{5.17}$$

其中，$\gamma_{\max}$为大于0的常数。式(5.17)根据$d_{\min}$调整γ的值，使ψ_{apf}仅在$d_{\min}<d_{\text{share}}$时使机器人远离障碍物，由形状系数对目标函数在多目标优化中的影响可以确定，当机器人距离障碍物较远时，自主控制系统对机器人的运动无影响。

3. 稳定度函数

适当地减少控制命令相对于当前运动方向的突变可以使机器人的运动状态更

稳定，从而降低操作人员操作的复杂性并使机器人的运动路径更加平顺。因此，在基于多目标优化的共享控制方法中设计了式(5.18)所示的稳定度函数评估ψ相对于ψ_V的变化的程度：

$$\text{stability}(\psi)=\exp\left(-\beta\left|\psi-\psi_V\right|\right) \tag{5.18}$$

式中，$\beta>0$为稳定度函数的形状系数，β越大，稳定度函数对优化结果的影响越大，优化产生的ψ_{share}相对于ψ_V的变化越小。过大的β会使机器人不易改变运动方向，因此将β设置为较小的正常数。

5.3.4 约束条件

约束条件I_{safe}为保障机器人安全的ψ的取值区间的集合，根据机器人在不同运动方向上的安全性确定，在基于多目标优化的共享控制方法中，安全性由安全性评估函数表示。在环境探索任务中，本节根据机器人与障碍物之间的距离越大安全性越高的原则，由机器人携带的声学、光学等传感器获取的周围障碍物分布的方向和距离信息确定安全性评估函数。

安全性评估函数根据局部环境中障碍物分布的栅格地图计算，示意图如图 5.6 所示。图 5.6 中，虚线交叉产生的小正方形为栅格，其中灰色栅格表示障碍物栅格，白色栅格表示自由栅格，Δ表示栅格粒度，Δ根据局部障碍物信息的精度和计算机的性能确定，Δ越小对计算机性能和地图精度的要求越高；实线标出的大正方形为活动窗口，其边长为 w(m)，w 的值根据传感器的探测距离确定，活动窗口内的栅格地图用于计算安全性评估函数；椭圆表示机器人，其重心位置位于活动窗口中心的栅格；以θ为夹角使用以机器人所在的位置为中心的一组射线将

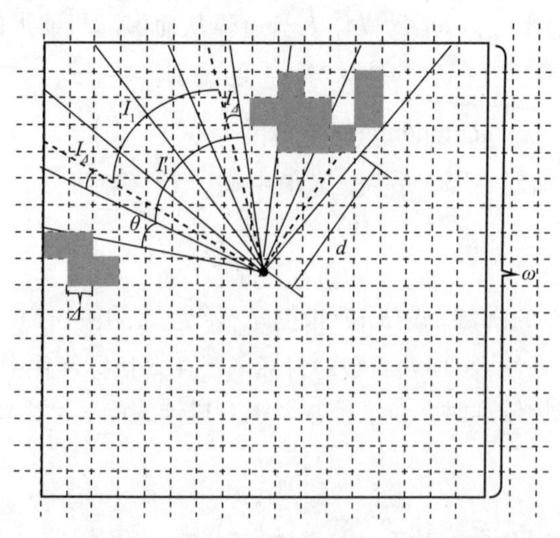

图 5.6　安全性评估函数计算方法示意图

活动窗口划分为$2\pi/\theta$个区域，θ的大小根据计算机的性能和局部地图的精度确定，θ越小，对计算机性能和地图精度的要求越高，得到的安全性评估函数对环境的描述越精确；单个区域内机器人到障碍物栅格的最小距离为d (m)，当区域内不存在障碍物栅格时令$d=(w-\Delta)/2$ (m)；I_1'为符合安全性要求即安全性评估函数取值要求的ψ的一个取值区间，I_1为约束条件中ψ的一个取值区间；I_Δ为安全间隔，I_Δ的大小根据任务中对机器人安全性的要求确定，I_Δ越大，机器人的安全性越高，但机器人在障碍物附近的活动范围越小。

本节将安全性评估函数设计为分段函数，其自变量ψ的定义域为区间$(-\pi,\pi]$。在极坐标系中，根据图 5.6 中夹角为θ的区域划分将定义域分段，每段定义域内的函数值为常数，其根据图 5.6 中对应区域内的d确定，使用式(5.19)计算。d越大，函数值越小，该段定义域内ψ的取值越安全。

$$\text{security}(\psi)=\begin{cases}0, & d>d_{\max}\\ \lambda(d_{\max}-d), & d\leqslant d_{\max}\end{cases} \tag{5.19}$$

式中，$\text{security}(\psi)$为安全性评估函数；λ为改变函数值大小的比例因子，设置为大于 0 的常数；$d_{\max}$为障碍物开始引起$\text{security}(\psi)$函数值变化的距离阈值，且$d_{\max}=(w-\Delta)/2$ (m)。

约束条件I_{safe}根据安全性评估函数分两步计算，首先确定符合安全性要求的运动方向的取值区间的集合$I'_{\text{safe}}=\{I_1',I_2',\cdots,I_j'\}$（$j$为取值区间的个数），使机器人在$I'_{\text{safe}}$的区间内的运动方向上与障碍物保持安全的距离：设置$d_{\text{share}}$为保障机器人安全的距离阈值，对应的安全性评估函数的函数值阈值为$\lambda(d_{\max}-d_{\text{share}})$。由于在安全性评估函数的函数值计算中，距离越大，函数值越小，ψ的取值越安全，因此使用$\text{security}(\psi)<\lambda(d_{\max}-d_{\text{share}})$计算得到$I'_{\text{safe}}$。然后，缩小$I'_{\text{safe}}$中的取值区间以得到$I_{\text{safe}}$，以保障机器人在$I_{\text{safe}}$的区间内的运动方向上与两侧的障碍物也保持相对安全的距离：如图 5.6 所示，设置了保障机器人安全的安全间隔I_Δ，在I'_{safe}中的所有取值区间（以I_1'为例）的两端分别缩小I_Δ以得到I_{safe}（以I_1为例）。

5.3.5 优化算法

目前，已有许多用于求解多目标优化问题的优化算法，可以将优化算法分为经典优化算法和智能优化算法两大类：经典优化算法包括评价函数法、分层序列法、交互规划法、功效系数法等；智能优化算法包括进化算法、粒子群算法、蚁群算法等。在求解时需要根据实际需求选择适当的优化算法计算多目标优化问题的最优解。

在环境探索任务中，机器人通常在全局环境信息未知的水下环境中工作，对可靠性的要求很高，优化算法应该在每个控制周期中求解得到稳定可靠的结果。此外，由于操作人员需要实时控制机器人，所选择的优化算法应该有较小时间复杂度以减少计算量。因此本章选择了评价函数法中的最小最大法作为优化算法计算最优解，以在最坏的情况下寻求最好的优化结果。最小最大法所需的计算量较少，同时优化结果稳定，可以保证机器人共享控制方法在任务中的实时性和可靠性。最小最大法将式(5.13)所示的多目标优化问题转化为式(5.20)所示的单目标优化问题：

$$\psi_{\text{share}}=\begin{cases}\max\min\left\{\text{obedience}(\psi),\text{autonomy}(\psi),\text{stability}(\psi)\right\}\\ \text{s.t. }\ \psi\in I_{\text{safe}}\end{cases}\tag{5.20}$$

式中，min 表示在值域内的各段取所有目标函数的最小值。通过求解即可得到共享控制方法产生的艏向角控制命令 ψ_{share}。

图 5.7 为使用最小最大法计算 ψ_{share} 的示意图，其中，I_1、I_2和I_3分别为I_{safe}中可行解的取值区间。函数图像中的黑色粗线为使用最小最大法计算得到的满足约束条件的单目标优化函数 $\min\left\{\text{obedience}(\psi),\text{autonomy}(\psi),\text{stability}(\psi)\right\}$，其函数值的最大值对应的角度即为$\psi_{\text{share}}$。使用最小最大法得到的$\psi_{\text{share}}$ 可以使函数值最小的目标函数在取值区间内取得最大值，保证目标函数值最低的目标取得最好的结果，同时也便于通过调整目标函数的形状系数改变目标函数对优化结果的影响。

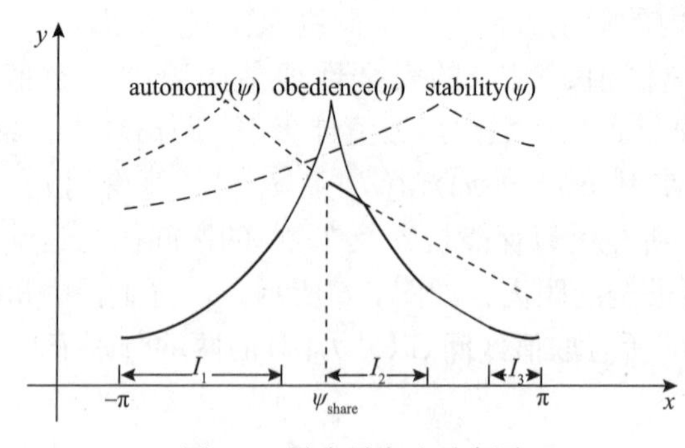

图 5.7　最小最大法示意图

5.4　计算机仿真环境

由于在真实的水下环境中进行机器人共享控制实验，复杂度和成本均较高，所以机器人共享控制的研究和分析必然借助于计算机仿真。因此，研发水下机器人共享控制仿真研究环境是开展水下机器人共享控制研究的重要工作。

针对研究需要，我们基于面向对象的开发方式和模块化的设计思想研究并开发了水下机器人共享控制仿真研究环境，为水下机器人共享控制算法的研究提供了支持。本节对水下机器人共享控制仿真研究环境的设计、组成、实现和功能等内容进行详细介绍。

5.4.1 系统构成

本章研发的水下机器人共享控制仿真研究环境的运行需要软硬件支持，如图 5.8 所示，整个仿真系统由计算机、操作杆、MATLAB 软件和水下机器人共享控制仿真研究环境四部分组成。

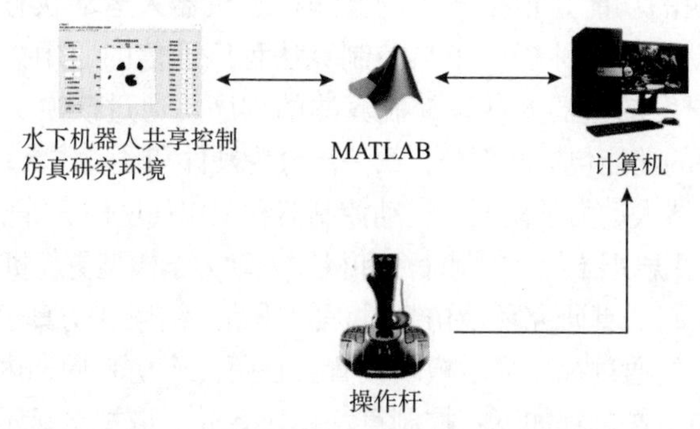

图 5.8　水下机器人共享控制仿真研究环境的系统组成

操作人员在仿真过程中通过操作杆向机器人共享控制仿真研究环境输入实时控制信息。目前研发的仿真环境 Thrustmaster T.16000M 操作杆作为机器人共享控制仿真研究环境的输入硬件，该操作杆共有 13 个功能按键、一个 8 方向苦力帽和 4 个独立的轴。由于机器人共享控制仿真研究环境主要用于仿真机器人在二维水平面上的运动，因此将操作杆的 x 轴、y 轴的输出信号作为机器人的控制信号，两个坐标轴在初始位置时输出的信号均为 0，信号取值区间均为[−1,1]。

5.4.2 软件结构

为便于后续的研发和功能扩展，提高软件的可维护性，我们研发的共享控制仿真研究环境采用模块化的设计思想实现，由视景显示、控制算法、实物仿真三个模块组成，各个模块及其之间的关系如图 5.9 所示。

视景显示模块用于提供图形交互界面，一方面根据输入显示机器人的运动轨迹、运动状态和障碍物的分布等信息，另一方面获取操作人员对仿真环境的控制信息并输出到其他模块以实现对仿真过程的控制。此外，视景显示模块还具有记录、观察和输出仿真结果的功能。

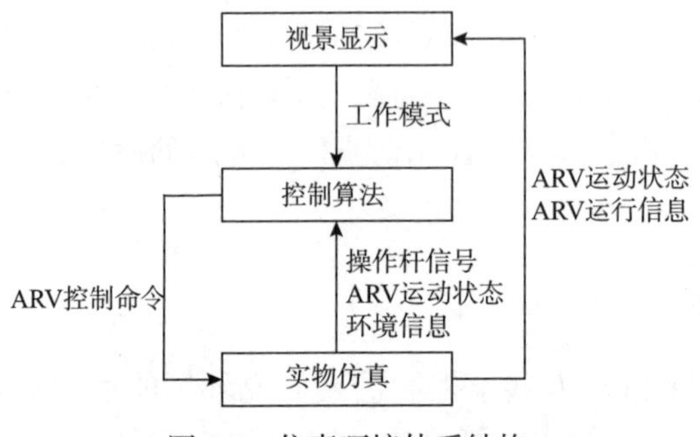

图 5.9　仿真环境体系结构

控制算法模块的功能是根据输入的操作杆、机器人运动状态、环境等信息计算控制机器人运动的命令，提供了与控制算法程序通信的通用接口，操作人员遥控、自主控制和研发的机器人共享控制算法的程序均通过该模块接入仿真环境。

实物仿真模块的功能包括两部分：第一部分为硬件和环境仿真，包括操作杆信号的获取与处理、机器人动力学模型、运动控制器和工作环境仿真等信息；第二部分为运动状态更新，即根据机器人的控制命令和机器人动力学模型更新机器人的运动状态。

机器人共享控制仿真研究环境仿真过程的开始、结束和仿真过程中机器人的工作模式可由操作人员通过视景显示模块设置。在每一个仿真周期内，机器人共享控制仿真研究环境的工作过程如下：控制算法模块首先获取视景显示模块输入的机器人工作模式和实物仿真模块输入的机器人运动状态、障碍物分布、操作人员通过操作杆输入的控制命令等信息，然后使用相应的控制算法程序计算机器人艏向角和前向速度的控制命令并输出给实物仿真模块；实物仿真模块首先根据水下机器人艏向角和前向速度的控制命令使用机器人的运动控制器计算机器人垂直舵舵角和推进器推力的控制命令，然后使用机器人的动力学模型根据机器人当前的运动状态和舵角、推力的控制命令通过四阶龙格-库塔法更新机器人的运动状态并输出给视景显示模块；最后，视景显示模块根据机器人的运动状态信息更新计算机屏幕的显示。

5.4.3　视景显示模块

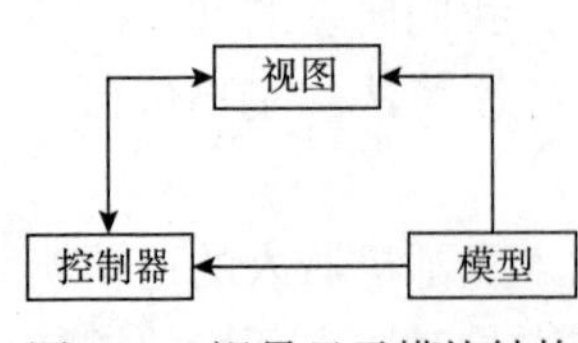

图 5.10　视景显示模块结构

视景显示模块采用模型-视图-控制器框架模式开发，由视图、模型、控制器三部分组成，每个部分均设计为单独的类，各个部分及其类之间的包含关系如图 5.10 所示。

视图部分负责构造、展示、更新用户界面并获取用户输入。在每个仿真周期内，视图部分通过事件机制根据新输入的机器人运动状态等信息更新轨迹和数据显示并存储相关数据；用户界面上的用户输入部件通过调用控制器部分中对应的回调函数实现对机器人共享控制仿真研究环境的控制，各个部件与回调函数的对应关系在视图部分注册。

模型部分通过调用机器人共享控制仿真研究环境中其他模块中相应的程序实现机器人共享控制仿真的内在逻辑，并在机器人运动状态更新后通过事件机制将更新用户界面的消息发送给视图部分。

控制器部分负责控制仿真过程、根据用户输入执行用户的仿真指令。控制器部分通过为用户界面上的各个输入部件提供回调函数实现用户的控制指令，这些回调函数按照对应的部件分为三类：第一类为运行控制，包括控制仿真过程的开始和停止的按钮，在控制器部分内部实现对仿真过程的控制；第二类为模式选择，包括一组选择控制模式的单选按钮，在仿真过程中通过向控制算法模块中传递参数实时改变控制模式；第三类为输出机器人运动轨迹的图像等菜单项，各个菜单功能在控制器的内部实现。

共享控制仿真研究环境的用户界面设计如图 5.11 所示，视景显示模块中视图部分构造的实际效果如图 5.12 所示。

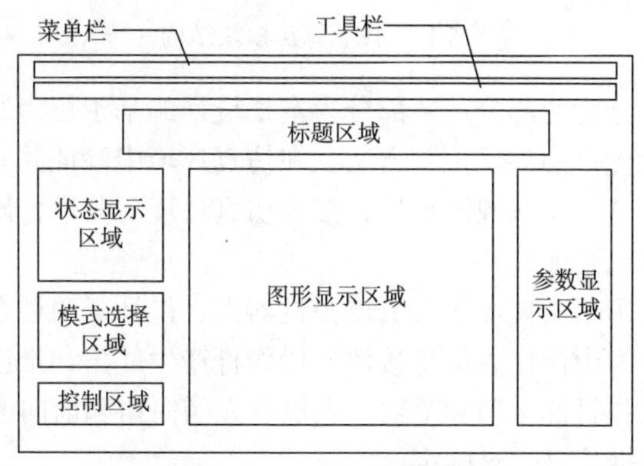

图 5.11　用户界面设计图

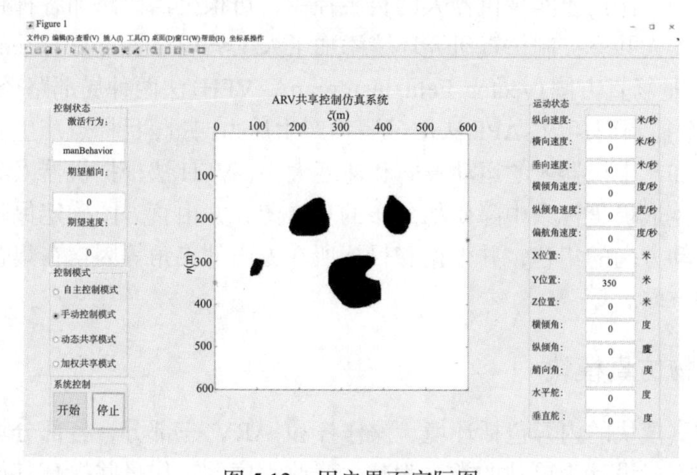

图 5.12　用户界面实际图

5.4.4 控制算法模块

控制算法模块的结构如图 5.13 所示，其中，接口程序根据操作人员设定的工作模式确定仿真中使用的控制算法，并将计算得到的机器人控制命令输出到实物仿真模块。接口程序提供了机器人共享控制仿真研究环境中控制算法的通用接口，目前接入的算法包括共享控制算法、手动控制算法和自动控制算法三类。

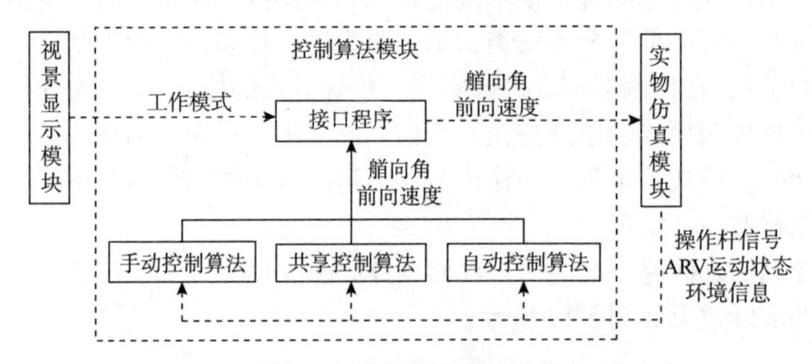

图 5.13 控制算法模块结构

共享控制算法分为两部分：一部分为本章设计的基于行为的机器人共享控制方法和基于多目标优化的共享控制方法，在仿真环境中验证并分析其效果；另一部分为目前已有的其他共享控制算法，接入仿真环境对其进行研究分析并与本章设计的方法进行对比验证。

手动控制算法用于实现操作人员遥控机器人，设计了两种方法产生操作人员的控制命令，一种为由操作人员直接使用操作杆产生舵角和推进器的控制指令，另一种为分别由操作杆的 x 轴和 y 轴产生机器人艏向角和前向速度的控制命令，具体使用的方法根据仿真需求确定。

自动控制算法用于实现机器人的自主控制，可根据需要添加各种路径规划方法。水下机器人共享控制仿真研究环境添加了人工势场(artificial potential field，APF)法和向量场直方图(vector field histogram，VFH)法两种局部路径规划方法，其中，在每个控制周期内，APF 法由障碍物产生斥力向量，目标点产生引力向量，通过向量相加产生机器人的运动方向和速度大小；VFH 法根据机器人周围障碍物的分布情况生成极坐标系中障碍物分布的直方图，并由直方图确定保障机器人安全的可行运动方向的集合，并根据和目标所在方向的夹角等因素在集合内确定机器人的运动方向。

5.4.5 实物仿真模块

实物仿真模块的内容包括环境、操作杆和 ARV 三部分，各部分均采用面向对象编程的方式设计为单独的类。为减少修改程序的工作量并提高其他模块和实物仿真模块中各部分交互的效率，实物仿真模块的结构采用中介者设计模式实现，使用中介者将各部分以星形结构联系在一起，仿真环境中的其他模块通过中介者完成与各部分的交互，各部分及其对象间的包含关系如图 5.14 所示。

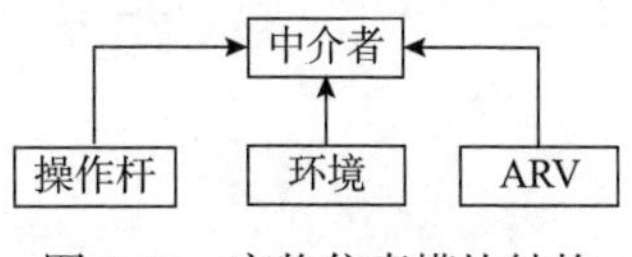

图 5.14 实物仿真模块结构

环境部分用于存储障碍物、航点等信息。操作杆部分负责操作杆输入信号的读取和初步处理。在仿真过程中，操作人员通过操作杆向机器人共享控制仿真研究环境实时输入控制命令。ARV 部分用于仿真真实的机器人，包括机器人动力学模型、运动控制器和运动状态更新算法。

5.5 仿真结果

5.5.1 基于行为的共享控制仿真结果

为验证基于行为的机器人共享控制方法的效果，本节基于机器人共享控制仿真研究环境进行仿真实验。

本节对三个任务阶段进行了仿真：第一阶段为环境探索，操作人员使用“人主机辅”模式进行环境探索以寻找目标；第二阶段为目标观察，操作人员在发现目标后使用“机主人辅”模式进行围绕目标观察；第三阶段为返航，机器人在返航行为和自主避障行为的控制下返回出发点。

仿真中机器人的控制周期为 0.1 s，仿真区域大小为 900 m×600 m，障碍物为直径 40 m 的圆形，观察的目标为 150 m×100 m 的矩形。基于水下机器人共享控制方法中的参数设置为 $v_{\max}$ =2.5 m/s，杆阈值 $J_{xd} = 0.25$ ， $J_{yd} = 0.05$ ；遥控行为中 $k_{\psi} = \pi/2$ ；自主避障行为中 $l_{\max}$ =37.5 m，$l_{\min}$ =12.5 m，k_o =1；自主路径跟踪控制器参数 ψ_l=π/2，k_n =0.2；人机协同路径跟踪控制行为中 a_0 =100 m，b_0=125 m，k_a =20 m，k_b =20 m，n =5；环境探索阶段人机协同路径跟踪控制行为、遥控行为和返航行为的 α_h 分别设置为 0、1、0，目标观察阶段分别设置为 1、0、0，返航阶段分别设置为 0、0、1。

仿真结果如图 5.15 所示，图中 *A* 点为出发点，黑色圆形代表障碍物，矩形表示目标。曲线为机器人的运动路径，其中 *AB* 段为环境探索阶段，*BC* 段为目标观察阶段，*CA* 段为返航阶段。

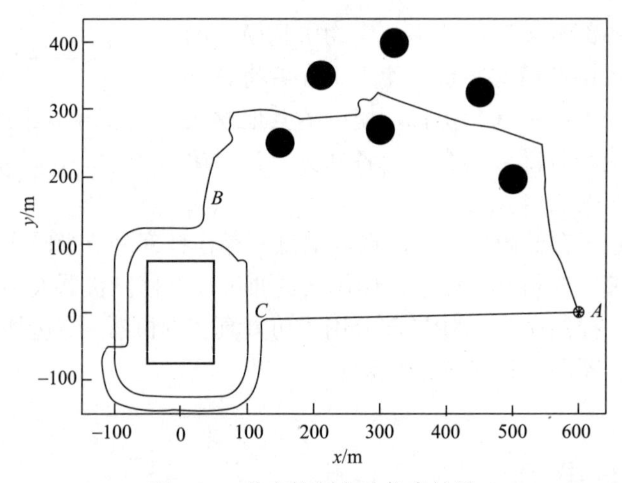

图 5.15　共享控制方法仿真结果

在环境探索阶段，机器人在“人主机辅”模式下安全地穿过障碍物区域并到达了目标附近，较好地实现了操作人员的控制意图。在障碍物附近开始辅助避障时存在路径不平顺的问题，使用 5.3 节设计的基于多目标优化的共享控制方法解决。该阶段的仿真时间为 0～433.1 s，图 5.16 为环境探索阶段遥控行为输出 $\boldsymbol{V}_{cl}$ 的权值 $\alpha_l(1-\alpha_h)/\alpha_f$ 、自主避障行为输出 $\boldsymbol{V}_{ch}$ 的权值 α_h/α_f 与机器人到障碍物的距离 l_o 的变化。$l_o \geqslant l_{\max}$ 时，自主避障行为的 α_h =0，为便于观察，图 5.16 中 $l_o \geqslant l_{\max}$ 的 l_o 数据均标注为 $l_{\max}$ 。由图 5.16 可知，在机器人靠近障碍物的过程中，避障行为输出信号的权值增大，遥控行为输出信号的权值减小，使机器人进行有效地避障，保证了机器人与障碍物之间的距离始终处于安全的状态。

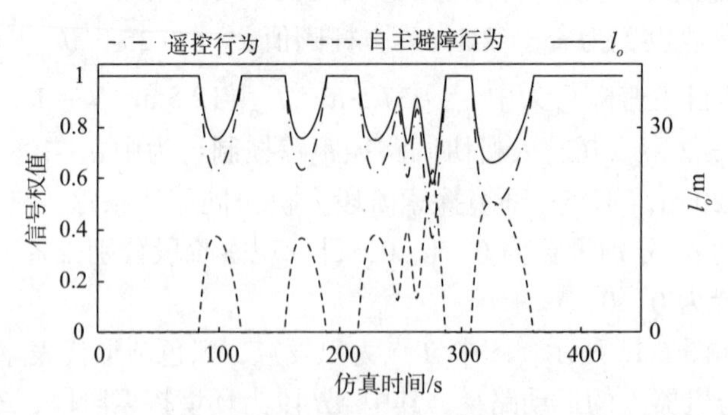

图 5.16　环境探索阶段不同行为控制信号权值与 l_o

目标观察阶段开始观察目标的仿真时间段为 500～1000 s，操作人员通过操作杆修改路径参数，操作杆 x 轴的输入信号 J_x 和水下机器人到目标的距离变化如图 5.17 所示。操作人员输入的路径参数分为三部分：第一部分 $J_x < J_{xt}$，此时 $a(t)=a_0$，$b(t)=b_0$，水下机器人与目标的期望距离为 50 m；第二部分 $a(t)$=80 m，$b(t)$=105 m，水下机器人与目标的期望距离为 30 m；第三部分 $a(t)$=120 m，$b(t)$=145 m，水下机器人与目标的期望距离为 70 m。

由图 5.15 和图 5.17 可以看出，机器人在"机主人辅"模式下观察目标时可以适应目标的形状，同时可以根据操作人员输入的路径参数及时改变机器人的运动轨迹，以改变并保持机器人与目标间相对稳定的距离，便于操作人员对目标进行观察。此外，操作人员在"机主人辅"模式下观察目标时输入的控制信号比较简单，有效地降低了操作人员在任务中的操作复杂性。

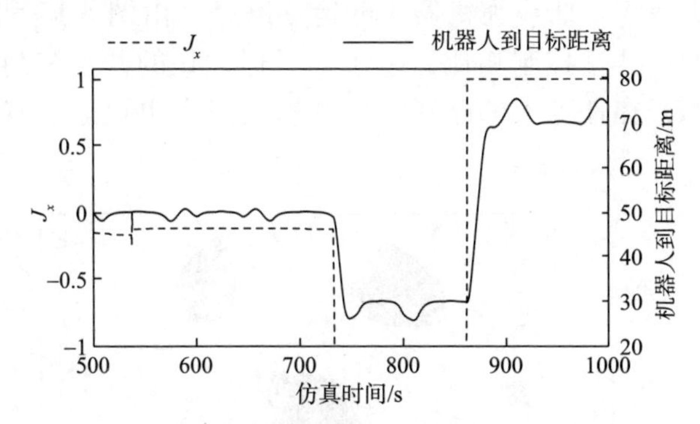

图 5.17　目标观察阶段 J_x 和水下机器人与目标距离的变化

5.5.2　基于多目标优化的共享控制仿真结果

为了验证基于多目标优化的共享控制方法的效果，本节在仿真环境中对基于多目标优化的共享控制、遥控和加权共享控制三种方法进行对比仿真。其中加权共享控制参考基于行为的机器人共享控制方法中环境探索阶段的控制方法设计，通过线性加权融合人机控制信号实现共享控制，如式(5.21)所示，在融合法共享控制的设计思路中具有一定的代表性：

$$\psi_{\text{share}} = \mu\psi_h + (1-\mu)\psi_{\text{apf}} \tag{5.21}$$

式中，μ（$\mu \in [0,1]$）为操作人员遥控的权值，根据机器人到障碍物的最小距离使用式(5.22)计算：

$$\mu = \begin{cases} 1, & d_{\min} > d_{\text{share}} \\ \dfrac{d_{\min} - d_{\text{safe}}}{d_{\text{share}} - d_{\text{safe}}}, & d_{\text{safe}} \leqslant d_{\min} \leqslant d_{\text{share}} \\ 0, & d_{\min} < d_{\text{safe}} \end{cases} \tag{5.22}$$

为便于比较，式(5.22)的参数设置与服从度函数中形状系数的计算方法一致。

如图 5.18(a)所示，仿真实验设计为机器人由起点 A 出发穿过障碍物区域并到达终点 B 的过程以仿真机器人的环境探索任务，终点 B 仅为路径点，不用于机器人的路径规划。仿真中机器人的控制周期设置为 0.1 s，运动控制采用第 3 章中介绍的混合模糊 P+ID 控制方法，仿真区域大小为 400 m×600 m，仿真中基于多目标优化的共享控制方法的参数设置如下：服从度函数中，d_{share} =50 m，d_{safe} =15 m，$\alpha_{\max}$ =1；自主度函数中 $\gamma_{\max}$ =1；活动窗口中，Δ=1 m，w=121 m，用于划分区域的 $\theta = 2\pi/180$，将活动窗口划分为 180 个区域；稳定度函数中 β=0.1；安全性评估函数中 λ=1，计算约束条件时 $I_{\Delta} = 2\pi/18$。

仿真结果如图 5.18 和表 5.1 所示。图 5.18 中 A 点为起点，B 点为终点，黑色图形代表障碍物，曲线为机器人的运动路径。由图 5.18 和表 5.1 可以看出，与遥控和加权共享控制相比，基于多目标优化的共享控制方法产生的机器人路径更平顺，在任务中的路径长度和所需时间也更短，有效地优化了机器人的运动。

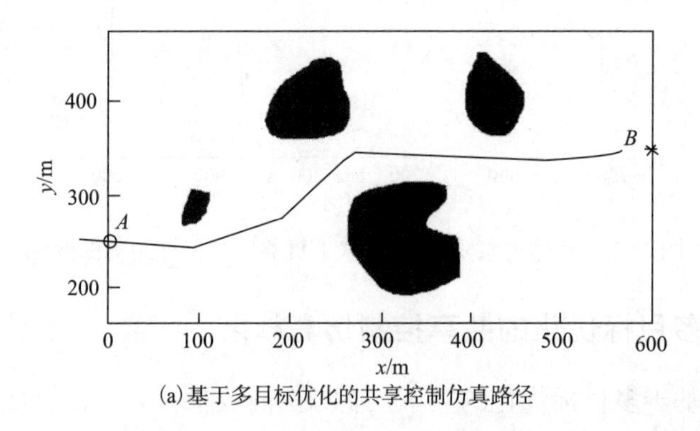

(a) 基于多目标优化的共享控制仿真路径

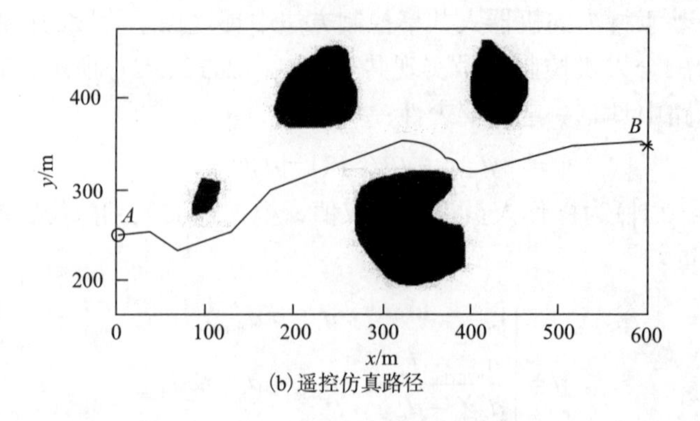

(b) 遥控仿真路径

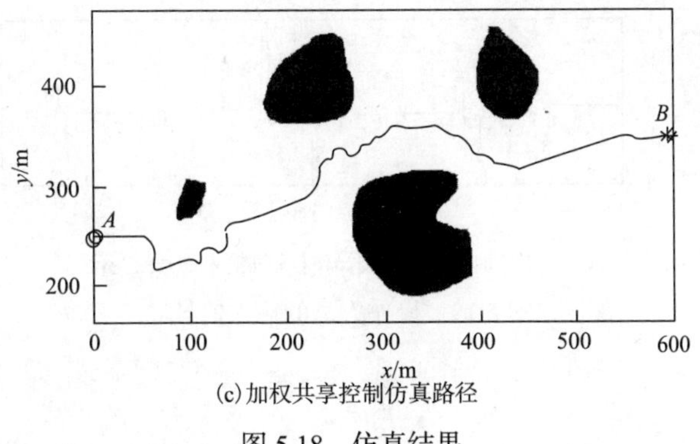

(c) 加权共享控制仿真路径

图 5.18　仿真结果

表 5.1　仿真数据

指标	基于多目标优化的共享控制	遥控	加权共享控制
仿真时间/s	256.2	262.3	287.9
路径长度/m	630.9	647.1	709.6

图 5.19 为仿真中用于控制机器人艏向角的操作杆 x 轴的输入信号变化。由图可知，与其他方式相比，基于多目标优化的共享控制方法有效减少了操作杆 x 轴输入信号的变化，使操作人员通过操作杆输入的控制信号更简单，有效降低了操作人员的操作复杂性，从而减轻了操作人员在任务中的工作负担。

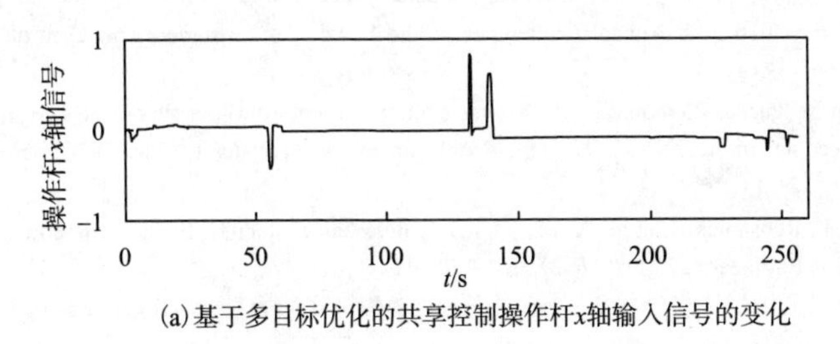

(a) 基于多目标优化的共享控制操作杆 x 轴输入信号的变化

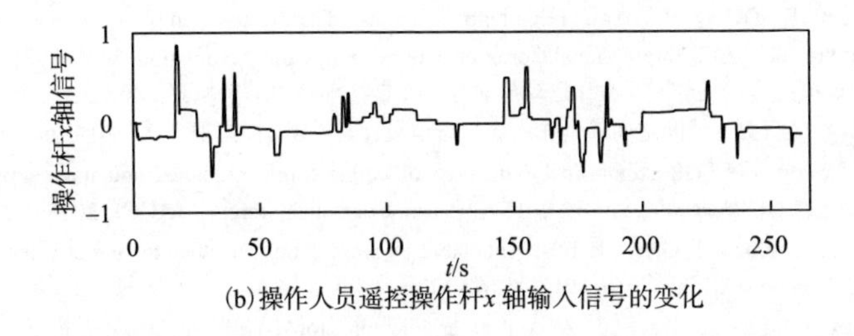

(b) 操作人员遥控操作杆 x 轴输入信号的变化

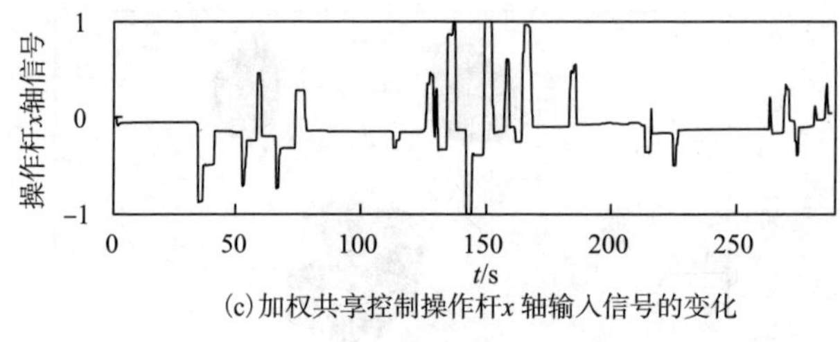

(c) 加权共享控制操作杆x 轴输入信号的变化

图 5.19 操作人员的输入信号

参 考 文 献

[1] Goertz R C. Manipulators used for handling radioactive materials[M]. New York: McGraw-Hill, 1963: 425-443.

[2] Sheridan T B. Telerobotics, automation, and human supervisory control[M]. Cambridge: The MIT Press, 1992.

[3] Hayati S A, Venkataraman S T. Bilevel shared control for teleoperators: US5086400 A[P]. 1992-02-04.

[4] Bruemmer D J, Few D A, Boring R L, et al. Shared understanding for collaborative control[J]. IEEE Transactions on Systems, Man, and Cybernetics-Part A: Systems and Humans, 2005, 35 (4) : 494-504.

[5] 段纪丁. 脑机控制智能轮椅[D]. 广州: 华南理工大学, 2016.

[6] Saeidi H. Trust-based control of (semi) autonomous mobile robotic systems[D]. Clemson: Clemson University, 2016.

[7] Carlson T, Demiris Y. Collaborative control for a robotic wheelchair: evaluation of performance, attention, and workload[J]. IEEE Transactions on Systems, Man, and Cybernetics, Part B: Cybernetics, 2012, 42 (3) : 876-888.

[8] Aigner P, McCarragher B. Human integration into robot control utilising potential fields[C]. Proceedings of the International Conference on Robotics and Automation, 1997: 291-296.

[9] Urdiales C, Peula J M, Fdez-Carmona M, et al. A new multi-criteria optimization strategy for shared control in wheelchair assisted navigation[J]. Autonomous Robots, 2011, 30 (2) : 179-197.

[10] Amirshirzad N, Kaya O, Oztop E. Synergistic human-robot shared control via human goal estimation[C]. Proceedings of the 2016 55th Annual Conference of the Society of Instrument and Control Engineers of Japan (SICE), 2016: 691-695.

[11] Muslim H, Itoh M, Pacaux-Lemoine M P. Driving with shared control: how support system performance impacts safety[C]. Proceedings of the 2016 IEEE International Conference on Systems, Man, and Cybernetics (SMC), 2016: 000582-000587.

[12] Zeng Q, Teo C L, Rebsamen B, et al. A collaborative wheelchair system[J]. IEEE Transactions on Neural Systems and Rehabilitation Engineering, 2008, 16 (2) : 161-170.

[13] 李海超, 高洪明, 吴林, 等. 基于共享控制策略的遥控弧焊机器人焊缝跟踪[J]. 焊接学报, 2006, 27 (4) : 5-8.

[14] Rosenberg L B. The use of virtual fixtures as perceptual overlays to enhance operator performance in remote environments[R]. USAF Armstrong Laboratory, 1992.

[15] Yu W, Alqasemi R, Dubey R, et al. Telemanipulation assistance based on motion intention recognition[C]. Proceedings of the 2005 IEEE International Conference on Robotics and Automation, 2005: 1121-1126.

[16] 李彦青. 基于虚拟夹具的机器人遥操作运动导航与力反馈技术研究[D]. 杭州: 浙江大学, 2011.

[17] 田志宇, 黄攀峰, 刘正雄. 辅助空间遥操作的虚拟管道设计与实现[J]. 宇航学报, 2014, 35 (7) : 834-842.

[18] Spencer D A, Wang Y. SLQR suboptimal human-robot collaborative guidance and navigation for autonomous underwater vehicles[C]. Proceedings of the 2015 American Control Conference (ACC), 2015: 2131-2136.

[19] Henriksen E H, Schjølberg I, Gjersvik T B. Adaptable joystick control system for underwater remotely operated vehicles[J]. IFAC-PapersOnLine, 2016, 49 (23) : 167-172.

[20] García J, Pérez J, Menezes P, et al. A control architecture for Hybrid underwater intervention systems[C]. Proceedings of the 2016 IEEE International Conference on Systems, Man, and Cybernetics (SMC), 2016: 001147-001152.

[21] Reed S, Wood J, Haworth C. The detection and disposal of IED devices within harbor regions using AUVs, smart ROVs and data processing/fusion technology[C]. Proceedings of the 2010 International WaterSide Security Conference, 2010: 1-7.
[22] Johansson B, Siesjö J, Furuholmen M. Seaeye sabertooth a hybrid AUV/ROV offshore system[C]. Proceedings of the Oceans 2010, 2010: 1-3.
[23] Li Q, Chen W, Wang J. Dynamic shared control for human-wheelchair cooperation[C]. Proceedings of the 2011 IEEE International Conference on Robotics and Automation, IEEE, 2011: 4278-4283.

6 水下机器人路径跟踪控制

6.1 水下机器人基本运动控制问题

水下机器人运动控制技术是水下机器人按照任务预期实现期望运动行为的关键。根据水下机器人执行任务时控制目标的不同，其运动控制可以分为点镇定(point stabilization)、轨迹跟踪(trajectory tracking)和路径跟踪(path following)这三类控制 [1-5]。

6.1.1 点镇定控制

根据实际工程中各种任务的需求，水下机器人常常需要依靠自身的动力来保持姿态的操纵，如悬停[6-9]等，此时该系统的运动控制在理论上可归结为点镇定控制[10]。因此，水下机器人的点镇定控制是指从给定的初始状态在控制器的驱动下到达一个期望的目标状态，并且在此后的时间内稳定在这个状态。点镇定控制问题如图 6.1 所示。

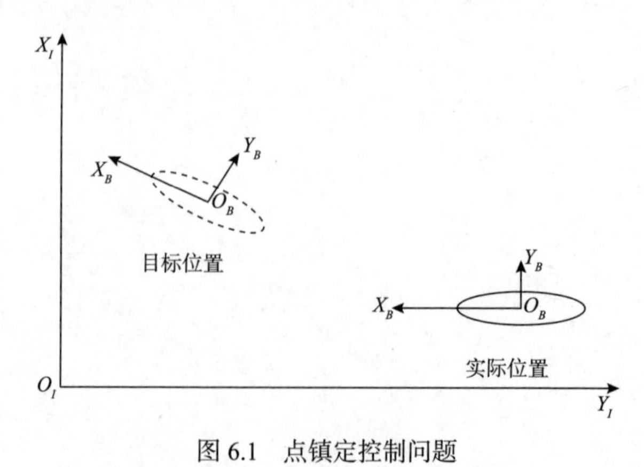

图 6.1　点镇定控制问题

1996 年，Samson[11]在基于链式系统结构下非完整性移动机器人的研究中首次提出，点镇定控制问题的实质是寻求一种反馈控制率，使得系统的状态能够渐近地镇定在系统的平衡点上。Aguiar 等[9]针对欠驱动水下机器人，基于 Lyapunov 理论和反步法设计了非线性动力定位控制器，并同时考虑了未知常数海流扰动以及模型参数不确定性问题。Børhaug 等[12]利用反步法针对六自由度欠驱动水下机器人设计了路点镇定跟踪控制器，所设计的控制器具有非线性自适应特性，能够对各个自由度上的环境干扰进行有效地补偿，并证明了所设计的控制策略能够使得闭环系统具有全局指数稳定性。Do[13]针对全驱动水面机器人的动力定位问题，设计了非线性鲁棒自适应输出反馈控制器，去掉了假设状态可测限制条件，所设计的自适应观测器不仅能够对动力定位系统的速度进行很好的观测，还能够对来自于周围环境的高频噪声滤波。Hassani 等[14]针对全驱动水面机器人，提出了一种鲁棒动力定位控制策略。该策略采用鲁棒控制框架与混合-μ 技术相结合的思想，为控制器设计者提供了一种将模型有效线性化的新方法，所设计的控制结构具有较强的鲁棒性，能够在多种恶劣环境下实现期望的动力定位控制。

水下机器人的点镇定控制不需要十分精确的航迹曲线，主要应用于海洋科学任务的定点观测、海洋平台定位等情况，需要长时间在规定的位置保持姿态的相对稳定，往往要求水下机器人具备抗扰动的能力。但是，目前许多的研究都关注未知常数等线性参数化不确定性，由于海洋环境的复杂多变，外界等环境干扰对水下机器人所造成的不确定性影响往往是动态的。因此，深入研究水下机器人的抗动态不确定性技术对于实现水下机器人的各类运动控制具有重要意义。

6.1.2 轨迹跟踪控制

轨迹跟踪控制是指水下机器人在控制器的持续激励下跟踪一条由时间刻画的轨迹，要求在指定的时间到达指定的位置，并且对于给定的这条轨迹一般要满足光滑、连续、存在高阶导数的条件。因此，轨迹跟踪控制问题体现的是同时到达，要求时间上与空间上的统一，是时间任务与空间任务的交集。一般应用于对动态目标的跟踪、水下机器人的对接和回收及拦截任务等。轨迹跟踪控制问题如图 6.2 所示。

1998 年，Kaminer 等[15]在对自主飞行器导航与控制系统的研究中首次提出了一种轨迹跟踪控制方法。该控制方法融合了增益调度理论，实现了自主飞行器在定常航速下的有效轨迹跟踪。2003 年，Aguiar 等[16]针对一类欠驱动自主海洋机器人，基于 Lyapunov 理论和反步法设计了轨迹跟踪控制器，分别实现了机器人在二维平面的轨迹跟踪以及水下机器人在三维空间中的轨迹跟踪，并证明了所设计的控制

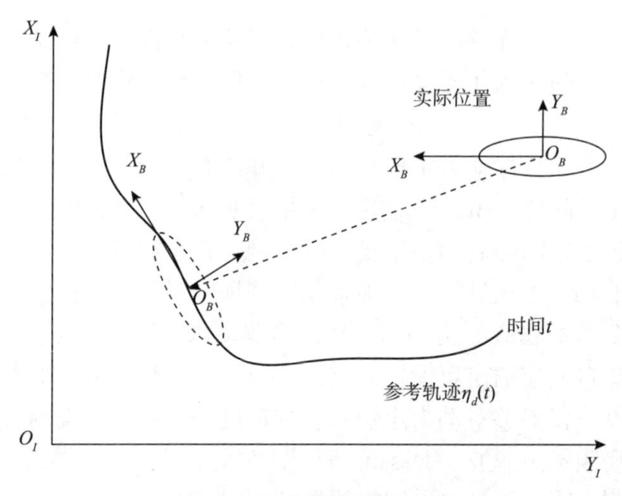

图 6.2　轨迹跟踪控制问题

器能够使得闭环系统具有全局指数稳定性。Repoulias 等[17]在文献[16]的基础上同时考虑了轨迹规划和轨迹跟踪控制问题，将轨迹规划中所呈现出的轨迹特性与欠驱动水下机器人的运动学特性相结合，研究了水下机器人的控制器设计问题，基于非线性阻尼技术和反步法设计的控制器能够保证跟踪误差趋近于零点附近任意小的邻域内，实现了水下机器人稳定航速下的轨迹跟踪控制。随后，Repoulias 等[18]在文献[17]的基础上，深入考虑了水下机器人在运动过程中随着水动力系数的突变及非线性特性的增强而导致动态系统稳定性遭到破坏的问题。针对这些问题，结合 Lyapunov 理论、局部状态反馈线性化以及反步法所设计的轨迹跟踪控制器能够对期望轨迹实现很好的跟踪。

水下机器人的轨迹跟踪控制应用广泛，例如用于实现移动目标的跟踪、通信中继、水下机器人对接和回收以及需要在指定时间内完成指定动作的任务等[19-23]。由于水下机器人自身是一个强非线性系统，随着自由度的增加，各个状态之间的耦合程度增高以及欠驱动等特点，使得控制器的结构较为复杂。另外，目前在水下机器人的几类基本运动控制问题中，大多数运动控制器设计都基于传统反步法进行设计，而反步法设计由于需要对虚拟控制输入求导会为控制器带来复杂性问题[24-27]。因此，深入研究水下机器人的简捷控制器设计进而降低水下机器人控制器的复杂度，对于促进理论研究走向实际应用具有重要的意义。

6.1.3　路径跟踪控制

路径跟踪控制是指水下机器人从指定的初始位置出发，在控制器的驱动下，到达并跟随一条独立于时间的给定参数化路径。相比于轨迹跟踪控制，路径跟踪控制是一种不考虑时间的静态跟踪，强调的是水下机器人当前位置与给定路径上目标点的相对几何位置，在时间上没有严格的要求。当系统受到外部扰动时，目标点的位置能够与姿态保持不变，这就使得路径跟踪控制系统具有良好的鲁棒性。由于路径跟踪控制是一种静态跟踪，因此，常常应用于海底电缆检测、水下输送管道检修、水下机器人编队巡逻等实际静态路径之中。路径跟踪控制问题如图 6.3 所示。

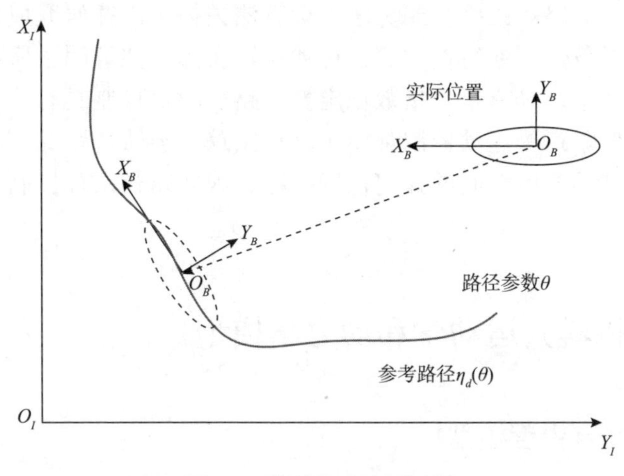

图 6.3　路径跟踪控制问题

2000 年，Encarnacao 等在水下机器人路径跟踪控制问题的研究中首次提出实现路径跟踪控制的等价条件为，在全驱动水下机器人初始位置误差小于给定路径最小曲率半径的约束条件下，控制水下机器人的艏向角速度，使得速度向量与路径曲线的切线方向相一致且向量大小相等，即可实现水下机器人的路径跟踪控制，并给出了完善的理论证明[28,29]。

Do 等[30]针对欠驱动水下机器人，基于 Lyapunov 理论和反步法设计了非线性路径跟踪控制器，并同时考虑了未知环境扰动以及模型参数不确定性问题。所设计的路径跟踪控制器具有良好的鲁棒性，并能够保证跟踪误差趋近于零点附近很小的邻域内，实现了水下机器人存在不确定性条件下的路径跟踪控制。Skjetne 等[31]在前人的基础上针对水面机器人首次将路径跟踪问题扩展为具有动态性能的形式，将路径跟踪控制问题的解归结为两个任务：一是几何任务，即要求水面机器人首先要实现几何位置上的精确跟踪；二是动态任务，即满足几何任务的同时还要实现期望的速度或加速度目标。所提出的控制器设计方案不仅得到了理论上的验证，并且在挪威科技大学研发的 Cybership-II 水面机器人平台上得到了实现。Breivik 等[32]针对约束条件问题提出了一种基于虚拟向导的路径跟踪控制方法，将空间坐标的跟踪控制转化为航速与姿态的控制。该方法不仅同时适用于全驱动和欠驱动系统，并且在海洋机器人、陆地机器人及自主飞行器上都可以适用，使得路径跟踪控制方法得到了更广泛的应用。然而，Breivik 等仅对导航方法进行了探讨，并没有给出具体的控制器形式。Lapierre 等[33]在文献[32]的基础上，针对水下机器人的运动学和动力学特性设计给出了控制器的具体形式。该控制算法通过对给定路径上的虚拟向导产生一定的移动速度，避免了虚拟向导位置存在的奇异值问题。Fredriksen 等[34]针对欠驱动水面机器人提出了一种基于视距的路径跟踪控制算法。该算法去掉了以往研究成果中系统矩阵为对称阵的假设条件，使得控制算法更加贴近实际，并证明了所设计的控制方法能够使得闭环系统具有全局指数稳定性。路径跟踪控制具有广泛的应用，如管道检测或地形跟踪等运动控制都属于路径跟踪。与轨迹跟踪控制相比，由于路径跟踪是一种不考虑时间的几何位置跟踪，因此路径跟踪控制在现实中更容易实现[35-37]。

6.2 水下机器人运动学和动力学模型

6.2.1 空间六自由度模型

水下机器人在海洋中航行时具有六个自由度方向的运动，如图 6.4 所示，分别为沿着 x、y、z 轴方向运动的前进速度 u、横漂速度 v、升沉速度 w，以及沿着 x、y、z 轴旋转方向的横倾角速度 p、纵倾角速度 q、转艏角速度 r。

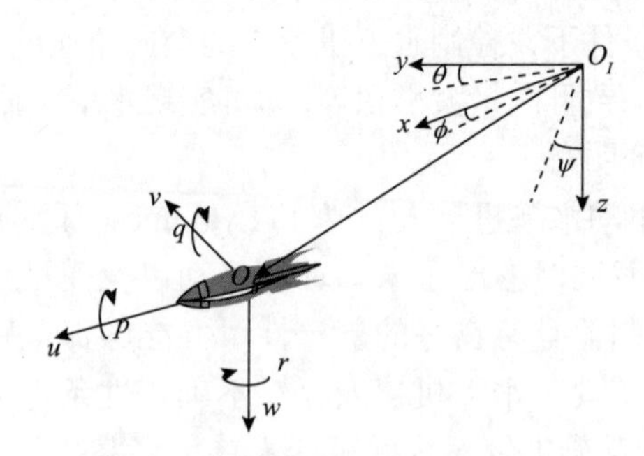

图 6.4 水下机器人的运动坐标系

六自由度水下机器人的运动学方程为

$$\dot{\boldsymbol{\eta}} = \boldsymbol{R}\boldsymbol{v} \tag{6.1}$$

式中，$\boldsymbol{\eta} = [x, y, z]^{\mathrm{T}} \in \mathbb{R}^3$，为地球坐标系 O_I 下的位置向量；$\boldsymbol{v} = [u, v, w]^{\mathrm{T}} \in \mathbb{R}^3$，为水下机器人体坐标系 O_B 下的线速度向量；$\boldsymbol{R}$ 为地球坐标系与水下机器人体坐标系之间的转换矩阵，并且满足如下关系：

$$\boldsymbol{R}=\begin{bmatrix}\cos\psi\cos\psi & \cos\psi\sin\theta\sin\varphi-\sin\psi\cos\varphi & \cos\psi\sin\theta\cos\varphi+\sin\psi\sin\varphi\\ \sin\psi\cos\psi & \sin\psi\sin\theta\sin\varphi+\cos\psi\cos\varphi & \sin\psi\sin\theta\cos\varphi-\cos\psi\sin\varphi\\ -\sin\theta & \cos\theta\cos\varphi & \cos\theta\cos\varphi\end{bmatrix} \tag{6.2}$$

$$\dot{\boldsymbol{R}}=\boldsymbol{R}\boldsymbol{S}(\boldsymbol{\omega}) \tag{6.3}$$

其中，ψ为艏向角；θ为纵倾角；φ为横摇角；$\boldsymbol{\omega}=[p,q,r]^{\mathrm{T}}\in\mathbb{R}^3$，为水下机器人体坐标系下的角速度向量；$\boldsymbol{S}$为一个反对称矩阵：

$$\boldsymbol{S}(\boldsymbol{x})=\begin{bmatrix}0 & -x_3 & x_2\\ x_3 & 0 & -x_1\\ -x_2 & x_1 & 0\end{bmatrix},\quad \forall\boldsymbol{x}=[x_1,x_2,x_3]^{\mathrm{T}}\in\mathbb{R}^3$$

六自由度水下机器人的动力学方程为

$$\begin{cases}\boldsymbol{M}_1\dot{\boldsymbol{v}}=-\boldsymbol{S}(\boldsymbol{\omega})\boldsymbol{M}_1\boldsymbol{v}+\boldsymbol{f}_v(\cdot)+\boldsymbol{b}_1u_v\\ \boldsymbol{M}_2\dot{\boldsymbol{\omega}}=-\boldsymbol{S}(\boldsymbol{v})\boldsymbol{M}_2\boldsymbol{v}-\boldsymbol{S}(\boldsymbol{\omega})\boldsymbol{M}_2\boldsymbol{\omega}+\boldsymbol{f}_\omega(\cdot)+\boldsymbol{b}_2\boldsymbol{u}_\omega+\boldsymbol{\tau}_d\end{cases} \tag{6.4}$$

式中，$\boldsymbol{M}_1$和$\boldsymbol{M}_2$分别为常数对称质量矩阵和惯性矩阵；$\boldsymbol{f}_v(\cdot)=\boldsymbol{f}_v(\boldsymbol{v},\boldsymbol{\eta},\boldsymbol{R})$与$\boldsymbol{f}_\omega(\cdot)=\boldsymbol{f}_\omega(\boldsymbol{v},\boldsymbol{\omega},\boldsymbol{\eta},\boldsymbol{R})$为作用在水下机器人上的未知力或力矩以及未建模动态；$\boldsymbol{b}_1=[1,0,0]^{\mathrm{T}}\in\mathbb{R}^3$；$\boldsymbol{b}_2=\mathrm{diag}[1]\in\mathbb{R}^{3\times3}$；$\boldsymbol{\tau}_d=[\tau_p,\tau_q,\tau_r]^{\mathrm{T}}\in\mathbb{R}^3$为环境干扰，并满足$\|\boldsymbol{\tau}_d\|\leqslant\|\boldsymbol{\tau}_{\mathrm{M}}\|\in\mathbb{R}$（$\boldsymbol{\tau}_{\mathrm{M}}$为$\boldsymbol{\tau}_d$的边界）；$u_v\in\mathbb{R}$与$\boldsymbol{u}_\omega=\left[u_{\omega p},u_{\omega q},u_{\omega r}\right]^{\mathrm{T}}\in\mathbb{R}^3$为在各个自由度上的推力，即控制输入。注意到六自由度的水下机器人数学模型具有四个控制输入，在横漂方向和升沉方向上没有配备驱动装置，因此是欠驱动的。一般来说，由式(6.1)～式(6.4)组成的系统可用来表示一类六自由度欠驱动水下机器人[38,39]。

6.2.2 水平面三自由度模型

在图 6.4 所示的坐标系中，若只考虑平面上三个自由度方向的运动，则全驱动三自由度水下机器人的运动可由如下方程来描述[40]，运动学方程为

$$\dot{\bar{\boldsymbol{\eta}}}=\boldsymbol{J}\bar{\boldsymbol{v}} \tag{6.5}$$

式中，$\boldsymbol{J}=\begin{bmatrix}\cos\psi & -\sin\psi & 0\\ \sin\psi & \cos\psi & 0\\ 0 & 0 & 1\end{bmatrix}$。

动力学方程为

$$\boldsymbol{M}\dot{\bar{\boldsymbol{v}}}=\boldsymbol{\tau}-\boldsymbol{C}(\bar{\boldsymbol{v}})\bar{\boldsymbol{v}}-\boldsymbol{D}(\bar{\boldsymbol{v}})\bar{\boldsymbol{v}}-\boldsymbol{\varDelta}(\bar{\boldsymbol{v}},\bar{\boldsymbol{\eta}})+\boldsymbol{\tau}_w(t) \tag{6.6}$$

式中，$\bar{\boldsymbol{\eta}}=[x,y,\psi]^{\mathrm{T}}$，为地球坐标系中的位置向量；$\bar{\boldsymbol{v}}=[u,v,r]^{\mathrm{T}}$，为体坐标系下的速度向量；$\boldsymbol{\varDelta}(\bar{\boldsymbol{v}},\bar{\boldsymbol{\eta}})=[\varDelta_u,\varDelta_v,\varDelta_r]^{\mathrm{T}}$，为未建模动态；$\boldsymbol{\tau}_w=\left[\tau_{wu},\tau_{wv},\tau_{wr}\right]^{\mathrm{T}}$，为时变环境干

扰向量；$\boldsymbol{M}\in\mathbb{R}^{3\times3}$ 为惯性矩阵，$\boldsymbol{C}(\bar{\bar{\boldsymbol{v}}})\in\mathbb{R}^{3\times3}$ 为科里奥利力与向心力矩阵，$\boldsymbol{D}(\bar{\bar{\boldsymbol{v}}})\in\mathbb{R}^{3\times3}$ 为水动力阻尼矩阵，具体形式为

$$\boldsymbol{M}=\begin{bmatrix} m_{11} & 0 & 0 \\ 0 & m_{22} & m_{23} \\ 0 & m_{32} & m_{33} \end{bmatrix},\quad \boldsymbol{C}(\bar{\bar{\boldsymbol{v}}})=\begin{bmatrix} 0 & 0 & c_{13} \\ 0 & 0 & c_{23} \\ c_{31} & c_{32} & 0 \end{bmatrix},\quad \boldsymbol{D}(\bar{\bar{\boldsymbol{v}}})=\begin{bmatrix} d_{11} & 0 & 0 \\ 0 & d_{22} & d_{23} \\ 0 & d_{32} & d_{33} \end{bmatrix}$$

$\boldsymbol{\tau}=\left[\tau_u,\tau_v,\tau_r\right]^{\mathrm{T}}$ 为系统控制输入向量，$\tau_u\in\mathbb{R}$ 为在前进方向上的推进力，$\tau_v\in\mathbb{R}$ 为侧向推力，$\tau_r\in\mathbb{R}$ 为艏摇方向上的转动力矩。对于大多数实际中的水下机器人，横漂运动方向上没有配备驱动装置，即侧向推力 $\tau_v=0$，则此时式(6.5)～式(6.6)所描述的系统为欠驱动系统。

6.3 水下机器人的自适应路径跟踪控制

水下机器人动力学系统具有非线性、强耦合、时变、不确定性等特点，再加上海洋环境的复杂多变和不可预测性，极大地增加了水下机器人被控系统不确定性因素的复杂性。因此，充分了解水下机器人系统的特性并设计满足不同控制要求的控制器来保证它稳定、安全、准确地工作至关重要。

6.3.1 不确定性问题与神经网络

水下机器人的不确定性主要体现在水下机器人的水动力特性是有别于陆地机器人和飞行器的：一是要实现对水下机器人的精确建模十分困难，尤其是当水下机器人的外形相对复杂时，获取准确的动力和水动力参数就更加困难，模型参数也会随着航速的变化而变化；二是海洋环境复杂多变，外界干扰呈现出非规则时变的特点，并且难以精确补偿，外部环境力或负载的变化都会导致未建模水动力动态的变化，进一步增加了被控模型的不确定性。因此，面对这样一类强非线性与高度不确定性的系统，自适应控制技术将发挥重要的作用，通过设计自适应控制器实现对不确定性变化的跟踪式补偿成为众多学者研究的热点。

在已有的研究中，Feng 等[41]针对水下机器人的编队控制问题设计了协同控制器，并同时将水下机器人自身的水动力模型参数不确定问题通过自适应控制得以解决，所设计的路径跟踪控制器具有良好的鲁棒性。Ghabcheloo 等[42]采用基于部分模型参数已知的方法，针对水下机器人研究了一种全局路径跟踪控制方法，并严谨地给出了闭环系统的稳定性分析过程。Aguiar 等[43]针对模型参数

未知的水下机器人路径跟踪问题，提出了一种自适应路径跟踪控制策略，即将模型参数未知问题转化为线性参数化不确定性问题。该方法不仅同时适用于全驱动和欠驱动系统，并且在陆地机器人及自主飞行器上都适用。Caharija 等[44]考虑了未知海流不确定条件下的水下机器人路径跟踪控制器设计问题，并通过级联系统理论证明了所提出方法的有效性。Sabet 等[45]采用了一种无迹卡尔曼滤波方法对未知水动力参数进行了精确的估计，使得水下机器人的跟踪控制算法具有更好的鲁棒性。Kohl 等在文献[44]的基础上设计了自适应路径跟踪的控制器，将海流干扰的不确定性复杂度拓展为无规则并且可作用在本体任意方向上，使得控制策略能够应对更复杂的情形[46]。在国内，哈尔滨工程大学的严浙平等针对参数摄动不确定性条件下的欠驱动水下机器人地形跟踪控制问题进行了研究，提出了一种基于反步法和积分滑模控制方法的跟踪控制策略，并通过有限时间稳定性理论证明了闭环系统的稳定性[47]。上述方法[41-47]关注于解决单一不确定性或一类线性参数化不确定性问题，没有考虑数学模型、物理参数、未建模动态及环境干扰等总体不确定性问题。

针对水下机器人所具有的数学模型、物理参数、未建模动态及环境干扰等一类总体高度不确定性问题，结合该领域研究现状发现，神经网络作为一类逼近未知非线性函数的有效工具，被广泛应用于解决系统存在不确定性问题的控制器设计之中。

神经网络就其结构来看，由输入层、激励层和输出层组成。它的表示形式为 $\boldsymbol{W}^{\mathrm{T}}\boldsymbol{\sigma}(\boldsymbol{\xi})$，其中，$\boldsymbol{\sigma}(\boldsymbol{\xi})=\left[\sigma_1(\xi),\sigma_2(\xi),\cdots,\sigma_N(\xi)\right]^{\mathrm{T}}$，为神经网络的激励函数向量；$\boldsymbol{\xi}$ 为神经网络的输入向量。一般应用神经网络对水下机器人的不确定性进行在线逼近时，其不确定性为与被控状态变量相关的非线性函数，故神经网络的输入为位置、速度与角速度信息等向量组合，如图 6.5 所示。激励函数有多种形式，如双曲正切型 $\sigma(\xi)=\left[\exp(\xi)-\exp(-\xi)\right]/\left[\exp(\xi)+\exp(-\xi)\right]$、高斯型 $\sigma(\xi)=1/\exp\left(-\xi^2\right)$、Sigmoid 型 $\sigma(\xi)=1/\left[1+\exp(-\xi)\right]$ 等。由于 Sigmoid 型激励函数形式简单、解析性好，因此本章选取 Sigmoid 型激励函数作为神经网络的基函数。用 $\boldsymbol{W}=[w_1,w_2,\cdots,w_N]^{\mathrm{T}}$ 表示由激励层到输出层的权值向量，其中，N 为激励层的节点个数。则根据通用逼近定理[48-61]得到

$$\boldsymbol{f}(\boldsymbol{\xi})=\boldsymbol{W}^{\mathrm{T}}\boldsymbol{\sigma}(\boldsymbol{\xi})+\boldsymbol{\varepsilon}(\boldsymbol{\xi}) \tag{6.7}$$

式中，$\|\boldsymbol{\varepsilon}(\boldsymbol{\xi})\|\leqslant\varepsilon_{\mathrm{M}}$。

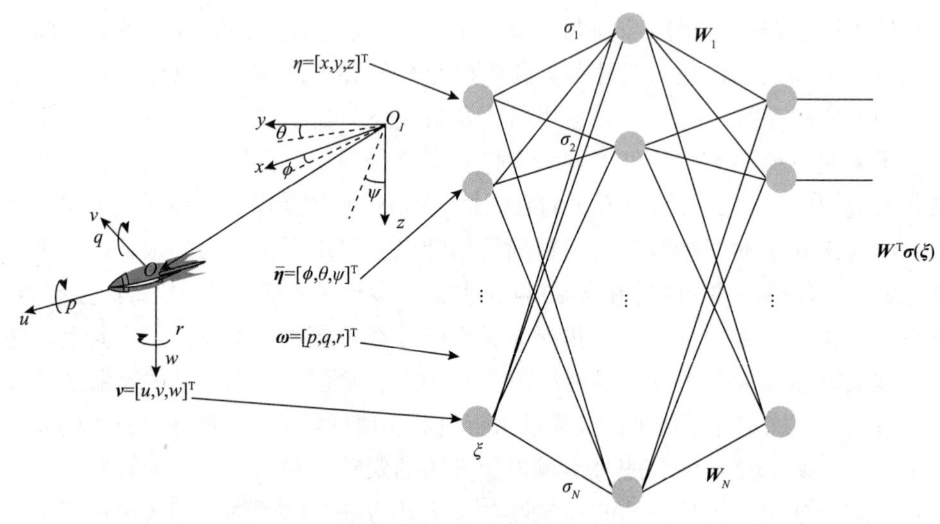

图 6.5　神经网络

若定义$\boldsymbol{V}\in\mathbb{R}^{L\times N}$为由输入层到激励层的权值矩阵，$\boldsymbol{W}\in\mathbb{R}^{N\times M}$为由激励层到输出层的权值矩阵。类似地，对于给定的任意连续函数$\boldsymbol{f}(\boldsymbol{\xi}):\mathbb{R}^{L}\to\mathbb{R}^{M}$和任意实数$\varepsilon_M>0$，在紧集$\Omega\in\mathbb{R}^n$内存在理想权值矩阵$\boldsymbol{W}$与$\boldsymbol{V}$使得

$$f\left(\boldsymbol{\xi}\right)=\boldsymbol{W}^{\mathrm{T}}\boldsymbol{\sigma}\left(\boldsymbol{V}^{\mathrm{T}}\boldsymbol{\xi}\right)+\boldsymbol{\varepsilon}\left(\boldsymbol{\xi}\right) \tag{6.8}$$

式中，$\left\|\boldsymbol{\varepsilon}\left(\boldsymbol{\xi}\right)\right\|\leqslant\varepsilon_{\mathrm{M}}$；$\boldsymbol{\xi}=\left[1,\xi_1,\cdots,\xi_L\right]^{\mathrm{T}}\in\mathbb{R}^{L+1}\in\Omega\in\mathbb{R}^n$，为神经网络的输入向量；$\boldsymbol{\sigma}=\left[1,\sigma_1,\cdots,\sigma_N\right]$，为激励函数矩阵。

由于在现实中，$\boldsymbol{W}$与$\boldsymbol{V}$为理想值，不能直接应用，因此需要用其估计值$\hat{\boldsymbol{W}}$与$\hat{\boldsymbol{V}}$代替。定义$\tilde{\boldsymbol{W}}=\hat{\boldsymbol{W}}-\boldsymbol{W},\tilde{\boldsymbol{V}}=\hat{\boldsymbol{V}}-\boldsymbol{V}$为估计误差，则函数的逼近误差为

$$\hat{\boldsymbol{W}}^{\mathrm{T}}\boldsymbol{\sigma}\left(\hat{\boldsymbol{V}}^{\mathrm{T}}\boldsymbol{\xi}\right)-\boldsymbol{W}^{\mathrm{T}}\boldsymbol{\sigma}\left(\boldsymbol{V}^{\mathrm{T}}\boldsymbol{\xi}\right)=\tilde{\boldsymbol{W}}^{\mathrm{T}}\left(\hat{\boldsymbol{\sigma}}-\hat{\boldsymbol{\sigma}}'\hat{\boldsymbol{V}}^{\mathrm{T}}\boldsymbol{\xi}\right)+\hat{\boldsymbol{W}}^{\mathrm{T}}\hat{\boldsymbol{\sigma}}'\tilde{\boldsymbol{V}}^{\mathrm{T}}\boldsymbol{\xi}+d_{nn} \tag{6.9}$$

重构误差d_{nn}满足

$$d_{nn}=\hat{\boldsymbol{W}}^{\mathrm{T}}\hat{\boldsymbol{\sigma}}'\hat{\boldsymbol{V}}^{\mathrm{T}}\boldsymbol{\xi}-\boldsymbol{W}^{\mathrm{T}}\boldsymbol{\sigma}\left(\boldsymbol{V}^{\mathrm{T}}\boldsymbol{\xi}\right)^2=-\tilde{\boldsymbol{W}}^{\mathrm{T}}\left(\boldsymbol{\sigma}-\hat{\boldsymbol{\sigma}}\right)-\boldsymbol{W}^{\mathrm{T}}\hat{\boldsymbol{\sigma}}'\hat{\boldsymbol{V}}^{\mathrm{T}}\boldsymbol{\xi}+\hat{\boldsymbol{W}}^{\mathrm{T}}\hat{\boldsymbol{\sigma}}'\boldsymbol{V}^{\mathrm{T}}\boldsymbol{\xi} \tag{6.10}$$

式中，$\hat{\boldsymbol{\sigma}}'=\dfrac{\mathrm{d}\boldsymbol{\sigma}}{\mathrm{d}z}\big|_{z=\hat{V}^{\mathrm{T}}\xi}=\begin{bmatrix}0 & \cdots & 0\\ \sigma_1' & \cdots & 0\\ \vdots & & \vdots\\ 0 & \cdots & \sigma_N'\end{bmatrix}$，$\hat{\boldsymbol{\sigma}}'\in\mathbb{R}^{(N+1)\times N}$。

对于 Sigmoid 型激励函数，有

$$\left\|d_{nn}\right\|\leqslant\iota_1\left\|\boldsymbol{\xi}\hat{\boldsymbol{W}}^{\mathrm{T}}\hat{\boldsymbol{\sigma}}'\right\|_F+\iota_2\left\|\hat{\boldsymbol{\sigma}}'\hat{\boldsymbol{V}}^{\mathrm{T}}\boldsymbol{\xi}\right\|+\iota_3 \tag{6.11}$$

式中，$\iota_1>0\in\mathbb{R}$；$\iota_2>0\in\mathbb{R}$；$\iota_3>0\in\mathbb{R}$。

随着神经网络自适应控制技术的发展，国内掀起了研究水下机器人不确定性问题的热潮。上海海事大学的褚振忠等[52]针对三维空间下含不确定性水下机器人的路径跟踪控制问题进行了研究，基于径向基函数(radial basis function，RBF)神经网络设计了非线性自适应路径跟踪控制策略，所采用的神经网络自适应控制技术能够对系统的总体非线性不确定部分进行精确的补偿。西北工业大学葛晖与上海交通大学敬忠良等针对存在模型不确定情况下的水下机器人路径跟踪控制问题提出了一种基于神经网络的鲁棒自适应控制方法[53]，克服了模型不确定性与环境扰动总体不确定性对系统的影响，通过仿真实验验证了控制算法的有效性。哈尔滨工程大学边信黔等[54]针对水下机器人模型中参数变量与未建模动态的总体不确定性部分采用 RBF 神经网络进行了精确估计，所设计的基于神经网络的自适应路径跟踪控制器保证了闭环系统稳定性。文献[55]所提出的神经网络动态面控制策略不但能够对系统总体不确定性部分进行补偿，还能够显著降低路径跟踪控制算法的结构复杂性问题。下面将基于神经网络的不确定性补偿方法给出详细的设计过程、稳定性分析及仿真验证。

6.3.2 自适应动态面控制器设计

水下机器人是一类典型的严格反馈(strict feedback)非线性系统，反步法(backstepping)设计曾作为一种主要的控制器设计工具被广泛应用。但由于水下机器人动力学子系统中存在的非线性项数众多，反步法设计的缺点被逐渐重视起来，即随着系统阶数的增加，控制器结构会变复杂。为解决该问题，动态面控制技术成为一种有效的手段，即将反步法在控制器递推设计中的虚拟控制率用一个一阶滤波器进行替代，从而避免对虚拟控制率进行直接求导而带来的控制器结构复杂性问题。本节将在解决不确定性问题的基础上引入动态面控制技术进行控制器的设计。首先给出路径跟踪问题的控制目标。

路径跟踪问题 6.1：

定义 $\boldsymbol{\eta}_d(\theta)=\left[x_d(\theta),y_d(\theta),\psi_d(\theta)\right]^{\mathrm{T}}\in\mathbb{R}^3$ 为期望的参数化路径，$\theta\in\mathbb{R}$ 为路径参数并给定参考速度 $v_d\in\mathbb{R}$。本节的控制目标是，对于由方程式(6.1)～式(6.4)组成的欠驱动六自由度水下机器人系统，设计一种神经网络自适应路径跟踪控制率，使得闭环系统中的所有信号都半全局一致最终有界，并且通过选择合适的设计参数能够使路径跟踪误差以及速度跟踪误差为任意小，即

$$\lim_{t\to\infty}\left\|\boldsymbol{\eta}-\boldsymbol{\eta}_d\right\|\leqslant\epsilon_1 \tag{6.12}$$

$$\lim_{t\to\infty}\left\|\dot{\theta}-v_d\right\|\leqslant\epsilon_2 \tag{6.13}$$

式中，$v_d\in\mathbb{R}$ 为参考速度；$\epsilon_1,\epsilon_2\in\mathbb{R}$ 为较小的正常数。

假设$\boldsymbol{\eta}_d(\theta)$是充分光滑的且关于$\theta$的二阶导数$\boldsymbol{\eta}_d^{\theta^2}$是有界的,其中,$\boldsymbol{\eta}_d^{\theta^2}=\partial\boldsymbol{\eta}_d^{\theta}/\partial\theta$，$\boldsymbol{\eta}_d^{\theta}=\partial\boldsymbol{\eta}_d/\partial\theta$，$\left\|\boldsymbol{\eta}_d^{\theta}\right\|\leqslant\eta_{dM}^{\theta}$，即存在正常数$q_1$使得集合 $\Omega_1=\left\{\left[\boldsymbol{\eta}_d^{\mathrm{T}},\boldsymbol{\eta}_d^{\theta\mathrm{T}},\boldsymbol{\eta}_d^{\theta^2\mathrm{T}}\right]^{\mathrm{T}}:\left\|\boldsymbol{\eta}_d\right\|^2+\left\|\boldsymbol{\eta}_d^{\theta}\right\|^2+\left\|\boldsymbol{\eta}_d^{\theta^2}\right\|^2\leqslant q_1\right\}$成立。

基于上述提出的控制目标，下面给出详细的路径跟踪控制器设计过程，共分为四步。首先针对水下机器人的运动学子系统进行设计，由于实际的控制器存在于两级动力学子系统中，因此在第一步中通过设计虚拟控制率以稳定运动学子系统，满足式(6.12)，同时为避免动力学控制器中含有虚拟控制率导数项而产生的控制器结构复杂性问题，将引入动态面控制技术简化控制器结构。第二步中，水下机器人的欠驱动特性主要体现在第一级动力学子系统中，将通过引入辅助变量的方式设计控制器促使水下机器人在欠驱动方向上的状态收敛，同时，针对两级动力学子系统中存在的不确定非线性项，将在第二步与第三步中设计神经网络自适应逼近器对不确定性进行补偿,通过设计两个动力学控制器稳定动力学子系统。最后，在第四步中设计路径参数更新率，完成路径跟踪问题中的动态任务，即满足式(6.13)。首先进行如下第一步运动学设计。

第一步：运动学控制设计

定义误差变量

$$\boldsymbol{z}_1=\boldsymbol{R}^{\mathrm{T}}\left(\boldsymbol{\eta}-\boldsymbol{\eta}_d\right) \tag{6.14}$$

$$\boldsymbol{z}_2=\boldsymbol{v}-\boldsymbol{\alpha}_1 \tag{6.15}$$

$$\omega_s=\dot{\theta}-v_d \tag{6.16}$$

式中，$\boldsymbol{z}_1$与ω_s分别为路径跟踪误差与速度跟踪误差。

对$\boldsymbol{z}_1$求导数得到

$$\dot{\boldsymbol{z}}_1=-\boldsymbol{S}(\boldsymbol{\omega})\boldsymbol{z}_1+\boldsymbol{v}-\boldsymbol{R}^{\mathrm{T}}\left[\boldsymbol{\eta}_d^{\theta}\left(v_d+\omega_s\right)\right] \tag{6.17}$$

为了稳定式(6.17)，选择如下的虚拟控制率：

$$\boldsymbol{\alpha}_1=-\boldsymbol{K}_1\boldsymbol{z}_1+\boldsymbol{R}^{\mathrm{T}}\boldsymbol{\eta}_d^{\theta}v_d+\boldsymbol{S}(\boldsymbol{\omega})\boldsymbol{z}_1 \tag{6.18}$$

式中，$\boldsymbol{K}_1\in\mathbb{R}^{3\times3}$为一个正对角矩阵。

考虑第一个 Lyapunov 备选函数：

$$V_1=\frac{1}{2}\boldsymbol{z}_1^{\mathrm{T}}\boldsymbol{z}_1 \tag{6.19}$$

对其求导数得到

$$\dot{V}_1=-\boldsymbol{z}_1^{\mathrm{T}}\boldsymbol{K}_1\boldsymbol{z}_1+\boldsymbol{z}_1^{\mathrm{T}}\left(\boldsymbol{v}-\boldsymbol{\alpha}_1\right)-\mu\omega_s \tag{6.20}$$

式中，$\mu=\boldsymbol{z}_1^{\mathrm{T}}\boldsymbol{R}^{\mathrm{T}}\boldsymbol{\eta}_d^{\theta}$。

引入一个新的状态变量$\boldsymbol{v}_d\in\mathbb{R}^3$，并让虚拟控制率$\boldsymbol{\alpha}_1$穿过一个一阶滤波器

式(6.21)，用 $\boldsymbol{v}_d$ 替代 $\boldsymbol{\alpha}_1$，从而避免直接对 $\boldsymbol{\alpha}_1$ 求导而带来控制器的结构复杂性问题：

$$\gamma\dot{\boldsymbol{v}}_d+\boldsymbol{v}_d=\boldsymbol{\alpha}_1 \tag{6.21}$$

式中，$\gamma\in\mathbb{R}$ 为一个正常数。

令 $\boldsymbol{p}_1=\boldsymbol{v}_d-\boldsymbol{\alpha}_1$，$\boldsymbol{z}_2=\boldsymbol{v}-\boldsymbol{v}_d$，并考虑第二个 Lyapunov 备选函数：

$$V_2=V_1+\frac{1}{2}\boldsymbol{p}_1^{\mathrm{T}}\boldsymbol{p}_1 \tag{6.22}$$

对其求导数得到

$$\dot{V}_2=-\boldsymbol{z}_1^{\mathrm{T}}\boldsymbol{K}_1\boldsymbol{z}_1+\boldsymbol{z}_1^{\mathrm{T}}\left(\boldsymbol{z}_2+\boldsymbol{p}_1\right)-\mu\omega_s+\boldsymbol{p}_1^{\mathrm{T}}\dot{\boldsymbol{p}}_1 \tag{6.23}$$

第二步：动力学控制设计

对 $\boldsymbol{z}_2$ 求导数得到

$$\boldsymbol{M}_1\dot{\boldsymbol{z}}_2=\boldsymbol{S}\left(\boldsymbol{M}_1\boldsymbol{z}_2\right)\boldsymbol{\omega}+\boldsymbol{f}_v(\cdot)+\boldsymbol{b}_1u_v-\boldsymbol{S}(\boldsymbol{\omega})\boldsymbol{M}_1\boldsymbol{v}_d-\boldsymbol{M}_1\dot{\boldsymbol{v}}_d \tag{6.24}$$

由于系统的第一个方程中存在欠驱动特性，因此不能直接通过设计 u_v 来稳定子系统。我们可以让 $\boldsymbol{z}_2$ 趋近于一个设计参数 $\boldsymbol{\beta}$，并定义一个新的误差变量 $\boldsymbol{\Phi}=\boldsymbol{z}_2-\boldsymbol{\beta}$，其中 $\boldsymbol{\beta}\in\mathbb{R}^3$。

考虑第三个 Lyapunov 备选函数：

$$V_3=V_2+\frac{1}{2}\boldsymbol{\Phi}^{\mathrm{T}}\boldsymbol{M}_1\boldsymbol{\Phi} \tag{6.25}$$

对其求导数得到

$$\begin{aligned}\dot{V}_3=&-\boldsymbol{z}_1^{\mathrm{T}}\boldsymbol{K}_1\boldsymbol{z}_1+\boldsymbol{z}_1^{\mathrm{T}}\left(\boldsymbol{z}_2+\boldsymbol{p}_1\right)-\mu\omega_s+\boldsymbol{p}_1^{\mathrm{T}}\dot{\boldsymbol{p}}_1\\&+\boldsymbol{\Phi}^{\mathrm{T}}\left[\boldsymbol{B}\boldsymbol{\varsigma}+\boldsymbol{z}_1-\boldsymbol{S}(\boldsymbol{\omega})\boldsymbol{M}_1\boldsymbol{\Phi}-\boldsymbol{f}_1(\cdot)\right]\end{aligned} \tag{6.26}$$

式中，$\boldsymbol{B}=\left[\boldsymbol{b}_1,\boldsymbol{S}\left(\boldsymbol{M}_1\boldsymbol{\beta}\right)\right]$；$\boldsymbol{\varsigma}=[u_v,\boldsymbol{\omega}]^{\mathrm{T}}$；$\boldsymbol{f}_1(\cdot)=-\boldsymbol{f}_v(\cdot)+\boldsymbol{S}(\boldsymbol{\omega})\boldsymbol{M}_1\boldsymbol{v}_d+\boldsymbol{M}_1\dot{\boldsymbol{v}}_d$。

注意到在式(6.26)中，通过选择设计参数 $\boldsymbol{\beta}$ 可以使 $\boldsymbol{B}$ 满秩。因此，可以把 $\boldsymbol{\varsigma}$ 认为是一个控制率(实际上向量 $\boldsymbol{\varsigma}$ 的第二行为一个虚拟控制)。首先选择一个期望的间接控制变量：

$$\boldsymbol{\Lambda}^*=\boldsymbol{B}^{\mathrm{T}}\left(\boldsymbol{B}\boldsymbol{B}^{\mathrm{T}}\right)^{-1}\left\{-\boldsymbol{z}_1-\left[\boldsymbol{K}_2-\boldsymbol{S}(\boldsymbol{\omega})\boldsymbol{M}_1\right]\boldsymbol{\Phi}+\boldsymbol{f}_1(\cdot)\right\} \tag{6.27}$$

式中，$\boldsymbol{K}_2\in\mathbb{R}^{3\times3}$ 是一个对角矩阵并且其对角元素都为正常数。

选择一个期望的控制率 u_v^* 使之等于 $\boldsymbol{\Lambda}^*$ 的第一行，以及一个期望的虚拟控制率 $\boldsymbol{\alpha}_2^*$ 使之等于 $\boldsymbol{\Lambda}^*$ 的后三行：

$$u_v^*=\boldsymbol{b}_3\boldsymbol{\Lambda}^* \tag{6.28}$$

$$\boldsymbol{\alpha}_2^*=\boldsymbol{b}_4\boldsymbol{\Lambda}^* \tag{6.29}$$

式中，$\boldsymbol{b}_3=\left[\boldsymbol{b}_1^{\mathrm{T}},0\right]$；$\boldsymbol{b}_4=\left[\boldsymbol{0}_{3\times1},\boldsymbol{b}_2\right]$。

注意到在实际中，$\boldsymbol{f}_1(\cdot)$ 不容易精确地获得。因此，控制器(6.28)不能被直接应用。为了解决这个问题，用一个神经网络去逼近这部分：

$$\boldsymbol{f}_1(\cdot)=\boldsymbol{W}_1^{\mathrm{T}}\boldsymbol{\sigma}(\boldsymbol{\xi}_1)+\boldsymbol{\varepsilon}_1 \tag{6.30}$$

式中，$\boldsymbol{\xi}_1=\left[1,\boldsymbol{v}^{\mathrm{T}},\boldsymbol{\omega}^{\mathrm{T}},\boldsymbol{\eta},\overline{\boldsymbol{\eta}},\boldsymbol{v}_d,\dot{\boldsymbol{v}}_d^{\mathrm{T}}\right]^{\mathrm{T}}\in\mathbb{R}^{19}$，为神经网络的输入向量；$\boldsymbol{W}_1$为神经网络的权值向量；$\boldsymbol{\varepsilon}_1$为神经网络的逼近误差并且满足$\|\boldsymbol{\varepsilon}_1\|\leqslant\varepsilon_{1\mathrm{M}}$，$\varepsilon_{1\mathrm{M}}$为一个正常数。则实际的间接控制变量设计为如下形式：

$$\boldsymbol{\varLambda}=\boldsymbol{B}^{\mathrm{T}}\left(\boldsymbol{B}\boldsymbol{B}^{\mathrm{T}}\right)^{-1}\left\{-\boldsymbol{z}_1-\left[\boldsymbol{K}_2-\boldsymbol{S}(\boldsymbol{\omega})\boldsymbol{M}_1\right]\boldsymbol{\varPhi}+\hat{\boldsymbol{W}}_1^{\mathrm{T}}\boldsymbol{\sigma}(\boldsymbol{\xi}_1)\right\} \tag{6.31}$$

式中，$\hat{\boldsymbol{W}}_1$为$\boldsymbol{W}_1$的估计值。

其自适应率设计如下：

$$\dot{\hat{\boldsymbol{W}}}_1=\varGamma_W\left[-\boldsymbol{\sigma}(\boldsymbol{\xi}_1)\boldsymbol{\varPhi}^{\mathrm{T}}-k_W\hat{\boldsymbol{W}}_1\right] \tag{6.32}$$

式中，$\varGamma_W\in\mathbb{R}$与$k_W\in\mathbb{R}$为正常数。

实际的控制器u_v与虚拟控制$\boldsymbol{\alpha}_2$设计为

$$u_v=\boldsymbol{b}_3\boldsymbol{\varLambda} \tag{6.33}$$

$$\boldsymbol{\alpha}_2=\boldsymbol{b}_4\boldsymbol{\varLambda} \tag{6.34}$$

进一步得到

$$\begin{aligned}\dot{V}_3=&-\boldsymbol{z}_1^{\mathrm{T}}\boldsymbol{K}_1\boldsymbol{z}_1-\boldsymbol{\varPhi}^{\mathrm{T}}\boldsymbol{K}_2\boldsymbol{\varPhi}+\boldsymbol{z}_1^{\mathrm{T}}\boldsymbol{p}_1+\boldsymbol{z}_1^{\mathrm{T}}\boldsymbol{\beta}\\&-\mu\omega_s+\boldsymbol{p}_1^{\mathrm{T}}\dot{\boldsymbol{p}}_1+\boldsymbol{\varPhi}^{\mathrm{T}}\left[\tilde{\boldsymbol{W}}_1^{\mathrm{T}}\boldsymbol{\sigma}(\boldsymbol{\xi}_1)-\boldsymbol{\varepsilon}_1\right]\\&+\boldsymbol{\varPhi}^{\mathrm{T}}\boldsymbol{S}(\boldsymbol{M}_1\boldsymbol{\beta})(\boldsymbol{\omega}-\boldsymbol{\alpha}_2)\end{aligned} \tag{6.35}$$

式中，$\tilde{\boldsymbol{W}}_1=\hat{\boldsymbol{W}}_1-\boldsymbol{W}_1$。

考虑第四个 Lyapunov 备选函数：

$$V_4=V_3+\frac{1}{2}\mathrm{tr}(\tilde{\boldsymbol{W}}_1^{\mathrm{T}}\varGamma_W^{-1}\tilde{\boldsymbol{W}}_1) \tag{6.36}$$

对其求导数得到

$$\begin{aligned}\dot{V}_4=&-\boldsymbol{z}_1^{\mathrm{T}}\boldsymbol{K}_1\boldsymbol{z}_1-\boldsymbol{\varPhi}^{\mathrm{T}}\boldsymbol{K}_2\boldsymbol{\varPhi}+\boldsymbol{z}_1^{\mathrm{T}}\boldsymbol{p}_1+\boldsymbol{z}_1^{\mathrm{T}}\boldsymbol{\beta}\\&-\mu\omega_s+\boldsymbol{p}_1^{\mathrm{T}}\dot{\boldsymbol{p}}_1-k_W\mathrm{tr}\left(\tilde{\boldsymbol{W}}_1^{\mathrm{T}}\hat{\boldsymbol{W}}_1\right)-\boldsymbol{\varPhi}^{\mathrm{T}}\boldsymbol{\varepsilon}_1\\&+\boldsymbol{\varPhi}^{\mathrm{T}}\boldsymbol{S}(\boldsymbol{M}_1\boldsymbol{\beta})(\boldsymbol{\omega}-\boldsymbol{\alpha}_2)\end{aligned} \tag{6.37}$$

引入一个新的状态变量$\boldsymbol{\omega}_d\in\mathbb{R}^3$并让虚拟控制输入$\boldsymbol{\alpha}_2$穿过一个一阶滤波器得到

$$\gamma\dot{\boldsymbol{\omega}}_d+\boldsymbol{\omega}_d=\boldsymbol{\alpha}_2 \tag{6.38}$$

令$\boldsymbol{p}_2=\boldsymbol{\omega}_d-\boldsymbol{\alpha}_2$，$\boldsymbol{z}_3=\boldsymbol{\omega}-\boldsymbol{\omega}_d$。

考虑第五个 Lyapunov 备选函数：

$$V_5=V_4+\frac{1}{2}\boldsymbol{p}_2^{\mathrm{T}}\boldsymbol{p}_2 \tag{6.39}$$

对其求导数得到

$$\begin{aligned}\dot{V}_5 =& -\boldsymbol{z}_1^{\mathrm{T}}\boldsymbol{K}_1\boldsymbol{z}_1 - \boldsymbol{\Phi}^{\mathrm{T}}\boldsymbol{K}_2\boldsymbol{\Phi} + \boldsymbol{z}_1^{\mathrm{T}}\boldsymbol{p}_1 + \boldsymbol{z}_1^{\mathrm{T}}\boldsymbol{\beta} \\ &- \mu\omega_s + \boldsymbol{p}_1^{\mathrm{T}}\dot{\boldsymbol{p}}_1 + \boldsymbol{p}_2^{\mathrm{T}}\dot{\boldsymbol{p}}_2 - k_W \operatorname{tr}\left(\tilde{\boldsymbol{W}}_1^{\mathrm{T}}\hat{\boldsymbol{W}}_1\right) - \boldsymbol{\Phi}^{\mathrm{T}}\boldsymbol{\varepsilon}_1 \\ &+ \boldsymbol{\Phi}^{\mathrm{T}}\boldsymbol{S}\left(\boldsymbol{M}_1\boldsymbol{\beta}\right)\left(\boldsymbol{z}_3 + \boldsymbol{p}_2\right)\end{aligned} \tag{6.40}$$

第三步：动力学控制设计

对 $\boldsymbol{z}_3$ 求导数得到

$$\boldsymbol{M}_2\dot{\boldsymbol{z}}_3 = -\boldsymbol{S}(\boldsymbol{v})\boldsymbol{M}_2\boldsymbol{v} - \boldsymbol{S}(\boldsymbol{\omega})\boldsymbol{M}_2\boldsymbol{\omega} + \boldsymbol{f}_\omega(\cdot) + \boldsymbol{b}_2\boldsymbol{u}_\omega - \boldsymbol{M}_2\dot{\boldsymbol{\omega}}_d + \boldsymbol{\tau}_d \tag{6.41}$$

考虑第六个 Lyapunov 备选函数：

$$V_6 = V_5 + \frac{1}{2}\boldsymbol{z}_3^{\mathrm{T}}\boldsymbol{M}_2\boldsymbol{z}_3 \tag{6.42}$$

对其求导数得到

$$\begin{aligned}\dot{V}_6 \leqslant& -\boldsymbol{z}_1^{\mathrm{T}}\boldsymbol{K}_1\boldsymbol{z}_1 - \boldsymbol{\Phi}^{\mathrm{T}}\boldsymbol{K}_2\boldsymbol{\Phi} + \boldsymbol{z}_1^{\mathrm{T}}\boldsymbol{p}_1 + \boldsymbol{z}_1^{\mathrm{T}}\boldsymbol{\beta} \\ &- \mu\omega_s + \boldsymbol{p}_1^{\mathrm{T}}\dot{\boldsymbol{p}}_1 + \boldsymbol{p}_2^{\mathrm{T}}\dot{\boldsymbol{p}}_2 - k_W \operatorname{tr}\left(\tilde{\boldsymbol{W}}_1^{\mathrm{T}}\hat{\boldsymbol{W}}_1\right) - \boldsymbol{\Phi}^{\mathrm{T}}\boldsymbol{\varepsilon}_1 \\ &+ \boldsymbol{\Phi}^{\mathrm{T}}\boldsymbol{S}\left(\boldsymbol{M}_1\boldsymbol{\beta}\right)\boldsymbol{p}_2 + \boldsymbol{z}_3^{\mathrm{T}}\left[\boldsymbol{b}_2\boldsymbol{u}_\omega + \boldsymbol{b}_4\boldsymbol{B}^{\mathrm{T}}\boldsymbol{\Phi} - \boldsymbol{f}_2(\cdot)\right] + \boldsymbol{z}_3^{\mathrm{T}}\boldsymbol{\tau}_{\mathrm{M}}\end{aligned} \tag{6.43}$$

式中，$\boldsymbol{f}_2(\cdot) = -\boldsymbol{f}_\omega(\cdot) + \boldsymbol{S}(\boldsymbol{v})\boldsymbol{M}_1\boldsymbol{v} + \boldsymbol{S}(\boldsymbol{\omega})\boldsymbol{M}_2\boldsymbol{\omega} + \boldsymbol{J}\dot{\boldsymbol{\omega}}_d$。

与第二步设计类似，选择如下的控制率与自适应率：

$$\boldsymbol{u}_\omega = \boldsymbol{b}_2^{-1}\left[-\boldsymbol{K}_3\boldsymbol{z}_3 - \boldsymbol{b}_4\boldsymbol{B}^{\mathrm{T}}\boldsymbol{\Phi} + \hat{\boldsymbol{W}}_2^{\mathrm{T}}\boldsymbol{\sigma}(\boldsymbol{\xi}_2)\right] \tag{6.44}$$

$$\dot{\hat{\boldsymbol{W}}}_2 = \Gamma_W\left[-\boldsymbol{\sigma}(\boldsymbol{\xi}_2)\boldsymbol{z}_3^{\mathrm{T}} - k_W\hat{\boldsymbol{W}}_2\right] \tag{6.45}$$

式中，$\boldsymbol{K}_3 \in \mathbb{R}^{3\times3}$ 为一个对角矩阵并且其对角元素都是正常数；$\boldsymbol{\xi}_2 = [1, \boldsymbol{v}^{\mathrm{T}}, \boldsymbol{\omega}^{\mathrm{T}}, \boldsymbol{\eta}, \bar{\boldsymbol{\eta}}, \dot{\boldsymbol{\omega}}_d^{\mathrm{T}}]^{\mathrm{T}} \in \mathbb{R}^{16}$，为神经网络的输入向量；$\boldsymbol{W}_2$ 为神经网络的权值向量；$\hat{\boldsymbol{W}}_2$ 是 $\boldsymbol{W}_2$ 的估计值；$\boldsymbol{\varepsilon}_2$ 是神经网络的逼近误差并且满足 $\|\boldsymbol{\varepsilon}_2\| \leqslant \varepsilon_{2\mathrm{M}}$，$\varepsilon_{2\mathrm{M}}$ 为一个正常数。

进一步得到

$$\begin{aligned}\dot{V}_6 \leqslant& -\boldsymbol{z}_1^{\mathrm{T}}\boldsymbol{K}_1\boldsymbol{z}_1 - \boldsymbol{\Phi}^{\mathrm{T}}\boldsymbol{K}_2\boldsymbol{\Phi} - \boldsymbol{z}_3^{\mathrm{T}}\boldsymbol{K}_3\boldsymbol{z}_3 + \boldsymbol{z}_1^{\mathrm{T}}\boldsymbol{p}_1 + \boldsymbol{z}_1^{\mathrm{T}}\boldsymbol{\beta} \\ &- \mu\omega_s + \boldsymbol{p}_1^{\mathrm{T}}\dot{\boldsymbol{p}}_1 + \boldsymbol{p}_2^{\mathrm{T}}\dot{\boldsymbol{p}}_2 - k_W \operatorname{tr}\left(\tilde{\boldsymbol{W}}_1^{\mathrm{T}}\hat{\boldsymbol{W}}_1\right) - \boldsymbol{\Phi}^{\mathrm{T}}\boldsymbol{\varepsilon}_1 \\ &+ \boldsymbol{\Phi}^{\mathrm{T}}\boldsymbol{S}\left(\boldsymbol{M}_1\boldsymbol{\beta}\right)\boldsymbol{p}_2 + \boldsymbol{z}_3^{\mathrm{T}}\left[\tilde{\boldsymbol{W}}_2^{\mathrm{T}}\boldsymbol{\sigma}(\boldsymbol{\xi}_2) - \boldsymbol{\varepsilon}_2\right] + \boldsymbol{z}_3^{\mathrm{T}}\boldsymbol{\tau}_{\mathrm{M}}\end{aligned} \tag{6.46}$$

式中，$\tilde{\boldsymbol{W}}_2 = \hat{\boldsymbol{W}}_2 - \boldsymbol{W}_2$。

考虑第七个 Lyapunov 备选函数：

$$V_7 = V_6 + \frac{1}{2}\operatorname{tr}\left(\tilde{\boldsymbol{W}}_2^{\mathrm{T}}\Gamma_W^{-1}\tilde{\boldsymbol{W}}_2\right) \tag{6.47}$$

对其求导数得到

$$\begin{aligned}\dot{V}_7 \leqslant & -z_1^{\mathrm{T}}\boldsymbol{K}_1 z_1 - \boldsymbol{\Phi}^{\mathrm{T}}\boldsymbol{K}_2\boldsymbol{\Phi} - z_3^{\mathrm{T}}\boldsymbol{K}_3 z_3 + z_1^{\mathrm{T}}\boldsymbol{p}_1 + z_1^{\mathrm{T}}\boldsymbol{\beta} \\ & -\mu\omega_s + \boldsymbol{p}_1^{\mathrm{T}}\dot{\boldsymbol{p}}_1 + \boldsymbol{p}_2^{\mathrm{T}}\dot{\boldsymbol{p}}_2 - k_W \operatorname{tr}\left(\tilde{\boldsymbol{W}}_1^{\mathrm{T}}\hat{\boldsymbol{W}}_1\right) - \boldsymbol{\Phi}^{\mathrm{T}}\boldsymbol{\varepsilon}_1 \\ & + \boldsymbol{\Phi}^{\mathrm{T}}\boldsymbol{S}\left(\boldsymbol{M}_1\boldsymbol{\beta}\right)\boldsymbol{p}_2 - k_W \operatorname{tr}\left(\tilde{\boldsymbol{W}}_2^{\mathrm{T}}\hat{\boldsymbol{W}}_2\right) + z_3^{\mathrm{T}}\boldsymbol{\tau}_{\mathrm{M}} - z_3^{\mathrm{T}}\boldsymbol{\varepsilon}_2\end{aligned} \tag{6.48}$$

第四步：路径参数更新率设计

对于水下机器人路径跟踪控制目标式(6.13)，设计如下的路径参数反馈更新率，可实现路径跟踪问题中的动态任务：

$$\dot{\omega}_s = -\lambda\mathcal{K}_1\omega_s + \lambda\mu \tag{6.49}$$

考虑如下的 Lyapunov 备选函数：

$$V_8 = V_7 + \frac{1}{2}\lambda^{-1}\omega_s^2 \tag{6.50}$$

对其求导数并代入式(6.49)得到

$$\begin{aligned}\dot{V}_8 \leqslant & -\mathcal{K}_1\omega_s^2 - z_1^{\mathrm{T}}\boldsymbol{K}_1 z_1 - \boldsymbol{\Phi}^{\mathrm{T}}\boldsymbol{K}_2\boldsymbol{\Phi} - z_3^{\mathrm{T}}\boldsymbol{K}_3 z_3 + z_1^{\mathrm{T}}\boldsymbol{p}_1 + z_1^{\mathrm{T}}\boldsymbol{\beta} \\ & + \boldsymbol{p}_1^{\mathrm{T}}\dot{\boldsymbol{p}}_1 + \boldsymbol{p}_2^{\mathrm{T}}\dot{\boldsymbol{p}}_2 - k_W \operatorname{tr}\left(\tilde{\boldsymbol{W}}_1^{\mathrm{T}}\hat{\boldsymbol{W}}_1\right) - \boldsymbol{\Phi}^{\mathrm{T}}\boldsymbol{\varepsilon}_1 + \boldsymbol{\Phi}^{\mathrm{T}}\boldsymbol{S}\left(\boldsymbol{M}_1\boldsymbol{\beta}\right)\boldsymbol{p}_2 \\ & - k_W \operatorname{tr}\left(\tilde{\boldsymbol{W}}_2^{\mathrm{T}}\hat{\boldsymbol{W}}_2\right) + z_3^{\mathrm{T}}\boldsymbol{\tau}_{\mathrm{M}} - z_3^{\mathrm{T}}\boldsymbol{\varepsilon}_2\end{aligned} \tag{6.51}$$

6.3.3 闭环系统稳定性分析

通过上述控制器设计，可使水下机器人各级运动学与动力学系统稳定，下面将给出严格的闭环系统稳定性分析，并证明系统中的所有误差信号都有界。在稳定性分析之前，首先提出以下定理。

定理 6.1 考虑欠驱动水下机器人系统式(6.1)～式(6.4)。选择控制率式(6.33)、式(6.44)，滤波器式(6.21)、式(6.38)，神经网络自适应率式(6.32)、式(6.45)以及路径参数更新反馈更新率式(6.49)。那么，对于给定的正常数 q_2，如果初始条件满足

$$\Omega_2 = \left\{\left[z_1, \boldsymbol{\Phi}, z_2, z_3, \boldsymbol{p}_1, \boldsymbol{p}_2, \tilde{\boldsymbol{W}}_1, \tilde{\boldsymbol{W}}_2\right]^{\mathrm{T}} : V \leqslant q_2\right\}$$

则存在控制参数 $\boldsymbol{K}_1$、$\boldsymbol{K}_2$、$\boldsymbol{K}_3$、γ、Γ_W、k_W、$\mathcal{K}_1$ 使得闭环系统中的所有信号都半全局一致最终有界。

证明 对 $\boldsymbol{p}_1$ 与 $\boldsymbol{p}_2$ 求导数并联立虚拟控制率得到

$$\dot{\boldsymbol{p}}_1 = -\frac{\boldsymbol{p}_1}{\gamma} + \Delta_1\left(z_1, z_2, \boldsymbol{\Phi}, z_3, \gamma, \boldsymbol{p}_1, \boldsymbol{p}_2, \boldsymbol{\eta}_d^{\theta}, \boldsymbol{\eta}_d^{\theta^2}\right) \tag{6.52}$$

$$\dot{\boldsymbol{p}}_2 = -\frac{\boldsymbol{p}_2}{\gamma} + \Delta_2\left(z_1, z_2, \boldsymbol{\Phi}, z_3, \gamma, \boldsymbol{p}_1, \boldsymbol{p}_2, \boldsymbol{\eta}_d^{\theta}, \boldsymbol{\eta}_d^{\theta^2}\right) \tag{6.53}$$

式中，$\Delta_1(\cdot)$ 与 $\Delta_2(\cdot)$ 为连续函数。对于 q_1 与 q_2，集合 Ω_1 与 Ω_2 是紧集，因此 $\Omega_1\times\Omega_2$ 也是紧集，则 $\Delta_1(\cdot)$ 与 $\Delta_2(\cdot)$ 在集合 $\Omega_1\times\Omega_2$ 上分别有一个最大值 $\Delta_{1\mathrm{M}}$ 与 $\Delta_{2\mathrm{M}}$。此外，根据 Young's 不等式有

$$\left|\boldsymbol{p}_1^{\mathrm{T}}\dot{\boldsymbol{p}}_1\right|\leqslant-\frac{\|\boldsymbol{p}_1\|^2}{\gamma}+\frac{\|\boldsymbol{p}_1\|^2}{2}+\frac{\Delta_{1\mathrm{M}}^2}{2}$$

$$\left|\boldsymbol{p}_2^{\mathrm{T}}\dot{\boldsymbol{p}}_2\right|\leqslant-\frac{\|\boldsymbol{p}_2\|^2}{\gamma}+\frac{\|\boldsymbol{p}_2\|^2}{2}+\frac{\Delta_{2\mathrm{M}}^2}{2}$$

$$-k_W\operatorname{tr}\left(\tilde{\boldsymbol{W}}_1^{\mathrm{T}}\hat{\boldsymbol{W}}_1\right)\leqslant-\frac{k_W}{2}\left\|\tilde{\boldsymbol{W}}_1\right\|_F^2+\frac{k_W}{2}\left\|\boldsymbol{W}_1\right\|_F^2$$

$$-k_W\operatorname{tr}\left(\tilde{\boldsymbol{W}}_2^{\mathrm{T}}\hat{\boldsymbol{W}}_2\right)\leqslant-\frac{k_W}{2}\left\|\tilde{\boldsymbol{W}}_2\right\|_F^2+\frac{k_W}{2}\left\|\boldsymbol{W}_2\right\|_F^2$$

$$\left\|\boldsymbol{z}_1^{\mathrm{T}}\boldsymbol{p}_1\right\|\leqslant\frac{1}{2}\|\boldsymbol{z}_1\|^2+\frac{1}{2}\|\boldsymbol{p}_1\|^2$$

$$\left\|\boldsymbol{z}_1^{\mathrm{T}}\boldsymbol{\beta}\right\|\leqslant\frac{1}{2}\|\boldsymbol{z}_1\|^2+\frac{1}{2}\|\boldsymbol{\beta}\|^2$$

$$\left\|-\boldsymbol{\Phi}^{\mathrm{T}}\boldsymbol{\varepsilon}_1\right\|\leqslant\frac{1}{2}\|\boldsymbol{\Phi}\|^2+\frac{1}{2}\|\varepsilon_{1\mathrm{M}}\|^2$$

$$\left\|-\boldsymbol{z}_3^{\mathrm{T}}\boldsymbol{\varepsilon}_2\right\|\leqslant\frac{1}{2}\|\boldsymbol{z}_3\|^2+\frac{1}{2}\|\varepsilon_{2\mathrm{M}}\|^2$$

$$\left\|\boldsymbol{z}_3^{\mathrm{T}}\boldsymbol{\tau}_{\mathrm{M}}\right\|\leqslant\frac{1}{2}\|\boldsymbol{z}_3\|^2+\frac{1}{2}\|\boldsymbol{\tau}_{\mathrm{M}}\|^2$$

$$\left\|\boldsymbol{\Phi}^{\mathrm{T}}\boldsymbol{S}(\boldsymbol{M}_1\boldsymbol{\beta})\boldsymbol{p}_2\right\|\leqslant\frac{\bar{\sigma}\left(\boldsymbol{S}(\boldsymbol{M}_1\boldsymbol{\beta})\right)^2}{2}\|\boldsymbol{\Phi}\|^2+\frac{1}{2}\|\boldsymbol{p}_2\|^2$$

式中，$\bar{\sigma}(\cdot)$ 为矩阵的最大奇异值。

结合式(6.51)与 Young's 不等式进一步可以写成如下形式：

$$\begin{aligned}\dot{V}_8\leqslant&-\lambda_{\min}(\mathcal{K}_1)\omega_s^2-\left[\lambda_{\min}(\boldsymbol{K}_1)-1\right]\|\boldsymbol{z}_1\|^2-\left[\lambda_{\min}(\boldsymbol{K}_3)-1\right]\|\boldsymbol{z}_3\|^2\\&-\left[\lambda_{\min}(\boldsymbol{K}_2)-\frac{1}{2}-\frac{\bar{\sigma}\left(\boldsymbol{S}(\boldsymbol{M}_1\boldsymbol{\beta})\right)^2}{2}\right]\|\boldsymbol{\Phi}\|^2-\frac{1-\gamma}{\gamma}\|\boldsymbol{p}_1\|^2\\&-\frac{1-\gamma}{\gamma}\|\boldsymbol{p}_2\|^2-\frac{k_W}{2}\left\|\tilde{\boldsymbol{W}}_1\right\|_F^2-\frac{k_W}{2}\left\|\tilde{\boldsymbol{W}}_2\right\|_F^2+H\end{aligned}\tag{6.54}$$

式中，$H=\frac{1}{2}\left(\|\boldsymbol{\beta}\|^2+k_W\|\boldsymbol{W}_1\|^2+k_W\|\boldsymbol{W}_2\|^2+\|\varepsilon_{1\mathrm{M}}\|^2+\|\varepsilon_{2\mathrm{M}}\|^2+\|\boldsymbol{\tau}_{\mathrm{M}}\|^2+\Delta_{1\mathrm{M}}^2+\Delta_{2\mathrm{M}}^2\right)$。

选择控制参数满足

$$\lambda_{\min}(\boldsymbol{K}_1)-1>0$$

$$\lambda_{\min}(\boldsymbol{K}_2)-\frac{1}{2}-\frac{\bar{\sigma}\left(\boldsymbol{S}(\boldsymbol{M}_1\boldsymbol{\beta})\right)^2}{2}>0$$

$$\lambda_{\min}(\boldsymbol{K}_3)-\frac{1}{2}>0$$

$$\frac{1-\gamma}{\gamma}>0$$

并注意到 $\omega_s>\sqrt{\frac{H}{\lambda_{\min}(\mathcal{K}_1)}}$ ，或 $\|\boldsymbol{\Phi}\|>\sqrt{\frac{H}{\lambda_{\min}(\boldsymbol{K}_2)-\frac{1}{2}-\frac{\bar{\sigma}\left(\boldsymbol{S}(\boldsymbol{M}_1\boldsymbol{\beta})\right)^2}{2}}}$ ，或 $\|\boldsymbol{z}_1\|>\sqrt{\frac{H}{\lambda_{\min}(\boldsymbol{K}_1)-1}}$,或 $\|\boldsymbol{z}_3\|>\sqrt{\frac{H}{\lambda_{\min}(\boldsymbol{K}_3)-1}}$,或 $\|\boldsymbol{p}_2\|>\sqrt{\frac{\gamma H}{1-\gamma}}$,或 $\|\boldsymbol{p}_2\|>\sqrt{\frac{\gamma H}{1-\gamma}}$,或 $\|\tilde{\boldsymbol{W}}_1\|_F>\sqrt{\frac{2H}{k_W}}$,或 $\|\tilde{\boldsymbol{W}}_2\|_F>\sqrt{\frac{2H}{k_W}}$ 使得 $\dot{V}_8<0$。所有信号在闭环系统中都是一致最终有界的，并且通过选择控制参数可以使得误差任意小。

更进一步，当 $t\to\infty$ 时，路径跟踪误差 $\boldsymbol{\eta}-\boldsymbol{\eta}_d$ 与速度跟踪误差 $\dot{\theta}-v_d$ 满足控制目标，其中 ϵ_1 与 ϵ_2 的具体形式为

$$\epsilon_1=\sqrt{\frac{H}{\lambda_{\min}(\boldsymbol{K}_1)-1}} \tag{6.55}$$

$$\epsilon_2=\sqrt{\frac{H}{\lambda_{\min}(\mathcal{K}_1)}} \tag{6.56}$$

定理由此得证。

6.3.4 计算机仿真

本节将给出计算机仿真例子来验证所提出的基于神经网络动态面控制技术的路径跟踪控制算法的有效性。仿真实验中，模型参数引用于文献[38]～[40]。不失一般性，选择欠驱动水下机器人的不确定部分为

$$\boldsymbol{f}_v(\cdot)=\left[0.5u^2v,yr+0.1x,0.08\varphi+0.23\psi^3\right]^{\mathrm{T}}$$

$$\boldsymbol{f}_\omega(\cdot)=\left[0.07u^3+0.1z,vz+0.09\varphi,p^2\varphi+0.2z^2\right]^{\mathrm{T}}$$

初始线速度与角速度分别为 $u=0$ ， $v=0$ ， $w=0$ ， $p=0$ ， $q=0$ ， $r=0$ ；控制器增益选为 $\boldsymbol{K}_1=\mathrm{diag}[2.5,2.5,2.5]$ ， $\boldsymbol{K}_2=\mathrm{diag}[7,7,7]$ ， $\boldsymbol{K}_3=\mathrm{diag}[35,35,35]$ ；神经网络自适应率参数选为 $k_W=0.1$ ， $\Gamma_W=100$ 。

仿真结果如图 6.6～图 6.8 所示。

图 6.6 给出了三维空间下欠驱动水下机器人的路径队形图。可以看到，尽管存在不确定性及环境干扰，在所设计的控制策略下，实际路径仍然能够对期望路径实现很好地跟踪。为了验证神经网络的逼近能力，图 6.7 给出了神经网络逼近不确定非线性函数的误差。可以看到，所设计的神经网络自适应控制算法能够对系统中的不确定性进行很好的逼近。图 6.8 给出了所设计的控制信号曲线。从图中可以看出，控制信号比较光滑，易于实现。

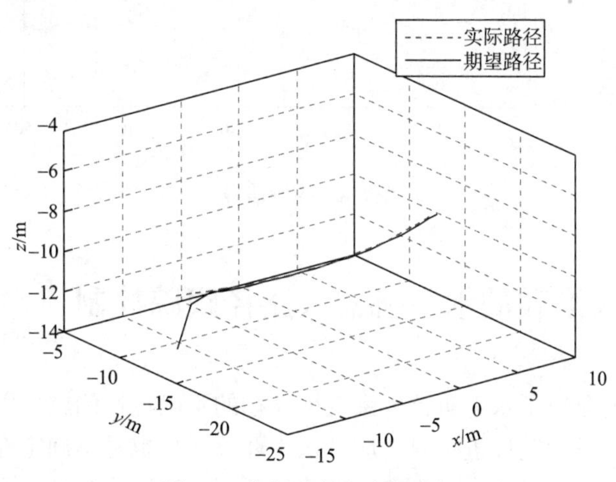

图 6.6　期望路径与实际路径

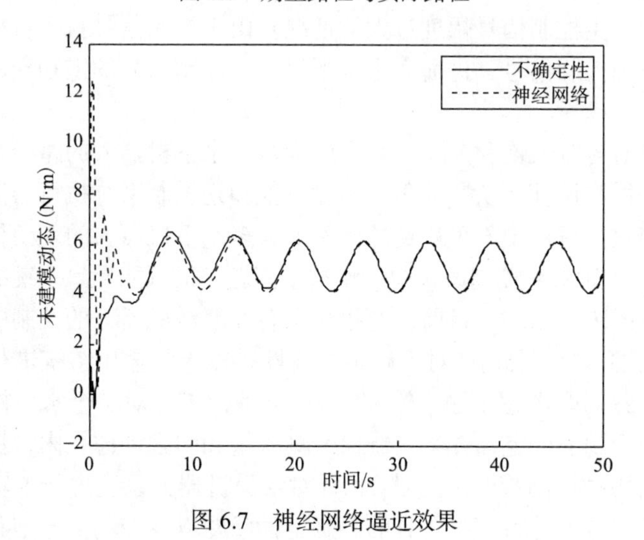

图 6.7　神经网络逼近效果

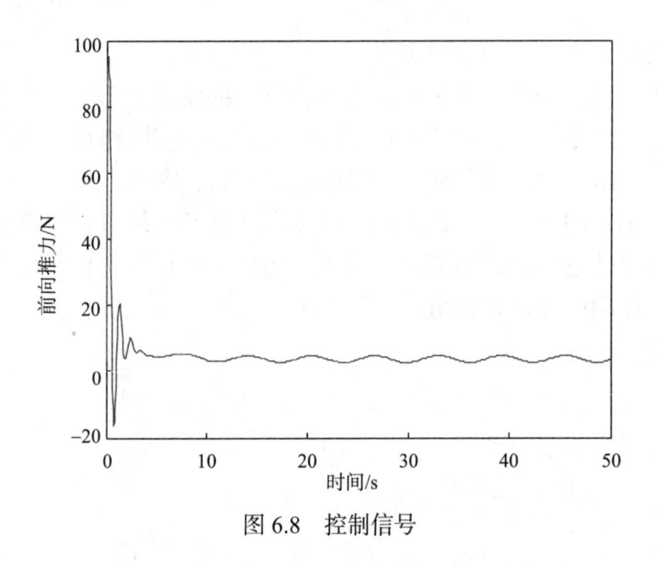

图 6.8　控制信号

6.4　含输入饱和的水下机器人路径跟踪控制

上一节主要介绍了水下机器人系统中存在的不确定性问题，以及如何设计神经网络补偿器对不确定性进行自适应补偿。环境干扰也是不确定性的一部分，水下机器人在抗干扰的过程中，不确定性不易预测，自适应控制器可能会伴随不确定性的变化而产生控制信号幅度过大的情况，由于控制信号执行机构的物理限制而无法输出正确控制信号，进而产生水下机器人控制信号的饱和现象，将阻碍实际应用。

本节将针对含输入饱和欠驱动六自由度自主水下机器人的路径跟踪控制问题进行控制器分析与设计。从实际角度出发，饱和是控制系统执行器潜在的问题之一，也是大多数执行器中不可避免的。例如大多水下机器人的舵角幅值一般都限制在 26°～36°，如果在控制设计中忽略这个问题，很可能导致系统的动态性能降低，甚至闭环系统不稳定。目前，有很多学者在海洋机器人的控制中考虑了执行器输入饱和问题。文献[56]针对不确定非线性多输入多输出系统进行了跟踪控制问题的研究，并同时考虑了输入饱和问题。文献[57]针对单个水面机器人进行了动力定位控制问题的研究，并将控制信号输入饱和问题考虑在内，提出了一种含抗饱和补偿结构的控制策略。文献[58]针对水面机器人系统进行了轨迹跟踪控制器设计，并同时考虑了系统中含有的不确定性问题以及控制信号饱和问题。尽管有很多的相关研究成果，但针对欠驱动六自由度自主水下机器人的路径跟踪控制问题，由于系统阶数高，欠驱动结构复杂，目前鲜有研究关注于控制器输入饱和问题。文献[59]指出，含有未建模动态、时变风浪流环境干扰以及含驱动器约束的海洋机器人运动控制是非常值得关注的方向。

本节将在路径跟踪控制框架下，考虑水下机器人的控制信号输入饱和问题，采用辅助系统进行控制器设计，给出一种含抗饱和控制结构的路径跟踪控制算法，使得控制信号即使在出现饱和的情况下也能够实现很好的路径跟踪效果。

6.4.1 输入饱和问题

由于考虑了控制信号输入饱和问题，因此假设控制输入 u_ν 与 $\boldsymbol{u}_\omega$ 存在如下的限制条件：

$$\begin{cases} -u_{\nu\min} \leqslant u_\nu \leqslant u_{\nu\max} \\ -\boldsymbol{u}_{\omega\min} \leqslant \boldsymbol{u}_\omega \leqslant \boldsymbol{u}_{\omega\max} \end{cases} \tag{6.57}$$

式中，$u_{\nu\min}$ 与 $\boldsymbol{u}_{\omega\min}=[u_{\omega\min p},u_{\omega\min q},u_{\omega\min r}]^{\mathrm{T}}\in\mathbb{R}^3$，$u_{\nu\max}$ 与 $\boldsymbol{u}_{\omega\max}=[u_{\omega\max p},u_{\omega\max q},u_{\omega\max r}]^{\mathrm{T}}\in\mathbb{R}^3$，分别为控制输入的上界限制与下界限制。则控制输入 u_ν 与 $\boldsymbol{u}_\omega$ 可以定义为如下形式：

$$u_\nu=\begin{cases} u_{\nu\max}, & u_{\nu0}>u_{\nu\max} \\ u_{\nu0}, & -u_{\nu\min}\leqslant u_{\nu0}\leqslant u_{\nu\max} \\ -u_{\nu\min}, & u_{\nu0}<-u_{\nu\min} \end{cases} \tag{6.58}$$

$$\boldsymbol{u}_\omega=\begin{cases} \boldsymbol{u}_{\omega\max}, & \boldsymbol{u}_{\omega0}>\boldsymbol{u}_{\omega\max} \\ \boldsymbol{u}_{\omega0}, & -\boldsymbol{u}_{\omega\min}\leqslant \boldsymbol{u}_{\omega0}\leqslant \boldsymbol{u}_{\omega\max} \\ -\boldsymbol{u}_{\omega\min}, & \boldsymbol{u}_{\omega0}<-\boldsymbol{u}_{\omega\min} \end{cases} \tag{6.59}$$

考虑输入饱和问题后，经过变换，$u_{\nu0}$ 与 $\boldsymbol{u}_{\omega0}=\left[u_{\omega0p},u_{\omega0q},u_{\omega0r}\right]^{\mathrm{T}}\in\mathbb{R}^3$ 是需要进行设计的控制器，控制算法结构如图 6.9 所示，其中 NN 为神经网络，将对不确定性部分进行在线补偿。

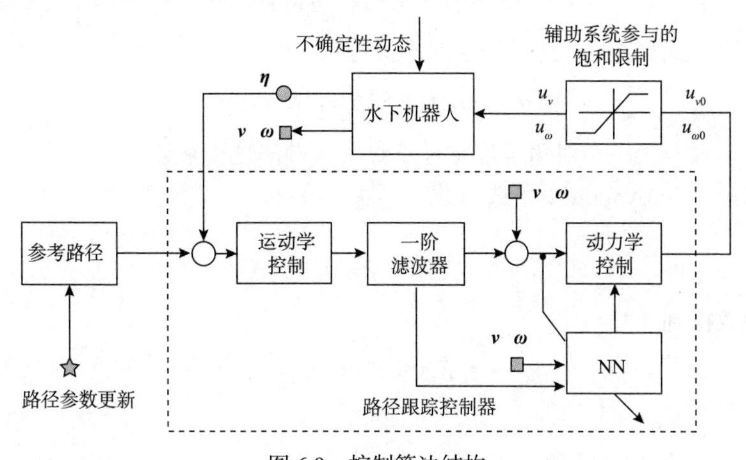

图 6.9 控制算法结构

路径跟踪问题 6.2：

定义 $\boldsymbol{\eta}_d(\theta)=\left[x_d(\theta),y_d(\theta),\psi_d(\theta)\right]^{\mathrm{T}}\in\mathbb{R}^3$ 为期望的参数化路径，$\theta\in\mathbb{R}$ 为路径参数并给定参考速度 $v_d\in\mathbb{R}$。本节的控制目标是，对于由方程式(6.1)～式(6.4)组成的欠驱动六自由度水下机器人系统，设计一种抗饱和路径跟踪控制率 u_{v0} 与 $\boldsymbol{u}_{\omega0}=\left[u_{\omega0p},u_{\omega0q},u_{\omega0r}\right]^{\mathrm{T}}\in\mathbb{R}^3$，使得闭环系统中的所有信号都半全局一致最终有界，并且通过选择合适的设计参数使路径跟踪误差以及速度跟踪误差为任意小。即

$$\lim_{t\to\infty}\left\|\boldsymbol{\eta}-\boldsymbol{\eta}_d\right\|\leqslant\epsilon_1 \tag{6.60}$$

$$\lim_{t\to\infty}\left\|\dot{\theta}-v_d\right\|\leqslant\epsilon_2 \tag{6.61}$$

式中，$v_d\in\mathbb{R}$ 为参考速度；$\epsilon_1,\epsilon_2\in\mathbb{R}$ 为较小的正常数。

6.4.2 自适应抗饱和控制设计

本节的抗饱和控制设计步骤分解与 6.3.2 节类似。第一步主要完成运动学控制设计；第二步与第三步将通过设计辅助系统，进行对信号饱和部分的补偿，推导出动力学系统的抗饱和控制器；第四步完成路径参数更新率设计。

第一步：运动学设计

定义误差变量：

$$\boldsymbol{z}_1=\boldsymbol{R}^{\mathrm{T}}\left(\boldsymbol{\eta}-\boldsymbol{\eta}_d\right) \tag{6.62}$$

$$\omega_s=\dot{\theta}-v_d \tag{6.63}$$

式中，$\boldsymbol{z}_1$ 与 ω_s 分别为路径跟踪误差与速度跟踪误差。

对 $\boldsymbol{z}_1$ 求导数得到

$$\dot{\boldsymbol{z}}_1=-\boldsymbol{S}(\boldsymbol{\omega})\boldsymbol{z}_1+\boldsymbol{v}-\boldsymbol{R}^{\mathrm{T}}\left[\boldsymbol{\eta}_d^{\theta}\left(v_d+\omega_s\right)\right] \tag{6.64}$$

为了稳定式(6.64)，选择如下的虚拟控制：

$$\boldsymbol{\alpha}_1=-\boldsymbol{K}_1\boldsymbol{z}_1+\boldsymbol{R}^{\mathrm{T}}\boldsymbol{\eta}_d^{\theta}v_d+\boldsymbol{S}(\boldsymbol{\omega})\boldsymbol{z}_1 \tag{6.65}$$

式中，$\boldsymbol{K}_1\in\mathbb{R}^{3\times3}$ 为一个对角矩阵并且其对角元素都是正常数。

考虑第一个 Lyapunov 备选函数：

$$V_1=\frac{1}{2}\boldsymbol{z}_1^{\mathrm{T}}\boldsymbol{z}_1 \tag{6.66}$$

对其求导数得到

$$\dot{V}_1=-\boldsymbol{z}_1^{\mathrm{T}}\boldsymbol{K}_1\boldsymbol{z}_1+\boldsymbol{z}_1^{\mathrm{T}}\left(\boldsymbol{v}-\boldsymbol{\alpha}_1\right)-\mu\omega_s \tag{6.67}$$

式中，$\mu=\boldsymbol{z}_1^{\mathrm{T}}\boldsymbol{R}^{\mathrm{T}}\boldsymbol{\eta}_d^{\theta}$。

引入一个新的状态变量 $\boldsymbol{v}_d\in\mathbb{R}^3$，并让虚拟控制率 $\boldsymbol{\alpha}_1$ 穿过一个一阶滤波器：

$$\gamma\dot{\boldsymbol{v}}_d + \boldsymbol{v}_d = \boldsymbol{\alpha}_1 \tag{6.68}$$

式中，$\gamma \in \mathbb{R}$ 为一个正常数。

令 $\boldsymbol{p}_1 = \boldsymbol{v}_d - \boldsymbol{\alpha}_1$，$\boldsymbol{z}_2 = \boldsymbol{v} - \boldsymbol{v}_d$，并考虑第二个 Lyapunov 备选函数：

$$V_2 = V_1 + \frac{1}{2}\boldsymbol{p}_1^{\mathrm{T}}\boldsymbol{p}_1 \tag{6.69}$$

对其求导数得到

$$\dot{V}_2 = -\boldsymbol{z}_1^{\mathrm{T}}\boldsymbol{K}_1\boldsymbol{z}_1 + \boldsymbol{z}_1^{\mathrm{T}}(\boldsymbol{z}_2 + \boldsymbol{p}_1) - \mu\omega_s + \boldsymbol{p}_1^{\mathrm{T}}\dot{\boldsymbol{p}}_1 \tag{6.70}$$

第二步：动力学抗饱和控制器

对 $\boldsymbol{z}_2$ 求导数得到

$$\boldsymbol{M}_1\dot{\boldsymbol{z}}_2 = \boldsymbol{S}(\boldsymbol{M}_1\boldsymbol{z}_2)\boldsymbol{\omega} + \boldsymbol{f}_\nu(\cdot) + \boldsymbol{b}_1 u_\nu - \boldsymbol{S}(\boldsymbol{\omega})\boldsymbol{M}_1\boldsymbol{v}_d - \boldsymbol{M}_1\dot{\boldsymbol{v}}_d \tag{6.71}$$

由于子系统的第一个方程中存在欠驱动特性，因此不能直接通过设计 u_ν 来稳定式(6.71)。可以让 $\boldsymbol{z}_2$ 趋近于一个设计参数 $\boldsymbol{\beta}$，并定义一个新的误差变量 $\boldsymbol{\Phi} = \boldsymbol{z}_2 - \boldsymbol{\beta}$，其中 $\boldsymbol{\beta} \in \mathbb{R}^3$。

考虑第三个 Lyapunov 备选函数：

$$V_3 = V_2 + \frac{1}{2}\boldsymbol{\Phi}^{\mathrm{T}}\boldsymbol{M}_1\boldsymbol{\Phi} \tag{6.72}$$

对其求导数得到

$$\begin{aligned}\dot{V}_3 = &-\boldsymbol{z}_1^{\mathrm{T}}\boldsymbol{K}_1\boldsymbol{z}_1 + \boldsymbol{z}_1^{\mathrm{T}}\boldsymbol{p}_1 + \boldsymbol{z}_1^{\mathrm{T}}\boldsymbol{\beta} - \mu\omega_s + \boldsymbol{p}_1^{\mathrm{T}}\dot{\boldsymbol{p}}_1 \\ &+ \boldsymbol{\Phi}^{\mathrm{T}}\left[\boldsymbol{B}\boldsymbol{\varsigma} + \boldsymbol{z}_1 - \boldsymbol{S}(\boldsymbol{\omega})\boldsymbol{M}_1\boldsymbol{\Phi} - \boldsymbol{f}_1(\cdot)\right]\end{aligned} \tag{6.73}$$

式中，$\boldsymbol{B} = \left[\boldsymbol{b}_1, \boldsymbol{S}(\boldsymbol{M}_1\boldsymbol{\beta})\right]$；$\boldsymbol{\varsigma} = \left[u_\nu, \boldsymbol{\omega}\right]^{\mathrm{T}}$；$\boldsymbol{f}_1(\cdot) = -\boldsymbol{f}_\nu(\cdot) + \boldsymbol{S}(\boldsymbol{\omega})\boldsymbol{M}_1\boldsymbol{v}_d + \boldsymbol{M}_1\dot{\boldsymbol{v}}_d$。

由于考虑了控制信号输入饱和问题，需要引入一个辅助系统进行设计，辅助系统如下所示：

$$\dot{\boldsymbol{\pi}}_\nu = \begin{cases} -\boldsymbol{K}_2\boldsymbol{\pi}_\nu - \dfrac{\left|\boldsymbol{\Phi}^{\mathrm{T}}\boldsymbol{B}\tilde{\boldsymbol{\tau}}\right| + \frac{1}{2}\tilde{\boldsymbol{\tau}}^{\mathrm{T}}\tilde{\boldsymbol{\tau}}}{\left\|\boldsymbol{\pi}_\nu\right\|^2}\boldsymbol{\pi}_\nu + \boldsymbol{B}\tilde{\boldsymbol{\tau}}, & \left\|\boldsymbol{\pi}_\nu\right\| \geqslant \varepsilon_{\pi\nu} \\ 0, & \left\|\boldsymbol{\pi}_\nu\right\| < \varepsilon_{\pi\nu} \end{cases} \tag{6.74}$$

式中，$\boldsymbol{\pi}_\nu \in \mathbb{R}^3$ 为辅助设计系统的状态变量；$\varepsilon_{\pi\nu} \in \mathbb{R}$ 为一个正常数；$\tilde{\boldsymbol{\tau}} = \boldsymbol{\tau} - \boldsymbol{\tau}_0$，$\boldsymbol{\tau}_0 = \left[u_{\nu 0}, \boldsymbol{\omega}\right]^{\mathrm{T}}$；$\boldsymbol{K}_2 \in \mathbb{R}^{3\times 3}$ 为一个对角矩阵并且其对角元素都是正常数。

结合式(6.74)，图 6.9 中的抗饱和部分可以进一步展开，如图 6.10 所示。

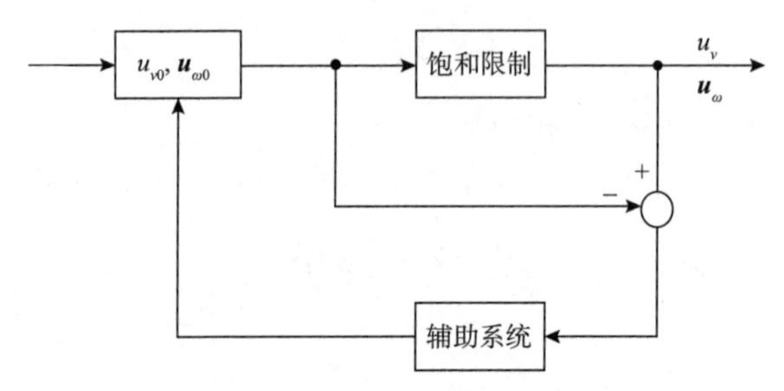

图 6.10 辅助系统补偿过程

考虑第四个 Lyapunov 备选函数：

$$V_4 = V_3 + \frac{1}{2}\boldsymbol{\pi}_\nu^{\mathrm{T}}\boldsymbol{\pi}_\nu \tag{6.75}$$

对其求导数得到

$$\begin{aligned}\dot{V}_4 \leqslant & -\boldsymbol{z}_1^{\mathrm{T}}\boldsymbol{K}_1\boldsymbol{z}_1 + \boldsymbol{z}_1^{\mathrm{T}}\boldsymbol{p}_1 + \boldsymbol{z}_1^{\mathrm{T}}\boldsymbol{\beta} - \mu\omega_s + \boldsymbol{p}_1^{\mathrm{T}}\dot{\boldsymbol{p}}_1 \\ & + \boldsymbol{\Phi}^{\mathrm{T}}\left[\boldsymbol{B}\boldsymbol{\varsigma} + \boldsymbol{z}_1 - \boldsymbol{S}(\boldsymbol{\omega})\boldsymbol{M}_1\boldsymbol{\Phi} - \boldsymbol{f}_1(\cdot)\right] \\ & - \left|\boldsymbol{\Phi}^{\mathrm{T}}\boldsymbol{B}\tilde{\boldsymbol{\tau}}\right| - \boldsymbol{\pi}_\nu^{\mathrm{T}}\left[\boldsymbol{K}_2 - \frac{\bar{\sigma}(\boldsymbol{B})^2}{2}\boldsymbol{I}_{3\times 3}\right]\boldsymbol{\pi}_\nu\end{aligned} \tag{6.76}$$

将 $\boldsymbol{\tau} = \tilde{\boldsymbol{\tau}} + \boldsymbol{\tau}_0$ 代入式(6.76)中得到

$$\begin{aligned}\dot{V}_4 \leqslant & -\boldsymbol{z}_1^{\mathrm{T}}\boldsymbol{K}_1\boldsymbol{z}_1 + \boldsymbol{z}_1^{\mathrm{T}}\boldsymbol{p}_1 + \boldsymbol{z}_1^{\mathrm{T}}\boldsymbol{\beta} - \mu\omega_s + \boldsymbol{p}_1^{\mathrm{T}}\dot{\boldsymbol{p}}_1 \\ & + \boldsymbol{\Phi}^{\mathrm{T}}\left[\boldsymbol{B}\boldsymbol{\tau}_0 + \boldsymbol{z}_1 - \boldsymbol{S}(\boldsymbol{\omega})\boldsymbol{M}_1\boldsymbol{\Phi} - \boldsymbol{f}_1(\cdot)\right] - \boldsymbol{\pi}_\nu^{\mathrm{T}}\left[\boldsymbol{K}_2 - \frac{\bar{\sigma}(\boldsymbol{B})^2}{2}\boldsymbol{I}_{3\times 3}\right]\boldsymbol{\pi}_\nu\end{aligned} \tag{6.77}$$

因此，可以把 $\boldsymbol{\tau}_0$ 认为是一个控制率(实际上向量 $\boldsymbol{\tau}_0$ 的第二行为一个虚拟控制)去稳定式(6.77)。选择一个期望的间接控制变量：

$$\boldsymbol{\Lambda}^* = \boldsymbol{B}^{\mathrm{T}}\left(\boldsymbol{B}\boldsymbol{B}^{\mathrm{T}}\right)^{-1}\left[-\boldsymbol{z}_1 - \boldsymbol{K}_3(\boldsymbol{\Phi} - \boldsymbol{\pi}_\nu) + \boldsymbol{S}(\boldsymbol{\omega})\boldsymbol{M}_1\boldsymbol{\Phi} + \boldsymbol{f}_1(\cdot)\right] \tag{6.78}$$

式中，$\boldsymbol{K}_3 \in \mathbb{R}^{3\times 3}$ 为一个对角矩阵并且其对角元素都是正常数。

选择一个期望的控制率 $u_{\nu 0}^*$ 使之等于 $\boldsymbol{\Lambda}^*$ 的第一行，以及一个期望的虚拟控制率 $\boldsymbol{\alpha}_2^*$ 使之等于 $\boldsymbol{\Lambda}^*$ 的后三行：

$$u_{\nu 0}^* = \boldsymbol{b}_3\boldsymbol{\Lambda}^* \tag{6.79}$$

$$\boldsymbol{\alpha}_2^* = \boldsymbol{b}_4\boldsymbol{\Lambda}^* \tag{6.80}$$

式中，$\boldsymbol{b}_3 = [\boldsymbol{b}_1^{\mathrm{T}}, 0]$；$\boldsymbol{b}_4 = [\boldsymbol{0}_{3\times 1}, \boldsymbol{b}_2]$。

在实际中，$\boldsymbol{f}_1(\cdot)$ 不容易精确地获得。因此，控制器不能被直接应用。为了解决这个问题，可以用一个神经网络去逼近这部分。根据通用逼近原理，得到

$$\boldsymbol{f}_1(\cdot) = \boldsymbol{W}_1^{\mathrm{T}}\boldsymbol{\sigma}(\boldsymbol{\xi}_1) + \boldsymbol{\varepsilon}_1 \tag{6.81}$$

式中，$\boldsymbol{\xi}_1=\left[1,\boldsymbol{v}^{\mathrm{T}},\boldsymbol{\omega}^{\mathrm{T}},\boldsymbol{\eta},\bar{\boldsymbol{\eta}},\boldsymbol{v}_d,\dot{\boldsymbol{v}}_d^{\mathrm{T}}\right]^{\mathrm{T}}\in\mathbb{R}^{19}$，为神经网络的输入向量；$\boldsymbol{W}_1$ 为神经网络的权值向量；$\boldsymbol{\varepsilon}_1$ 为逼近误差并且满足 $\|\boldsymbol{\varepsilon}_1\|\leqslant\varepsilon_{1\mathrm{M}}$，其中 $\varepsilon_{1\mathrm{M}}$ 为一个正常数。则间接控制变量可以设计为如下形式：

$$\boldsymbol{\Lambda}=\boldsymbol{B}^{\mathrm{T}}\left(\boldsymbol{B}\boldsymbol{B}^{\mathrm{T}}\right)^{-1}\left[-\boldsymbol{z}_1-\boldsymbol{K}_3\left(\boldsymbol{\Phi}-\boldsymbol{\pi}_v\right)+\boldsymbol{S}\left(\boldsymbol{\omega}\right)\boldsymbol{M}_1\boldsymbol{\Phi}+\hat{\boldsymbol{W}}_1^{\mathrm{T}}\boldsymbol{\sigma}\left(\boldsymbol{\xi}_1\right)\right] \tag{6.82}$$

式中，$\hat{\boldsymbol{W}}_1$ 为 $\boldsymbol{W}_1$ 的估计值。

神经网络自适应率设计如下：

$$\dot{\hat{\boldsymbol{W}}}_1=\Gamma_W\left[-\boldsymbol{\sigma}(\boldsymbol{\xi}_1)\boldsymbol{\Phi}^{\mathrm{T}}-k_W\hat{\boldsymbol{W}}_1\right] \tag{6.83}$$

式中，$\Gamma_W\in\mathbb{R}$ 与 $k_W\in\mathbb{R}$ 为正常数。

控制器与虚拟控制设计为

$$u_{v0}=\boldsymbol{b}_3\boldsymbol{\Lambda} \tag{6.84}$$

$$\boldsymbol{\alpha}_2=\boldsymbol{b}_4\boldsymbol{\Lambda} \tag{6.85}$$

进一步得到

$$\begin{aligned}\dot{V}_4\leqslant&-\boldsymbol{z}_1^{\mathrm{T}}\boldsymbol{K}_1\boldsymbol{z}_1-\boldsymbol{\Phi}^{\mathrm{T}}\boldsymbol{K}_3\boldsymbol{\Phi}+\boldsymbol{z}_1^{\mathrm{T}}\boldsymbol{p}_1+\boldsymbol{z}_1^{\mathrm{T}}\boldsymbol{\beta}-\mu\omega_s+\boldsymbol{p}_1^{\mathrm{T}}\dot{\boldsymbol{p}}_1+\boldsymbol{\Phi}^{\mathrm{T}}\boldsymbol{K}_3\boldsymbol{\pi}_v\\&+\boldsymbol{\Phi}^{\mathrm{T}}\left[\tilde{\boldsymbol{W}}_1^{\mathrm{T}}\boldsymbol{\sigma}(\boldsymbol{\xi}_1)-\boldsymbol{\varepsilon}_1\right]+\boldsymbol{\Phi}^{\mathrm{T}}\boldsymbol{S}\left(\boldsymbol{M}_1\boldsymbol{\beta}\right)\left(\boldsymbol{\omega}-\boldsymbol{\alpha}_2\right)-\boldsymbol{\pi}_v^{\mathrm{T}}\left[\boldsymbol{K}_2-\frac{\bar{\sigma}\left(\boldsymbol{B}\right)^2}{2}\boldsymbol{I}_{3\times3}\right]\boldsymbol{\pi}_v\end{aligned} \tag{6.86}$$

式中，$\tilde{\boldsymbol{W}}_1=\hat{\boldsymbol{W}}_1-\boldsymbol{W}_1$。

考虑第五个 Lyapunov 备选函数：

$$V_5=V_4+\frac{1}{2}\mathrm{tr}\left(\tilde{\boldsymbol{W}}_1^{\mathrm{T}}\Gamma_W^{-1}\tilde{\boldsymbol{W}}_1\right) \tag{6.87}$$

对其求导数得到

$$\begin{aligned}\dot{V}_5\leqslant&-\boldsymbol{z}_1^{\mathrm{T}}\boldsymbol{K}_1\boldsymbol{z}_1-\boldsymbol{\Phi}^{\mathrm{T}}\boldsymbol{K}_3\boldsymbol{\Phi}+\boldsymbol{z}_1^{\mathrm{T}}\boldsymbol{p}_1+\boldsymbol{z}_1^{\mathrm{T}}\boldsymbol{\beta}-\mu\omega_s+\boldsymbol{p}_1^{\mathrm{T}}\dot{\boldsymbol{p}}_1+\boldsymbol{\Phi}^{\mathrm{T}}\boldsymbol{K}_3\boldsymbol{\pi}_v\\&-k_W\mathrm{tr}\left(\tilde{\boldsymbol{W}}_1^{\mathrm{T}}\hat{\boldsymbol{W}}_1\right)-\boldsymbol{\Phi}^{\mathrm{T}}\boldsymbol{\varepsilon}_1+\boldsymbol{\Phi}^{\mathrm{T}}\boldsymbol{S}\left(\boldsymbol{M}_1\boldsymbol{\beta}\right)\left(\boldsymbol{\omega}-\boldsymbol{\alpha}_2\right)-\boldsymbol{\pi}_v^{\mathrm{T}}\left[\boldsymbol{K}_2-\frac{\bar{\sigma}\left(\boldsymbol{B}\right)^2}{2}\boldsymbol{I}_{3\times3}\right]\boldsymbol{\pi}_v\end{aligned} \tag{6.88}$$

引入一个新的状态变量 $\boldsymbol{\omega}_d\in\mathbb{R}^3$，并让第二个虚拟控制率 $\boldsymbol{\alpha}_2$ 穿过一个一阶滤波器得到

$$\gamma\dot{\boldsymbol{\omega}}_d+\boldsymbol{\omega}_d=\boldsymbol{\alpha}_2 \tag{6.89}$$

定义误差变量 $\boldsymbol{p}_2=\boldsymbol{\omega}_d-\boldsymbol{\alpha}_2$，$\boldsymbol{z}_3=\boldsymbol{\omega}-\boldsymbol{\omega}_d$。考虑第六个 Lyapunov 备选函数：

$$V_6=V_5+\frac{1}{2}\boldsymbol{p}_2^{\mathrm{T}}\boldsymbol{p}_2 \tag{6.90}$$

对其求导数得到

$$\dot{V}_6 \leqslant -z_1^{\mathrm{T}}\boldsymbol{K}_1 z_1 - \boldsymbol{\Phi}^{\mathrm{T}}\boldsymbol{K}_3\boldsymbol{\Phi} + z_1^{\mathrm{T}}\boldsymbol{p}_1 + z_1^{\mathrm{T}}\boldsymbol{\beta} - \mu\omega_s + \boldsymbol{p}_1^{\mathrm{T}}\dot{\boldsymbol{p}}_1 + \boldsymbol{p}_2^{\mathrm{T}}\dot{\boldsymbol{p}}_2 + \boldsymbol{\Phi}^{\mathrm{T}}\boldsymbol{K}_3\boldsymbol{\pi}_\nu$$
$$- k_W \operatorname{tr}\left(\tilde{\boldsymbol{W}}_1^{\mathrm{T}}\hat{\boldsymbol{W}}_1\right) - \boldsymbol{\Phi}^{\mathrm{T}}\boldsymbol{\varepsilon}_1 + \boldsymbol{\Phi}^{\mathrm{T}}\boldsymbol{S}\left(\boldsymbol{M}_1\boldsymbol{\beta}\right)\left(\boldsymbol{\omega} - \boldsymbol{\alpha}_2\right) - \boldsymbol{\pi}_\nu^{\mathrm{T}}\left[\boldsymbol{K}_2 - \frac{\bar{\sigma}\left(\boldsymbol{B}\right)^2}{2}\boldsymbol{I}_{3\times3}\right]\boldsymbol{\pi}_\nu \quad (6.91)$$

第三步：动力学抗饱和控制器

对 z_3 求导数得到

$$\boldsymbol{M}_2\dot{\boldsymbol{z}}_3 = -\boldsymbol{S}\left(\boldsymbol{\nu}\right)\boldsymbol{M}_2\boldsymbol{\nu} - \boldsymbol{S}\left(\boldsymbol{\omega}\right)\boldsymbol{M}_2\boldsymbol{\omega} + \boldsymbol{f}_\omega\left(\cdot\right) + \boldsymbol{b}_2\boldsymbol{u}_\omega - \boldsymbol{M}_2\dot{\boldsymbol{\omega}}_d \quad (6.92)$$

考虑第七个 Lyapunov 备选函数：

$$V_7 = V_6 + \frac{1}{2}z_3^{\mathrm{T}}\boldsymbol{M}_2 z_3 \quad (6.93)$$

对其求导数得到

$$\dot{V}_7 \leqslant -z_1^{\mathrm{T}}\boldsymbol{K}_1 z_1 - \boldsymbol{\Phi}^{\mathrm{T}}\boldsymbol{K}_3\boldsymbol{\Phi} + z_1^{\mathrm{T}}\boldsymbol{p}_1 + z_1^{\mathrm{T}}\boldsymbol{\beta} - \mu\omega_s + \boldsymbol{p}_1^{\mathrm{T}}\dot{\boldsymbol{p}}_1 + \boldsymbol{p}_2^{\mathrm{T}}\dot{\boldsymbol{p}}_2 + \boldsymbol{\Phi}^{\mathrm{T}}\boldsymbol{K}_3\boldsymbol{\pi}_\nu$$
$$- k_W \operatorname{tr}\left(\tilde{\boldsymbol{W}}_1^{\mathrm{T}}\hat{\boldsymbol{W}}_1\right) - \boldsymbol{\Phi}^{\mathrm{T}}\boldsymbol{\varepsilon}_1 + \boldsymbol{\Phi}^{\mathrm{T}}\boldsymbol{S}\left(\boldsymbol{M}_1\boldsymbol{\beta}\right)\left(\boldsymbol{\omega} - \boldsymbol{\alpha}_2\right) - \boldsymbol{\pi}_\nu^{\mathrm{T}}\left[\boldsymbol{K}_2 - \frac{\bar{\sigma}\left(\boldsymbol{B}\right)^2}{2}\boldsymbol{I}_{3\times3}\right]\boldsymbol{\pi}_\nu$$
$$+ z_3^{\mathrm{T}}\left[\boldsymbol{b}_2\boldsymbol{u}_\omega + \boldsymbol{b}_4\boldsymbol{B}^{\mathrm{T}}\boldsymbol{\Phi} - \boldsymbol{f}_2\left(\cdot\right)\right] \quad (6.94)$$

式中，$\boldsymbol{f}_2\left(\cdot\right) = -\boldsymbol{f}_\omega\left(\cdot\right) + \boldsymbol{S}\left(\boldsymbol{\nu}\right)\boldsymbol{M}_1\boldsymbol{\nu} + \boldsymbol{S}\left(\boldsymbol{\omega}\right)\boldsymbol{M}_2\boldsymbol{\omega} + \boldsymbol{M}_2\dot{\boldsymbol{\omega}}_d$。

由于考虑了控制信号输入饱和问题，需要引入一个辅助系统进行设计，辅助系统如下所示：

$$\dot{\boldsymbol{\pi}}_\omega = \begin{cases} -\boldsymbol{K}_4\boldsymbol{\pi}_\omega - \dfrac{\left|z_3^{\mathrm{T}}\boldsymbol{b}_2\tilde{\boldsymbol{u}}_\omega\right| + \dfrac{1}{2}\tilde{\boldsymbol{u}}_\omega^{\mathrm{T}}\tilde{\boldsymbol{u}}_\omega}{\left\|\boldsymbol{\pi}_\omega\right\|^2}\boldsymbol{\pi}_\omega + \tilde{\boldsymbol{u}}_\omega, & \left\|\boldsymbol{\pi}_\omega\right\| \geqslant \varepsilon_{\pi\omega} \\ 0, & \left\|\boldsymbol{\pi}_\omega\right\| < \varepsilon_{\pi\omega} \end{cases} \quad (6.95)$$

式中，$\tilde{\boldsymbol{u}}_\omega = \boldsymbol{u}_\omega - \boldsymbol{u}_{\omega0}$；$\boldsymbol{\pi}_\omega \in \mathbb{R}^3$ 为辅助设计系统的状态变量；$\varepsilon_{\pi\omega} \in \mathbb{R}$ 为一个正常数；$\boldsymbol{K}_4 \in \mathbb{R}^{3\times3}$ 为一个对角矩阵并且其对角元素都是正常数。

考虑第八个 Lyapunov 备选函数：

$$V_8 = V_7 + \frac{1}{2}\boldsymbol{\pi}_\omega^{\mathrm{T}}\boldsymbol{\pi}_\omega \quad (6.96)$$

将 $\boldsymbol{u}_\omega = \tilde{\boldsymbol{u}}_\omega + \boldsymbol{u}_{\omega0}$ 代入式(6.92)，对 V_8 求导数得到如下关系式：

$$\dot{V}_8 \leqslant -z_1^{\mathrm{T}}\boldsymbol{K}_1 z_1 - \boldsymbol{\Phi}^{\mathrm{T}}\boldsymbol{K}_3\boldsymbol{\Phi} + z_1^{\mathrm{T}}\boldsymbol{p}_1 + z_1^{\mathrm{T}}\boldsymbol{\beta} - \mu\omega_s + \boldsymbol{p}_1^{\mathrm{T}}\dot{\boldsymbol{p}}_1 + \boldsymbol{p}_2^{\mathrm{T}}\dot{\boldsymbol{p}}_2 + \boldsymbol{\Phi}^{\mathrm{T}}\boldsymbol{K}_3\boldsymbol{\pi}_\nu$$
$$- k_W \operatorname{tr}\left(\tilde{\boldsymbol{W}}_1^{\mathrm{T}}\hat{\boldsymbol{W}}_1\right) - \boldsymbol{\Phi}^{\mathrm{T}}\boldsymbol{\varepsilon}_1 + \boldsymbol{\Phi}^{\mathrm{T}}\boldsymbol{S}\left(\boldsymbol{M}_1\boldsymbol{\beta}\right)\boldsymbol{p}_2 - \boldsymbol{\pi}_\nu^{\mathrm{T}}\left[\boldsymbol{K}_2 - \frac{\bar{\sigma}\left(\boldsymbol{B}\right)^2}{2}\boldsymbol{I}_{3\times3}\right]\boldsymbol{\pi}_\nu$$
$$- \boldsymbol{\pi}_\omega^{\mathrm{T}}\left(\boldsymbol{K}_4 - \frac{1}{2}\boldsymbol{I}_{3\times3}\right)\boldsymbol{\pi}_\omega + z_3^{\mathrm{T}}\left[\boldsymbol{b}_2\boldsymbol{u}_{\omega0} + \boldsymbol{b}_4\boldsymbol{B}^{\mathrm{T}}\boldsymbol{\Phi} - \boldsymbol{f}_2\left(\cdot\right)\right] \quad (6.97)$$

类似于第二步的设计，选择控制率与神经网络自适应率分别为

$$\boldsymbol{u}_{\omega 0}=\boldsymbol{b}_2^{-1}\left[-\boldsymbol{K}_5\left(\boldsymbol{z}_3-\boldsymbol{\pi}_\omega\right)-\boldsymbol{b}_4\boldsymbol{B}^{\mathrm{T}}\boldsymbol{\Phi}+\hat{\boldsymbol{W}}_2^{\mathrm{T}}\boldsymbol{\sigma}\left(\xi_2\right)\right] \tag{6.98}$$

$$\dot{\hat{\boldsymbol{W}}}_2=\Gamma_W\left[-\boldsymbol{\sigma}\left(\boldsymbol{\xi}_2\right)\boldsymbol{z}_3^{\mathrm{T}}-k_W\hat{\boldsymbol{W}}_2\right] \tag{6.99}$$

式中，$\boldsymbol{K}_5\in\mathbb{R}^{3\times 3}$ 为一个对角矩阵并且其对角元素都为正常数；$\boldsymbol{\xi}_2=[1,\boldsymbol{\nu}^{\mathrm{T}},\boldsymbol{\omega}^{\mathrm{T}},\boldsymbol{\eta},\bar{\boldsymbol{\eta}},\dot{\boldsymbol{\omega}}_d^{\mathrm{T}}]^{\mathrm{T}}\in\mathbb{R}^{16}$ 为神经网络的输入向量；$\boldsymbol{W}_2$ 为神经网络的权值向量；$\hat{\boldsymbol{W}}_2$ 为 $\boldsymbol{W}_2$ 的估计值；$\boldsymbol{\varepsilon}_2$ 为神经网络的逼近误差并且满足 $\|\boldsymbol{\varepsilon}_2\|\leqslant\varepsilon_{2\mathrm{M}}$，$\varepsilon_{2\mathrm{M}}$ 为一个正常数。进一步得到

$$\begin{aligned}\dot{V}_8\leqslant&-\boldsymbol{z}_1^{\mathrm{T}}\boldsymbol{K}_1\boldsymbol{z}_1-\boldsymbol{\Phi}^{\mathrm{T}}\boldsymbol{K}_3\boldsymbol{\Phi}-\boldsymbol{z}_3^{\mathrm{T}}\boldsymbol{K}_5\boldsymbol{z}_3+\boldsymbol{z}_1^{\mathrm{T}}\boldsymbol{p}_1+\boldsymbol{z}_1^{\mathrm{T}}\boldsymbol{\beta}-\mu\omega_s+\boldsymbol{p}_1^{\mathrm{T}}\dot{\boldsymbol{p}}_1+\boldsymbol{p}_2^{\mathrm{T}}\dot{\boldsymbol{p}}_2\\&+\boldsymbol{\Phi}^{\mathrm{T}}\boldsymbol{K}_3\boldsymbol{\pi}_\nu+\boldsymbol{z}_3^{\mathrm{T}}\boldsymbol{K}_5\boldsymbol{\pi}_\omega-k_W\mathrm{tr}\left(\tilde{\boldsymbol{W}}_1^{\mathrm{T}}\hat{\boldsymbol{W}}_1\right)-\boldsymbol{\Phi}^{\mathrm{T}}\boldsymbol{\varepsilon}_1+\boldsymbol{\Phi}^{\mathrm{T}}\boldsymbol{S}\left(\boldsymbol{M}_1\boldsymbol{\beta}\right)\boldsymbol{p}_2\\&-\boldsymbol{\pi}_\nu^{\mathrm{T}}\left[\boldsymbol{K}_2-\frac{\bar{\sigma}\left(\boldsymbol{B}\right)^2}{2}\boldsymbol{I}_{3\times 3}\right]\boldsymbol{\pi}_\nu-\boldsymbol{\pi}_\omega^{\mathrm{T}}\left(\boldsymbol{K}_4-\frac{1}{2}\boldsymbol{I}_{3\times 3}\right)\boldsymbol{\pi}_\omega+\boldsymbol{z}_3^{\mathrm{T}}\left[\tilde{\boldsymbol{W}}_2^{\mathrm{T}}\boldsymbol{\sigma}\left(\xi_2\right)-\boldsymbol{\varepsilon}_2\right]\end{aligned} \tag{6.100}$$

式中，$\tilde{\boldsymbol{W}}_2=\hat{\boldsymbol{W}}_2-\boldsymbol{W}_2$。

考虑第九个 Lyapunov 备选函数：

$$V_9=V_8+\frac{1}{2}\mathrm{tr}\left(\tilde{\boldsymbol{W}}_2^{\mathrm{T}}\Gamma_W^{-1}\tilde{\boldsymbol{W}}_2\right) \tag{6.101}$$

对其求导数得到

$$\begin{aligned}\dot{V}_9\leqslant&-\boldsymbol{z}_1^{\mathrm{T}}\boldsymbol{K}_1\boldsymbol{z}_1-\boldsymbol{\Phi}^{\mathrm{T}}\boldsymbol{K}_3\boldsymbol{\Phi}-\boldsymbol{z}_3^{\mathrm{T}}\boldsymbol{K}_5\boldsymbol{z}_3+\boldsymbol{z}_1^{\mathrm{T}}\boldsymbol{p}_1+\boldsymbol{z}_1^{\mathrm{T}}\boldsymbol{\beta}-\mu\omega_s+\boldsymbol{p}_1^{\mathrm{T}}\dot{\boldsymbol{p}}_1+\boldsymbol{p}_2^{\mathrm{T}}\dot{\boldsymbol{p}}_2\\&+\boldsymbol{\Phi}^{\mathrm{T}}\boldsymbol{K}_3\boldsymbol{\pi}_\nu+\boldsymbol{z}_3^{\mathrm{T}}\boldsymbol{K}_5\boldsymbol{\pi}_\omega-k_W\mathrm{tr}\left(\tilde{\boldsymbol{W}}_1^{\mathrm{T}}\hat{\boldsymbol{W}}_1\right)-\boldsymbol{\Phi}^{\mathrm{T}}\boldsymbol{\varepsilon}_1+\boldsymbol{\Phi}^{\mathrm{T}}\boldsymbol{S}\left(\boldsymbol{M}_1\boldsymbol{\beta}\right)\boldsymbol{p}_2\\&-\boldsymbol{\pi}_\nu^{\mathrm{T}}\left[\boldsymbol{K}_2-\frac{\bar{\sigma}\left(\boldsymbol{B}\right)^2}{2}\boldsymbol{I}_{3\times 3}\right]\boldsymbol{\pi}_\nu-\boldsymbol{\pi}_\omega^{\mathrm{T}}\left(\boldsymbol{K}_4-\frac{1}{2}\boldsymbol{I}_{3\times 3}\right)\boldsymbol{\pi}_\omega\\&-k_W\,\mathrm{tr}\left(\tilde{\boldsymbol{W}}_2^{\mathrm{T}}\hat{\boldsymbol{W}}_2\right)-\boldsymbol{z}_3^{\mathrm{T}}\boldsymbol{\varepsilon}_2\end{aligned} \tag{6.102}$$

第四步：路径参数更新率

设计路径参数反馈更新率：

$$\dot{\omega}_s=-\lambda\mathcal{K}_1\omega_s+\lambda\mu \tag{6.103}$$

考虑第十个 Lyapunov 备选函数：

$$V_{10}=V_9+\frac{1}{2}\lambda^{-1}\omega_s^2 \tag{6.104}$$

对其求导数得到

$$\begin{aligned}\dot{V}_9\leqslant&-\mathcal{K}_1\omega_s^2-\boldsymbol{z}_1^{\mathrm{T}}\boldsymbol{K}_1\boldsymbol{z}_1-\boldsymbol{\Phi}^{\mathrm{T}}\boldsymbol{K}_3\boldsymbol{\Phi}-\boldsymbol{z}_3^{\mathrm{T}}\boldsymbol{K}_5\boldsymbol{z}_3+\boldsymbol{z}_1^{\mathrm{T}}\boldsymbol{p}_1+\boldsymbol{z}_1^{\mathrm{T}}\boldsymbol{\beta}+\boldsymbol{p}_1^{\mathrm{T}}\dot{\boldsymbol{p}}_1+\boldsymbol{p}_2^{\mathrm{T}}\dot{\boldsymbol{p}}_2\\&+\boldsymbol{\Phi}^{\mathrm{T}}\boldsymbol{K}_3\boldsymbol{\pi}_\nu+\boldsymbol{z}_3^{\mathrm{T}}\boldsymbol{K}_5\boldsymbol{\pi}_\omega-k_W\mathrm{tr}\left(\tilde{\boldsymbol{W}}_1^{\mathrm{T}}\hat{\boldsymbol{W}}_1\right)-\boldsymbol{\Phi}^{\mathrm{T}}\boldsymbol{\varepsilon}_1+\boldsymbol{\Phi}^{\mathrm{T}}\boldsymbol{S}\left(\boldsymbol{M}_1\boldsymbol{\beta}\right)\boldsymbol{p}_2\end{aligned}$$

$$-\boldsymbol{\pi}_{\nu}^{\mathrm{T}}\left[\boldsymbol{K}_2-\frac{\bar{\sigma}(\boldsymbol{B})^2}{2}\boldsymbol{I}_{3\times3}\right]\boldsymbol{\pi}_{\nu}-\boldsymbol{\pi}_{\omega}^{\mathrm{T}}\left(\boldsymbol{K}_4-\frac{1}{2}\boldsymbol{I}_{3\times3}\right)\boldsymbol{\pi}_{\omega}$$

$$-k_W\,\mathrm{tr}\left(\tilde{\boldsymbol{W}}_2^{\mathrm{T}}\hat{\boldsymbol{W}}_2\right)-\boldsymbol{z}_3^{\mathrm{T}}\boldsymbol{\varepsilon}_2 \tag{6.105}$$

6.4.3 闭环系统稳定性分析

通过上述控制器设计，可使水下机器人各级运动学与动力学系统稳定，以及在控制信号发生饱和现象的情况下仍能够实现期望的控制目标。下面将给出严格的闭环系统稳定性分析，包括提出的定理与相应的证明。

定理 6.2 考虑欠驱动六自由度水下机器人系统式(6.1)～式(6.4)，设计辅助系统式(6.74)、式(6.95)，选择控制率式(6.84)、式(6.98)，神经网络自适应率式(6.83)、式(6.99)以及路径参数更新率式(6.103)。那么，对于给定的q_2，如果初始条件满足

$$\Omega_2=\left\{\left[\boldsymbol{z}_1,\boldsymbol{\Phi},\boldsymbol{z}_2,\boldsymbol{z}_3,\boldsymbol{p}_1,\boldsymbol{p}_2,\tilde{\boldsymbol{W}}_1,\tilde{\boldsymbol{W}}_2\right]^{\mathrm{T}}:V\leqslant q_2\right\}$$

则存在控制参数$\boldsymbol{K}_1$、$\boldsymbol{K}_2$、$\boldsymbol{K}_3$、$\boldsymbol{K}_4$、$\boldsymbol{K}_5$、γ、Γ_W、k_W、$\mathcal{K}_1$、$\mathcal{K}_2$使得闭环系统中的所有信号都一致最终有界。

证明 对$\boldsymbol{p}_1$与$\boldsymbol{p}_2$求导数得到

$$\dot{\boldsymbol{p}}_1=-\frac{\boldsymbol{p}_1}{\gamma}+\Delta_1\left(\boldsymbol{z}_1,\boldsymbol{z}_2,\boldsymbol{\Phi},\boldsymbol{z}_3,\gamma,\boldsymbol{p}_1,\boldsymbol{p}_2,\boldsymbol{\eta}_d^{\theta},\boldsymbol{\eta}_d^{\theta^2}\right) \tag{6.106}$$

$$\dot{\boldsymbol{p}}_2=-\frac{\boldsymbol{p}_2}{\gamma}+\Delta_2\left(\boldsymbol{z}_1,\boldsymbol{z}_2,\boldsymbol{\Phi},\boldsymbol{z}_3,\gamma,\boldsymbol{p}_1,\boldsymbol{p}_2,\boldsymbol{\eta}_d^{\theta},\boldsymbol{\eta}_d^{\theta^2}\right) \tag{6.107}$$

式中，$\Delta_1(\cdot)$与$\Delta_2(\cdot)$为连续函数。对于q_1与q_2，集合Ω_1与Ω_2是紧集，因此$\Omega_1\times\Omega_2$也是紧集，则$\Delta_1(\cdot)$与$\Delta_2(\cdot)$在集合$\Omega_1\times\Omega_2$上分别有一个最大值$\Delta_{1\mathrm{M}}$与$\Delta_{2\mathrm{M}}$。此外，根据 Young’s 不等式有

$$\left|\boldsymbol{p}_1^{\mathrm{T}}\dot{\boldsymbol{p}}_1\right|\leqslant-\frac{\|\boldsymbol{p}_1\|^2}{\gamma}+\frac{\|\boldsymbol{p}_1\|^2}{2}+\frac{\Delta_{1\mathrm{M}}^2}{2}$$

$$\left|\boldsymbol{p}_2^{\mathrm{T}}\dot{\boldsymbol{p}}_2\right|\leqslant-\frac{\|\boldsymbol{p}_2\|^2}{\gamma}+\frac{\|\boldsymbol{p}_2\|^2}{2}+\frac{\Delta_{2\mathrm{M}}^2}{2}$$

$$-k_W\,\mathrm{tr}\left(\tilde{\boldsymbol{W}}_1^{\mathrm{T}}\tilde{\boldsymbol{W}}_1\right)\leqslant-\frac{k_W}{2}\left\|\tilde{\boldsymbol{W}}_1\right\|_F^2+\frac{k_W}{2}\left\|\boldsymbol{W}_1\right\|_F^2$$

$$-k_W\,\mathrm{tr}\left(\tilde{\boldsymbol{W}}_2^{\mathrm{T}}\tilde{\boldsymbol{W}}_2\right)\leqslant-\frac{k_W}{2}\left\|\tilde{\boldsymbol{W}}_2\right\|_F^2+\frac{k_W}{2}\left\|\boldsymbol{W}_2\right\|_F^2$$

$$\left\|\boldsymbol{z}_1^{\mathrm{T}}\boldsymbol{p}_1\right\|\leqslant\frac{1}{2}\|\boldsymbol{z}_1\|^2+\frac{1}{2}\|\boldsymbol{p}_1\|^2$$

$$\left\|z_1^{\mathrm{T}}\boldsymbol{\beta}\right\| \leqslant \frac{1}{2}\left\|z_1\right\|^2 + \frac{1}{2}\left\|\boldsymbol{\beta}\right\|^2$$

$$\left\|-\boldsymbol{\Phi}^{\mathrm{T}}\boldsymbol{\varepsilon}_1\right\| \leqslant \frac{1}{2}\left\|\boldsymbol{\Phi}\right\|^2 + \frac{1}{2}\left\|\varepsilon_{1\mathrm{M}}\right\|^2$$

$$\left\|-z_3^{\mathrm{T}}\boldsymbol{\varepsilon}_2\right\| \leqslant \frac{1}{2}\left\|z_3\right\|^2 + \frac{1}{2}\left\|\varepsilon_{2\mathrm{M}}\right\|^2$$

$$\left\|\boldsymbol{\Phi}^{\mathrm{T}}\boldsymbol{S}(\boldsymbol{M}_1\boldsymbol{\beta})\boldsymbol{p}_2\right\| \leqslant \frac{\bar{\sigma}\left(\boldsymbol{S}\left(\boldsymbol{M}_1\boldsymbol{\beta}\right)\right)^2}{2}\left\|\boldsymbol{\Phi}\right\|^2 + \frac{1}{2}\left\|\boldsymbol{p}_2\right\|^2$$

结合式(6.105)与 Young's 不等式可进一步写成

$$\begin{aligned}
\dot{V} \leqslant & -\lambda_{\min}\left(\mathcal{K}_1\right)\omega_s^2 - \left[\lambda_{\min}\left(\boldsymbol{K}_1\right) - 1\right]\left\|z_1\right\|^2 \\
& -\left[\lambda_{\min}\left(\boldsymbol{K}_3\right) - \frac{1}{2} - \frac{1}{2}\lambda_{\min}\left(\boldsymbol{K}_3\right) - \frac{\bar{\sigma}\left(\boldsymbol{S}\left(\boldsymbol{M}_1\boldsymbol{\beta}\right)\right)^2}{2}\right]\left\|\boldsymbol{\Phi}\right\|^2 \\
& -\frac{k_W}{2}\left\|\tilde{\boldsymbol{W}}_1\right\|_F^2 - \left[\lambda_{\min}\left(\boldsymbol{K}_3\right) - \frac{1}{2} - \frac{1}{2}\lambda_{\min}\left(\boldsymbol{K}_5\right)\right]\left\|z_3\right\|^2 \\
& -\frac{k_W}{2}\left\|\tilde{\boldsymbol{W}}_2\right\|_F^2 - \frac{1-\gamma}{\gamma}\left\|\boldsymbol{p}_1\right\|^2 - \frac{1-\gamma}{\gamma}\left\|\boldsymbol{p}_2\right\|^2 \\
& -\lambda_{\min}\left[\boldsymbol{K}_2 - \frac{\bar{\sigma}\left(\boldsymbol{B}\right)^2}{2}\boldsymbol{I}_{3\times 3}\right]\left\|\boldsymbol{\pi}_v\right\|^2 - \lambda_{\min}\left(\boldsymbol{K}_4 - \frac{1}{2}\boldsymbol{I}_{3\times 3}\right)\left\|\boldsymbol{\pi}_\omega\right\|^2 + H
\end{aligned} \tag{6.108}$$

式中，$H = \frac{1}{2}\left(\left\|\boldsymbol{\beta}\right\|^2 + k_W\left\|\boldsymbol{W}_1\right\|^2 + k_W\left\|\boldsymbol{W}_2\right\|^2 + \left\|\varepsilon_{1\mathrm{M}}\right\|^2 + \left\|\varepsilon_{2\mathrm{M}}\right\|^2 + \Delta_{1\mathrm{M}}^2 + \Delta_{2\mathrm{M}}^2\right)$。

选择控制参数满足

$$\lambda_{\min}\left(\boldsymbol{K}_3\right) - \frac{1}{2} - \frac{1}{2}\lambda_{\min}\left(\boldsymbol{K}_3\right) - \frac{\bar{\sigma}\left(\boldsymbol{S}\left(\boldsymbol{M}_1\boldsymbol{\beta}\right)\right)^2}{2} > 0$$

$$\lambda_{\min}\left(\boldsymbol{K}_3\right) - \frac{1}{2} - \frac{1}{2}\lambda_{\min}\left(\boldsymbol{K}_5\right) > 0$$

$$\frac{1-\gamma}{\gamma} > 0$$

$$\lambda_{\min}\left[\boldsymbol{K}_2 - \frac{\bar{\sigma}\left(\boldsymbol{B}\right)^2}{2}\boldsymbol{I}_{3\times 3}\right] > 0$$

$$\lambda_{\min}\left(\boldsymbol{K}_4 - \frac{1}{2}\boldsymbol{I}_{3\times 3}\right) > 0$$

注意到，$\omega_s > \sqrt{\dfrac{H}{\lambda_{\min}(\mathcal{K}_1)}}$，或$\|\boldsymbol{p}_1\| > \sqrt{\dfrac{\gamma H}{1-\gamma}}$，或$\|\boldsymbol{z}_1\| > \sqrt{\dfrac{H}{\lambda_{\min}(\boldsymbol{K}_1)-1}}$，或$\|\boldsymbol{\Phi}\| > \sqrt{\dfrac{H}{\lambda_{\min}(\boldsymbol{K}_3)-\dfrac{1}{2}-\dfrac{1}{2}\lambda_{\min}(\boldsymbol{K}_3)-\dfrac{\bar{\sigma}(\boldsymbol{S}(\boldsymbol{M}_1\boldsymbol{\beta}))^2}{2}}}$，或$\|\boldsymbol{p}_2\| > \sqrt{\dfrac{\gamma H}{1-\gamma}}$，或$\|\tilde{\boldsymbol{W}}_1\|_F > \sqrt{\dfrac{2H}{k_W}}$，或$\|\boldsymbol{z}_3\| > \sqrt{\dfrac{H}{\lambda_{\min}(\boldsymbol{K}_3)-\dfrac{1}{2}-\dfrac{1}{2}\lambda_{\min}(\boldsymbol{K}_5)}}$，或$\|\tilde{\boldsymbol{W}}_2\|_F > \sqrt{\dfrac{2H}{k_W}}$，或$\|\boldsymbol{\pi}_v\| > \sqrt{\dfrac{H}{\lambda_{\min}\left[\boldsymbol{K}_2-\dfrac{\bar{\sigma}(\boldsymbol{B})^2}{2}\boldsymbol{I}_{3\times3}\right]}}$，或$\|\boldsymbol{\pi}_\omega\| > \sqrt{\dfrac{H}{\lambda_{\min}\left(\boldsymbol{K}_4-\dfrac{1}{2}\boldsymbol{I}_{3\times3}\right)}}$使得$\dot{V}<0$，则所有信号在闭环系统中都一致最终有界。

更进一步，当$t\to\infty$，控制目标得以实现，其中，

$$\epsilon_1 = \sqrt{\frac{H}{\lambda_{\min}(\boldsymbol{K}_1)-1}} \tag{6.109}$$

$$\epsilon_2 = \sqrt{\frac{H}{\lambda_{\min}(\mathcal{K}_1)}} \tag{6.110}$$

定理由此得证。

6.4.4 计算机仿真

如定理 6.2 所述，通过设计辅助系统、控制率、神经网络自适应率以及路径参数更新率可满足提出的控制目标。针对上述的理论分析，下面将通过计算机仿真验证所提出含有输入饱和的路径跟踪控制算法的有效性。仿真被控对象不确定性部分给出如下形式：

$$\boldsymbol{f}_v(\cdot)=\left[1.1v^3+0.08u, 0.9xw+0.02y, \varphi z+0.3\psi^2\right]^{\mathrm{T}}$$

$$\boldsymbol{f}_\omega(\cdot)=\left[0.95u^2+0.13\vartheta, 1.1q^3y+0.05\varphi, 0.97p^2r+0.23x^2\right]^{\mathrm{T}}$$

初始线速度与角速度分别为$u=0$，$v=0$，$w=0$，$p=0$，$q=0$，$r=0$；控制器增益选为$\boldsymbol{K}_1=\mathrm{diag}[1,3,0.5]$，$\boldsymbol{K}_3=\mathrm{diag}[20,10,8]$，$\boldsymbol{K}_4=\mathrm{diag}[12,20,6]$，$\boldsymbol{K}_5=\mathrm{diag}[60,50,10]$；神经网络自适应率参数选为$k_W=0.1$，$\Gamma_W=100$。

仿真结果如图 6.11～图 6.13 所示。

为了验证神经网络的逼近能力，图 6.11 给出了欠驱动水下机器人的各个子系统中神经网络逼近不确定非线性函数的逼近效果。可以看到，所设计的神经网络

自适应控制算法能够对系统中的不确定性进行很好的逼近。

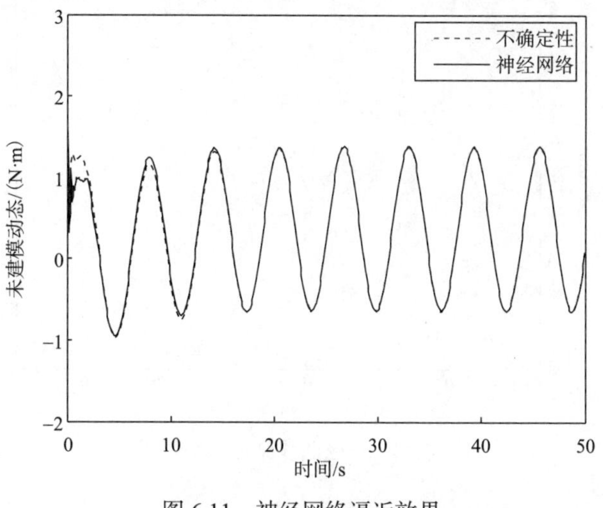

图 6.11 神经网络逼近效果

图 6.12 给出了本章所设计的控制信号曲线。从图中能够看出，信号比较光滑、无高频振荡且最大幅值处于执行机构可执行的范围内，易于执行机构实现。尽管控制信号在初始阶段出现了饱和情况，但由于设计了辅助系统对饱和部分进行了补偿，使得期望的控制目标仍可实现，从图 6.13 所示的路径跟踪性能可得到验证。

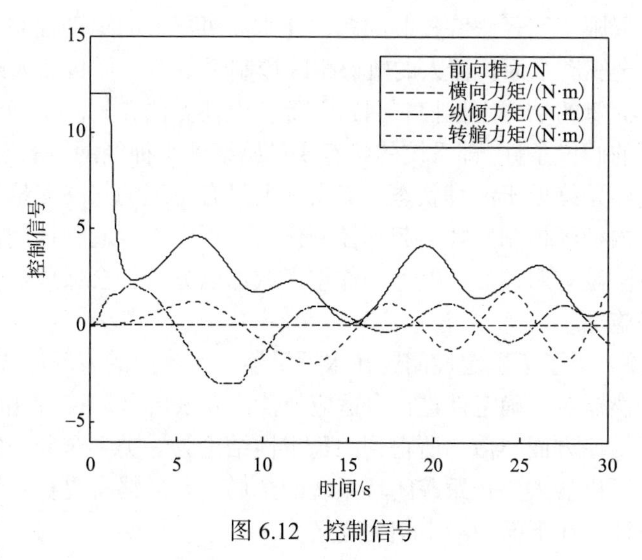

图 6.12 控制信号

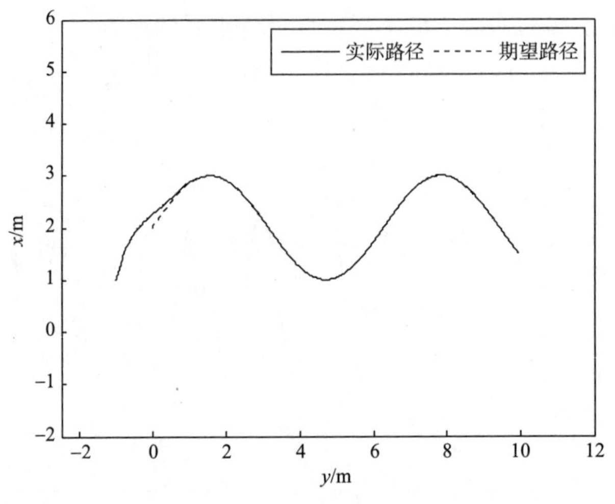

图 6.13　正弦曲线路径跟踪效果

6.5　水下机器人全局稳定自适应路径跟踪控制

对于水下机器人具有的数学模型、物理参数、未建模动态及环境干扰等一类总体高度不确定性问题，结合该领域研究现状发现，神经网络作为一类逼近未知非线性函数的有效工具，被广泛应用于解决系统存在不确定性问题的控制器设计之中[52-56]。不局限于路径跟踪控制问题，在水面机器人的运动控制方面也被广泛应用，如单体全驱动水面机器人的轨迹跟踪控制[55]、多水面机器人的编队控制[59]与单体无人水面艇的动力定位控制问题[57]等。上述方法在解决不确定性问题时都存在一个隐含的假设条件，即系统的状态变量始终处于神经网络的逼近区域之内，使得神经控制器始终处于激励状态。而实际上只有系统的状态变量进入到神经网络逼近区域之内神经控制器才会起到控制作用，否则不会起到控制作用。因此，现有大多数方法没有对神经控制器的作用区域加以分析，会造成控制指令对被控区域的不精确施加。

6.3 节主要分析了不确定性问题在水下机器人系统中的表现形式，以及如何设计神经网络补偿器对不确定性进行自适应补偿。应该指出，6.3 节和 6.4 节与前述方法在稳定性结论方面类似，所得到的稳定性结论为一类半全局一致最终有界。本节将讨论水下机器人路径跟踪闭环系统的全局一致最终有界稳定性。为便于理解、分析与设计，在下面中给出相关定义。

6.5.1 定义与引理

定义 6.1 考虑如下一类非线性系统：

$$\dot{x} = f(x,t) \tag{6.111}$$

如果存在一个紧集 $\Omega \in \mathbb{R}^n$，对于所有的状态 $x(t_0) = x_0 \in \Omega$ 和时间 $t \geqslant T(\epsilon_0, x_0) + t_0$ 都存在常数 $\epsilon_0 > 0$ 和 $T(\epsilon_0, x_0)$ 使得 $\|x(t)\| < \epsilon_0$，则状态方程(6.111)的解是半全局一致最终有界的(semi-globally uniformly ultimately bounded，SGUUB)。特别的，如果紧集满足 $\Omega = \mathbb{R}^n$，则状态方程(6.111)的解是全局一致最终有界的(globally uniformly ultimately bounded，GUUB)[61]。

半全局一致最终有界与全局一致最终有界的区别在于以被控状态变量作为基底所构成的空间集合 Ω 是否包含全部欧几里得空间 $\mathbb{R}^n$。6.3 节与 6.4 节中神经控制器的作用域为 $\boldsymbol{\xi} \in \Omega \in \mathbb{R}^n$，因此无法覆盖全部状态空间，是一类半全局稳定控制器。正是因为控制器无法覆盖整个空间，所以基于理论分析，一些不合适的初始条件或幅度较大的未知摄动均会迫使被控状态逃出原来已稳定的状态空间集合。当发生这类情况时，原控制器起到的控制作用将被大大削弱，尤其是水下机器人这类工作在特殊环境下的运动系统，如遭遇强海流或拖拽线缆的急剧干扰等影响都会导致路径跟踪性能急剧下降。因此，有必要深入讨论全局稳定控制器的设计问题，使路径跟踪控制器可作用于全部状态空间，赋予水下机器人适应各类环境下的稳定自主运动控制能力。

为开展下面的控制设计，给出以下定义与引理。

定义 6.2 对于所有的 $\boldsymbol{\varpi} \in \mathbb{R}^\ell$，并给定常数 $0 < c_1 < c_2$，如果函数 $\mathcal{F}(\boldsymbol{\varpi})$ 是 n 阶可导的，并满足如下条件，则 $\mathcal{F}(\boldsymbol{\varpi})$ 为 n 阶光滑切换函数：

(1) $\|\boldsymbol{\varpi}\| \leqslant c_1$，$\mathcal{F}(\boldsymbol{\varpi}) = 0$；

(2) $\|\boldsymbol{\varpi}\| \geqslant c_2 > c_1$，$\mathcal{F}(\boldsymbol{\varpi}) = 1$。

特别的，对于所有的 $\boldsymbol{\xi} \in \mathbb{R}^\ell$，设计如下的切换函数(6.112)：

$$m(\boldsymbol{\xi}) = \begin{cases} 0, & \|\boldsymbol{\xi}\| \leqslant c_1 \\ 1 - \cos\left[\dfrac{\pi}{2}\sin^n\left(\dfrac{\pi}{2}\dfrac{\|\boldsymbol{\xi}\|^2 - c_1^2}{c_2^2 - c_1^2}\right)\right], & \text{其他} \\ 1, & \|\boldsymbol{\xi}\| \geqslant c_2 \end{cases} \tag{6.112}$$

则有引理 6.1 如下：

引理 6.1 对于所有的 $\boldsymbol{\xi} \in \mathbb{R}^\ell$，函数 $m(\boldsymbol{\xi})$ 是 n 阶光滑切换函数。

证明 见文献[61]。

6.5.2 全局稳定自适应路径跟踪控制设计

本节将深入讨论水下机器人的全局稳定自适应路径跟踪控制问题，并给出全局稳定控制器的设计过程。相比于半全局稳定控制器，全局稳定控制器的作用在于不仅在神经网络作用域内可以施加控制作用，当状态变量处于神经网络作用域外时也具有相应的控制措施，从而实现全部状态空间可控。定义如下控制问题与控制目标。

路径跟踪问题 6.3：

定义 $\boldsymbol{\eta}_d(\theta)=\left[x_d(\theta),y_d(\theta),\psi_d(\theta)\right]^{\mathrm{T}}\in\mathbb{R}^3$ 为期望的参数化路径，$\theta\in\mathbb{R}$ 为路径参数并给定参考速度 $v_d\in\mathbb{R}$。本节的控制目标是，对于由方程式(6.1)～式(6.4)组成的欠驱动六自由度水下机器人系统，设计一种神经网络自适应路径跟踪控制率，使得闭环系统中的所有信号都全局一致最终有界，并且通过选择合适的设计参数使路径跟踪误差以及速度跟踪误差为任意小。即

$$\lim_{t\to\infty}\left\|\boldsymbol{\eta}-\boldsymbol{\eta}_d\right\|\leqslant\epsilon_1 \tag{6.113}$$

$$\lim_{t\to\infty}\left\|\dot{\theta}-v_d\right\|\leqslant\epsilon_2 \tag{6.114}$$

式中，$v_d\in\mathbb{R}$ 为参考速度；$\epsilon_1,\epsilon_2\in\mathbb{R}$ 为较小的正常数。

基于上述提出的控制目标，下面给出详细的全局路径跟踪控制器设计过程。第一步中针对定义的路径跟踪误差式(6.113)进行运动学控制设计。全局稳定控制器主要体现在第二步与第三步的动力学控制中，因此这两步的主要设计思路为：①将被控系统的状态空间划分为神经网络逼近区域之内与之外两部分分别设计控制器，对输入到神经网络逼近器的输入变量集合所组成的子状态空间做出估计，并用一个阈值表示其边界。②由于采用神经网络逼近器的目的是解决系统存在的非线性不确定性问题，因此当输入变量进入到这个子状态空间时，将描述非线性不确定性问题的未知非线性函数采用神经网络进行在线逼近，当输入变量进入到子状态空间之外时，设计额外的鲁棒控制器进行控制。③设计一种切换函数，并将子状态空间的阈值边界考虑其中，以实现两类控制器的精确切换。两类控制器及其切换控制策略的设计使得系统的控制指令及对应区域得到了合理的分配，并覆盖了全部状态空间，进而实现全局稳定自适应控制。最后，在第四步中设计路径参数更新率，完成路径跟踪问题中的动态任务，即满足控制目标(6.114)。

第一步：运动学控制设计

定义误差变量：

$$\boldsymbol{z}_1=\boldsymbol{R}^{\mathrm{T}}\left(\boldsymbol{\eta}-\boldsymbol{\eta}_d\right) \tag{6.115}$$

$$\boldsymbol{z}_2=\boldsymbol{v}-\boldsymbol{\alpha} \tag{6.116}$$

$$\omega_s=\dot{\theta}-v_d \tag{6.117}$$

式中，z_1 与 ω_s 分别为路径跟踪误差与速度跟踪误差。

对 z_1 求导数得到

$$\dot{z}_1 = -S(\omega)z_1 + v - R^{\mathrm{T}}\left[\eta_d^\theta\left(v_d + \omega_s\right)\right] \tag{6.118}$$

为了稳定式(6.118)，选择如下的虚拟控制率：

$$\alpha_1 = -K_1 z_1 + R^{\mathrm{T}}\eta_d^\theta v_d + S(\omega)z_1 \tag{6.119}$$

式中，$K_1 \in \mathbb{R}^{3\times3}$ 是一个正对角矩阵。

考虑第一个 Lyapunov 备选函数：

$$V_1 = \frac{1}{2}z_1^{\mathrm{T}}z_1 \tag{6.120}$$

对其求导数得到

$$\dot{V}_1 = -z_1^{\mathrm{T}}K_1 z_1 + z_1^{\mathrm{T}}\left(v - \alpha_1\right) - \mu\omega_s \tag{6.121}$$

式中，$\mu = z_1^{\mathrm{T}}R^{\mathrm{T}}\eta_d^\theta$。

引入一个新的状态变量 $v_d \in \mathbb{R}^3$，并让虚拟控制率 α_1 穿过一个一阶滤波器式(6.122)，用 v_d 替代 α_1，从而避免直接对 α_1 求导而带来控制器的结构复杂性问题：

$$\gamma\dot{v}_d + v_d = \alpha_1 \tag{6.122}$$

式中，$\gamma \in \mathbb{R}$ 为一个正常数。

令 $p_1 = v_d - \alpha_1$，$z_2 = v - v_d$，并考虑第二个 Lyapunov 备选函数：

$$V_2 = V_1 + \frac{1}{2}p_1^{\mathrm{T}}p_1 \tag{6.123}$$

对其求导数得到

$$\dot{V}_2 = -z_1^{\mathrm{T}}K_1 z_1 + z_1^{\mathrm{T}}\left(z_2 + p_1\right) - \mu\omega_s + p_1^{\mathrm{T}}\dot{p}_1 \tag{6.124}$$

第二步：动力学控制设计

对 z_2 求导数得到

$$M_1\dot{z}_2 = S\left(M_1 z_2\right)\omega + f_v(\cdot) + b_1 u_v - S(\omega)M_1 v_d - M_1\dot{v}_d \tag{6.125}$$

由于系统中的第一个方程中存在欠驱动特性，因此不能直接通过设计 u_v 来稳定子系统。可以让 z_2 趋近于一个设计参数 β，并定义一个新的误差变量 $\Phi = z_2 - \beta$，其中 $\beta \in \mathbb{R}^3$。

考虑第三个 Lyapunov 备选函数：

$$V_3 = V_2 + \frac{1}{2}\Phi^{\mathrm{T}}M_1\Phi \tag{6.126}$$

对其求导数得到

$$\begin{aligned}\dot{V}_3 = &-z_1^{\mathrm{T}}K_1 z_1 + z_1^{\mathrm{T}}\left(z_2 + p_1\right) - \mu\omega_s + p_1^{\mathrm{T}}\dot{p}_1 \\ &+ \Phi^{\mathrm{T}}\left[B\varsigma + z_1 - S(\omega)M_1\Phi - f_1(\cdot)\right]\end{aligned} \tag{6.127}$$

式中，$\boldsymbol{B}=\left[\boldsymbol{b}_1,\boldsymbol{S}\left(\boldsymbol{M}_1\boldsymbol{\beta}\right)\right]$；$\varsigma=\left(u_\nu,\boldsymbol{\omega}\right)^{\mathrm{T}}$；$\boldsymbol{f}_1(\cdot)=-\boldsymbol{f}_\nu(\cdot)+\boldsymbol{S}(\boldsymbol{\omega})\boldsymbol{M}_1\boldsymbol{v}_d+\boldsymbol{M}_1\dot{\boldsymbol{v}}_d$。

注意到在式(6.127)中，通过选择设计参数$\boldsymbol{\beta}$可以使$\boldsymbol{B}$满秩。因此，可以把ς认为是一个控制率(实际上向量ς的第二行是一个虚拟控制)。首先选择一个期望的间接控制变量：

$$\boldsymbol{\Lambda}^*=\boldsymbol{B}^{\mathrm{T}}\left(\boldsymbol{B}\boldsymbol{B}^{\mathrm{T}}\right)^{-1}\left\{-\boldsymbol{z}_1-\left[\boldsymbol{K}_2-\boldsymbol{S}(\boldsymbol{\omega})\boldsymbol{M}_1\right]\boldsymbol{\Phi}+\boldsymbol{f}_1(\cdot)\right\} \tag{6.128}$$

式中，$\boldsymbol{K}_2\in\mathbb{R}^{3\times3}$为一个对角矩阵并且其对角元素都为正常数。

选择一个期望的控制率$\boldsymbol{u}_\nu^*$使之等于$\boldsymbol{\Lambda}^*$的第一行，以及一个期望的虚拟控制率$\boldsymbol{\alpha}_2^*$使之等于$\boldsymbol{\Lambda}^*$的后三行：

$$\boldsymbol{u}_\nu^*=\boldsymbol{b}_3\boldsymbol{\Lambda}^* \tag{6.129}$$

$$\boldsymbol{\alpha}_2^*=\boldsymbol{b}_4\boldsymbol{\Lambda}^* \tag{6.130}$$

式中，$\boldsymbol{b}_3=\left[\boldsymbol{b}_1^{\mathrm{T}},0\right]$；$\boldsymbol{b}_4=\left[\boldsymbol{0}_{3\times1},\boldsymbol{b}_2\right]$。

注意到在实际中，$\boldsymbol{f}_1(\cdot)$不容易精确地获得。因此，控制器式(6.129)不能被直接应用。为了解决这个问题，用一个神经网络去逼近这部分：

$$\boldsymbol{f}_1(\cdot)=\boldsymbol{W}_1^{\mathrm{T}}\boldsymbol{\sigma}\left(\boldsymbol{\xi}_1\right)+\boldsymbol{\varepsilon}_1 \tag{6.131}$$

式中，$\boldsymbol{\xi}_1=\left[1,\boldsymbol{v}^{\mathrm{T}},\boldsymbol{\omega}^{\mathrm{T}},\boldsymbol{\eta},\bar{\boldsymbol{\eta}},\boldsymbol{v}_d,\dot{\boldsymbol{v}}_d^{\mathrm{T}}\right]^{\mathrm{T}}\in\mathbb{R}^{19}$，为神经网络的输入向量；$\boldsymbol{W}_1$为神经网络的权值向量；$\boldsymbol{\varepsilon}_1$为神经网络的逼近误差并且满足$\left\|\boldsymbol{\varepsilon}_1\right\|\leqslant\varepsilon_{1\mathrm{M}}$，$\varepsilon_{1\mathrm{M}}$为一个正常数。则间接控制变量设计为如下形式：

$$\boldsymbol{\Lambda}=\boldsymbol{B}^{\mathrm{T}}\left(\boldsymbol{B}\boldsymbol{B}^{\mathrm{T}}\right)^{-1}\left\{-\boldsymbol{z}_1-\left[\boldsymbol{K}_2-\boldsymbol{S}(\boldsymbol{\omega})\boldsymbol{M}_1\right]\boldsymbol{\Phi}+\left[1-m\left(\xi_1\right)\right]\boldsymbol{\Lambda}^{\mathrm{nn}}+m\left(\xi_1\right)\boldsymbol{\Lambda}^{\mathrm{r}}\right\} \tag{6.132}$$

式中，$\boldsymbol{\Lambda}^{\mathrm{nn}}$与$\boldsymbol{\Lambda}^{\mathrm{r}}$分别为作用于神经网络逼近域内的神经控制器与作用于神经网络逼近域外部的鲁棒控制器；$m\left(\boldsymbol{\xi}_1\right)$为控制两类控制器进行适时切换的切换函数。由此，该控制策略可覆盖全部状态空间，$\boldsymbol{\Lambda}^{\mathrm{nn}}$与$\boldsymbol{\Lambda}^{\mathrm{r}}$的具体形式设计为

$$\boldsymbol{\Lambda}^{\mathrm{nn}}=-\hat{\boldsymbol{W}}_1^{\mathrm{T}}\boldsymbol{\sigma}\left(\xi_1\right)-\tanh\left(\frac{\boldsymbol{\Phi}^{\mathrm{T}}}{\rho_1}\right)\hat{\varepsilon}_{1\mathrm{M}} \tag{6.133}$$

$$\boldsymbol{\Lambda}^{\mathrm{r}}=-\boldsymbol{F}\left(\xi_1\right)\tanh\left(\frac{\boldsymbol{\Phi}^{\mathrm{T}}\boldsymbol{F}\left(\xi_1\right)}{\rho_1}\right)\hat{f}_{1\mathrm{M}} \tag{6.134}$$

式中，$\rho_1\in\mathbb{R}$为正常数；$\hat{\boldsymbol{W}}_1$、$\hat{\varepsilon}_{1\mathrm{M}}$与$\hat{f}_{1\mathrm{M}}$分别为$\boldsymbol{W}_1$、$\varepsilon_{1\mathrm{M}}$与$f_{1\mathrm{M}}$的估计值，其自适应率将在稍后给出。此时，可得到

$$\dot{V}_3 = -z_1^{\mathrm{T}}K_1z_1 - \Phi^{\mathrm{T}}K_2\Phi + z_1^{\mathrm{T}}p_1 + z_1^{\mathrm{T}}\beta - \mu\omega_s - \left[1-m(\xi_1)\right]\Phi^{\mathrm{T}}\tilde{W}_1^{\mathrm{T}}\sigma(\xi_1)$$
$$+ p_1^{\mathrm{T}}\dot{p}_1 - \tilde{\Theta}_1^{\mathrm{T}}\Xi_1 + \left[1-m(\xi_1)\right]\left[\left|\Phi^{\mathrm{T}}\right| - \Phi^{\mathrm{T}}\tanh\left(\frac{\Phi^{\mathrm{T}}}{\rho_1}\right)\right]\varepsilon_{1\mathrm{M}}$$
$$+ m(\xi_1)\left[\left|\Phi^{\mathrm{T}}F(\xi_1)\right| - \Phi^{\mathrm{T}}F(\xi_1)\tanh\left(\frac{\Phi^{\mathrm{T}}F(\xi_1)}{\rho_1}\right)\right]f_{1\mathrm{M}}$$
$$+ \Phi^{\mathrm{T}}S(M_1\beta)(\omega - \alpha_2) \tag{6.135}$$

定义 $\tilde{f}_{1\mathrm{M}} = \hat{f}_{1\mathrm{M}} - f_{1\mathrm{M}}$； $\tilde{\varepsilon}_{1\mathrm{M}} = \hat{\varepsilon}_{1\mathrm{M}} - \varepsilon_{1\mathrm{M}}$； $\tilde{W}_1 = \hat{W}_1 - W_1$； $\tilde{\Theta}_1 = \hat{\Theta}_1 - \Theta_1$， $\hat{\Theta}_1 = \begin{bmatrix}\hat{\varepsilon}_{1\mathrm{M}} \\ \hat{f}_{1\mathrm{M}}\end{bmatrix}$；

$$\Xi_1 = \begin{bmatrix} \left[1-m(\xi_1)\right]\tanh\left(\dfrac{\Phi^{\mathrm{T}}}{\rho_1}\right)\Phi^{\mathrm{T}} \\ m(\xi_1)F(\xi_1)\tanh\left(\dfrac{\Phi^{\mathrm{T}}F(\xi_1)}{\rho_1}\right)\Phi^{\mathrm{T}} \end{bmatrix}$$

自适应率设计为如下形式：

$$\dot{\hat{W}}_1 = \Gamma_1\left\{\left[1-m(\xi_1)\right]\sigma(\xi_1)\Phi^{\mathrm{T}} - k_{1W}\hat{W}_1\right\} \tag{6.136}$$

$$\dot{\hat{\Theta}}_1 = \Gamma_2\left(\Xi_1 - k_{1\Theta}\hat{\Theta}_1\right) \tag{6.137}$$

式中， $\Gamma_1 \in \mathbb{R}$， $\Gamma_2 \in \mathbb{R}$， $k_{1W} \in \mathbb{R}$， $k_{1\Theta} \in \mathbb{R}$，均为正常数。

考虑第四个 Lyapunov 备选函数：

$$V_4 = V_3 + \frac{1}{2}\mathrm{tr}\left(\tilde{W}_1^{\mathrm{T}}\Gamma_1^{-1}\tilde{W}_1\right) + \frac{1}{2}\tilde{\Theta}_1^{\mathrm{T}}\Gamma_2^{-1}\tilde{\Theta}_1 \tag{6.138}$$

对其求导数得到

$$\dot{V}_4 = -z_1^{\mathrm{T}}K_1z_1 - \Phi^{\mathrm{T}}K_2\Phi + z_1^{\mathrm{T}}p_1 + z_1^{\mathrm{T}}\beta + p_1^{\mathrm{T}}\dot{p}_1 - \mu\omega_s - k_{1W}\mathrm{tr}\left(\tilde{W}_1^{\mathrm{T}}\hat{W}_1\right)$$
$$- k_{1\Theta}\mathrm{tr}\left(\tilde{\Theta}_1^{\mathrm{T}}\hat{\Theta}_1\right) + \left[1-m(\xi_1)\right]\left[\left|\Phi^{\mathrm{T}}\right| - \Phi^{\mathrm{T}}\tanh\left(\frac{\Phi^{\mathrm{T}}}{\rho_1}\right)\right]\varepsilon_{1\mathrm{M}}$$
$$+ m(\xi_1)\left[\left|\Phi^{\mathrm{T}}F(\xi_1)\right| - \Phi^{\mathrm{T}}F(\xi_1)\tanh\left(\frac{\Phi^{\mathrm{T}}F(\xi_1)}{\rho_1}\right)\right]f_{1\mathrm{M}}$$
$$+ \Phi^{\mathrm{T}}S(M_1\beta)(\omega - \alpha_2) \tag{6.139}$$

引入一个新的状态变量 $\omega_d \in \mathbb{R}^3$，并让虚拟控制输入 α_2 穿过一个一阶滤波器得到

$$\gamma\dot{\omega}_d + \omega_d = \alpha_2 \tag{6.140}$$

令 $\boldsymbol{p}_2 = \boldsymbol{\omega}_d - \boldsymbol{\alpha}_2$， $\boldsymbol{z}_3 = \boldsymbol{\omega} - \boldsymbol{\omega}_d$ 。

考虑第五个 Lyapunov 备选函数：

$$V_5 = V_4 + \frac{1}{2}\boldsymbol{p}_2^{\mathrm{T}}\boldsymbol{p}_2 \tag{6.141}$$

对其求导数得到

$$\begin{aligned}\dot{V}_5 = & -\boldsymbol{z}_1^{\mathrm{T}}\boldsymbol{K}_1\boldsymbol{z}_1 - \boldsymbol{\Phi}^{\mathrm{T}}\boldsymbol{K}_2\boldsymbol{\Phi} + \boldsymbol{z}_1^{\mathrm{T}}\boldsymbol{p}_1 + \boldsymbol{z}_1^{\mathrm{T}}\boldsymbol{\beta} + \boldsymbol{p}_1^{\mathrm{T}}\dot{\boldsymbol{p}}_1 + \boldsymbol{p}_1^{\mathrm{T}}\dot{\boldsymbol{p}}_1 - k_{1W}\operatorname{tr}\left(\tilde{\boldsymbol{W}}_1^{\mathrm{T}}\hat{\boldsymbol{W}}_1\right) \\ & - k_{1\Theta}\operatorname{tr}\left(\tilde{\boldsymbol{\Theta}}_1^{\mathrm{T}}\hat{\boldsymbol{\Theta}}_1\right) - \mu\omega_s + \left[1 - m\left(\xi_1\right)\right]\left[\left|\boldsymbol{\Phi}^{\mathrm{T}}\right| - \boldsymbol{\Phi}^{\mathrm{T}}\tanh\left(\frac{\boldsymbol{\Phi}^{\mathrm{T}}}{\rho_1}\right)\right]\varepsilon_{1\mathrm{M}} \\ & + m\left(\xi_1\right)\left[\left|\boldsymbol{\Phi}^{\mathrm{T}}\boldsymbol{F}\left(\xi_1\right)\right| - \boldsymbol{\Phi}^{\mathrm{T}}\boldsymbol{F}\left(\xi_1\right)\tanh\left(\frac{\boldsymbol{\Phi}^{\mathrm{T}}\boldsymbol{F}\left(\xi_1\right)}{\rho_1}\right)\right]f_{1\mathrm{M}} \\ & + \boldsymbol{\Phi}^{\mathrm{T}}\boldsymbol{S}\left(\boldsymbol{M}_1\boldsymbol{\beta}\right)\left(\boldsymbol{\omega} - \boldsymbol{\alpha}_2\right)\end{aligned} \tag{6.142}$$

第三步：动力学控制设计

对 $\boldsymbol{z}_3$ 求导数得到

$$\boldsymbol{M}_2\dot{\boldsymbol{z}}_3 = -\boldsymbol{S}(\boldsymbol{v})\boldsymbol{M}_2\boldsymbol{v} - \boldsymbol{S}(\boldsymbol{\omega})\boldsymbol{M}_2\boldsymbol{\omega} + \boldsymbol{f}_{\omega}(\cdot) + \boldsymbol{b}_2\boldsymbol{u}_{\omega} - \boldsymbol{M}_2\dot{\boldsymbol{\omega}}_d \tag{6.143}$$

考虑第六个 Lyapunov 备选函数：

$$V_6 = V_5 + \frac{1}{2}\boldsymbol{z}_3^{\mathrm{T}}\boldsymbol{M}_2\boldsymbol{z}_3 \tag{6.144}$$

对其求导数得到

$$\begin{aligned}\dot{V}_6 = & -\boldsymbol{z}_1^{\mathrm{T}}\boldsymbol{K}_1\boldsymbol{z}_1 - \boldsymbol{\Phi}^{\mathrm{T}}\boldsymbol{K}_2\boldsymbol{\Phi} + \boldsymbol{z}_1^{\mathrm{T}}\boldsymbol{p}_1 + \boldsymbol{z}_1^{\mathrm{T}}\boldsymbol{\beta} + \boldsymbol{p}_1^{\mathrm{T}}\dot{\boldsymbol{p}}_1 + \boldsymbol{p}_1^{\mathrm{T}}\dot{\boldsymbol{p}}_1 - k_{1W}\operatorname{tr}\left(\tilde{\boldsymbol{W}}_1^{\mathrm{T}}\hat{\boldsymbol{W}}_1\right) \\ & - k_{1\Theta}\operatorname{tr}\left(\tilde{\boldsymbol{\Theta}}_1^{\mathrm{T}}\hat{\boldsymbol{\Theta}}_1\right) - \mu\omega_s + \left[1 - m\left(\boldsymbol{\xi}_1\right)\right]\left[\left|\boldsymbol{\Phi}^{\mathrm{T}}\right| - \boldsymbol{\Phi}^{\mathrm{T}}\tanh\left(\frac{\boldsymbol{\Phi}^{\mathrm{T}}}{\rho_1}\right)\right]\varepsilon_{1\mathrm{M}} \\ & + m\left(\boldsymbol{\xi}_1\right)\left[\left|\boldsymbol{\Phi}^{\mathrm{T}}\boldsymbol{F}\left(\xi_1\right)\right| - \boldsymbol{\Phi}^{\mathrm{T}}\boldsymbol{F}\left(\xi_1\right)\tanh\left(\frac{\boldsymbol{\Phi}^{\mathrm{T}}\boldsymbol{F}\left(\xi_1\right)}{\rho_1}\right)\right]f_{1\mathrm{M}} \\ & + \boldsymbol{\Phi}^{\mathrm{T}}\boldsymbol{S}\left(\boldsymbol{M}_1\boldsymbol{\beta}\right)\left(\boldsymbol{\omega} - \boldsymbol{\alpha}_2\right) + \boldsymbol{z}_3^{\mathrm{T}}\left[\boldsymbol{b}_2\boldsymbol{u}_{\omega} + \boldsymbol{b}_4\boldsymbol{B}^{\mathrm{T}}\boldsymbol{\Phi} - \boldsymbol{f}_2(\cdot)\right]\end{aligned} \tag{6.145}$$

式中， $\boldsymbol{f}_2(\cdot) = -\boldsymbol{f}_{\omega}(\cdot) + \boldsymbol{S}(\boldsymbol{v})\boldsymbol{M}_1\boldsymbol{v} + \boldsymbol{S}(\boldsymbol{\omega})\boldsymbol{M}_2\boldsymbol{\omega} + \boldsymbol{J}\dot{\boldsymbol{\omega}}_d$ 。

与第二步设计类似，选择如下的控制率：

$$\boldsymbol{u}_{\omega} = \boldsymbol{b}_2^{-1}\left\{-\boldsymbol{K}_3\boldsymbol{z}_3 - \boldsymbol{b}_4\boldsymbol{B}^{\mathrm{T}}\boldsymbol{\Phi} + \left[1 - m\left(\xi_2\right)\right]\boldsymbol{u}_{\omega}^{\mathrm{nn}} + m\left(\xi_1\right)\boldsymbol{u}_{\omega}^{\mathrm{r}}\right\} \tag{6.146}$$

$$\boldsymbol{u}_{\omega}^{\mathrm{nn}} = -\hat{\boldsymbol{W}}_2^{\mathrm{T}}\boldsymbol{\sigma}\left(\xi_2\right) - \tanh\left(\frac{\boldsymbol{z}_3^{\mathrm{T}}}{\rho_2}\right)\hat{\varepsilon}_{2\mathrm{M}} \tag{6.147}$$

$$u_{\omega}^{r}=-F(\xi_2)\tanh\left(\frac{z_3^{T}F(\xi_2)}{\rho_2}\right)\hat{f}_{2M} \tag{6.148}$$

式中，$K_3\in\mathbb{R}^{3\times3}$为一个对角矩阵并且其对角元素都为正常数；$\xi_2=[1,\boldsymbol{v}^{T},\boldsymbol{\omega}^{T},\boldsymbol{\eta},\overline{\boldsymbol{\eta}},\dot{\boldsymbol{\omega}}_d^{T}]^{T}\in\mathbb{R}^{16}$，为神经网络的输入向量；$W_2$为神经网络的权值向量；$\hat{W}_2$为$W_2$的估计值；$\varepsilon_2$为神经网络的逼近误差并且满足$\|\varepsilon_2\|\leqslant\varepsilon_{2M}$，$\varepsilon_{2M}$为一个正常数。

进一步得到

$$\begin{aligned}\dot{V}_6=&-z_1^{T}K_1z_1-\Phi^{T}K_2\Phi-z_3^{T}K_3z_3+z_1^{T}p_1+z_1^{T}\beta+p_1^{T}\dot{p}_1+p_1^{T}\dot{p}_1-\mu\omega_s\\&-k_{1W}\mathrm{tr}\left(\tilde{W}_1^{T}\hat{W}_1\right)-k_{1\Theta}\mathrm{tr}\left(\tilde{\Theta}_1^{T}\hat{\Theta}_1\right)+\left[1-m(\xi_1)\right]\left[\left|\Phi^{T}\right|-\Phi^{T}\tanh\left(\frac{\Phi^{T}}{\rho_1}\right)\right]\varepsilon_{1M}\\&+m(\xi_1)\left[\left|\Phi^{T}F(\xi_1)\right|+\Phi^{T}S(M_1\beta)p_2-\Phi^{T}F(\xi_1)\tanh\left(\frac{\Phi^{T}F(\xi_1)}{\rho_1}\right)\right]f_{1M}\\&-\left[1-m(\xi_2)\right]z_3^{T}\tilde{W}_2^{T}\sigma(\xi_2)-\tilde{\Theta}_2^{T}\Xi_2+\left[1-m(\xi_2)\right]\left[\left|z_3^{T}\right|-z_3^{T}\tanh\left(\frac{z_3^{T}}{\rho_2}\right)\right]\varepsilon_{2M}\\&+m(\xi_2)\left[\left|z_3^{T}F(\xi_2)\right|-z_3^{T}F(\xi_2)\tanh\left(\frac{z_3^{T}F(\xi_2)}{\rho_2}\right)\right]f_{2M}\end{aligned} \tag{6.149}$$

定义$\tilde{f}_{2M}=\hat{f}_{2M}-f_{2M}$；$\tilde{\varepsilon}_{2M}=\hat{\varepsilon}_{2M}-\varepsilon_{2M}$；$\tilde{W}_2=\hat{W}_2-W_2$；$\tilde{\Theta}_2=\hat{\Theta}_2-\Theta_2$，$\hat{\Theta}_2=\begin{bmatrix}\hat{\varepsilon}_{2M}\\\hat{f}_{2M}\end{bmatrix}$；

$$\Xi_2=\begin{bmatrix}\left[1-m(\xi_2)\right]\tanh\left(\dfrac{z_3^{T}}{\rho_2}\right)z_3^{T}\\ m(\xi_2)F(\xi_2)\tanh\left(\dfrac{z_3^{T}F(\xi_2)}{\rho_2}\right)z_3^{T}\end{bmatrix}$$

自适应率设计为如下形式：

$$\dot{\hat{W}}_2=\Gamma_3\left\{\left[1-m(\xi_3)\right]\sigma(\xi_2)z_3^{T}-k_{2W}\hat{W}_2\right\} \tag{6.150}$$

$$\dot{\hat{\Theta}}_2=\Gamma_4\left(\Xi_2-k_{2\Theta}\hat{\Theta}_2\right) \tag{6.151}$$

式中，$\Gamma_3\in\mathbb{R}$；$\Gamma_4\in\mathbb{R}$；$k_{2W}\in\mathbb{R}$；$k_{2\Theta}\in\mathbb{R}$。

考虑第七个 Lyapunov 备选函数：

$$V_7=V_6+\frac{1}{2}\mathrm{tr}\left(\tilde{W}_2^{T}\Gamma_3^{-1}\tilde{W}_2\right)+\frac{1}{2}\tilde{\Theta}_2^{T}\Gamma_4^{-1}\tilde{\Theta}_2 \tag{6.152}$$

对其求导数得到

$$
\begin{aligned}
\dot{V}_7 = & -\boldsymbol{z}_1^{\mathrm{T}}\boldsymbol{K}_1\boldsymbol{z}_1 - \boldsymbol{\Phi}^{\mathrm{T}}\boldsymbol{K}_2\boldsymbol{\Phi} - \boldsymbol{z}_3^{\mathrm{T}}\boldsymbol{K}_3\boldsymbol{z}_3 + \boldsymbol{z}_1^{\mathrm{T}}\boldsymbol{p}_1 + \boldsymbol{z}_1^{\mathrm{T}}\boldsymbol{\beta} + \boldsymbol{p}_1^{\mathrm{T}}\dot{\boldsymbol{p}}_1 + \boldsymbol{p}_1^{\mathrm{T}}\dot{\boldsymbol{p}}_1 - \mu\omega_s \\
& - k_{1W}\operatorname{tr}\left(\tilde{\boldsymbol{W}}_1^{\mathrm{T}}\hat{\boldsymbol{W}}_1\right) - k_{1\Theta}\operatorname{tr}\left(\tilde{\boldsymbol{\Theta}}_1^{\mathrm{T}}\hat{\boldsymbol{\Theta}}_1\right) + \left[1 - m(\boldsymbol{\xi}_1)\right]\left[\left|\boldsymbol{\Phi}^{\mathrm{T}}\right| - \boldsymbol{\Phi}^{\mathrm{T}}\tanh\left(\frac{\boldsymbol{\Phi}^{\mathrm{T}}}{\rho_1}\right)\right]\varepsilon_{1\mathrm{M}} \\
& + m(\boldsymbol{\xi}_1)\left[\left|\boldsymbol{\Phi}^{\mathrm{T}}\boldsymbol{F}(\xi_1)\right| + \boldsymbol{\Phi}^{\mathrm{T}}\boldsymbol{S}(\boldsymbol{M}_1\boldsymbol{\beta})\boldsymbol{p}_2 - \boldsymbol{\Phi}^{\mathrm{T}}\boldsymbol{F}(\xi_1)\tanh\left(\frac{\boldsymbol{\Phi}^{\mathrm{T}}\boldsymbol{F}(\xi_1)}{\rho_1}\right)\right]f_{1\mathrm{M}} \\
& - k_{2W}\operatorname{tr}\left(\tilde{\boldsymbol{W}}_2^{\mathrm{T}}\hat{\boldsymbol{W}}_2\right) - k_{2\Theta}\operatorname{tr}\left(\tilde{\boldsymbol{\Theta}}_2^{\mathrm{T}}\hat{\boldsymbol{\Theta}}_2\right) + \left[1 - m(\xi_2)\right]\left[\left|\boldsymbol{z}_3^{\mathrm{T}}\right| - \boldsymbol{z}_3^{\mathrm{T}}\tanh\left(\frac{\boldsymbol{z}_3^{\mathrm{T}}}{\rho_2}\right)\right]\varepsilon_{2\mathrm{M}} \\
& + m(\xi_2)\left[\left|\boldsymbol{z}_3^{\mathrm{T}}\boldsymbol{F}(\xi_2)\right| - \boldsymbol{z}_3^{\mathrm{T}}\boldsymbol{F}(\xi_2)\tanh\left(\frac{\boldsymbol{z}_3^{\mathrm{T}}\boldsymbol{F}(\xi_2)}{\rho_2}\right)\right]f_{2\mathrm{M}}
\end{aligned} \tag{6.153}
$$

第四步：路径参数更新率设计

设计如下的路径参数反馈更新率，可实现路径跟踪问题中的动态任务：

$$
\dot{\omega}_s = -\lambda\mathcal{K}_1\omega_s + \lambda\mu \tag{6.154}
$$

考虑如下的 Lyapunov 备选函数：

$$
V_8 = V_7 + \frac{1}{2}\lambda^{-1}\omega_s^2 \tag{6.155}
$$

对其求导数并代入式(6.153)得到

$$
\begin{aligned}
\dot{V}_8 = & -\mathcal{K}_1\omega_s^2 - \boldsymbol{z}_1^{\mathrm{T}}\boldsymbol{K}_1\boldsymbol{z}_1 - \boldsymbol{\Phi}^{\mathrm{T}}\boldsymbol{K}_2\boldsymbol{\Phi} - \boldsymbol{z}_3^{\mathrm{T}}\boldsymbol{K}_3\boldsymbol{z}_3 + \boldsymbol{z}_1^{\mathrm{T}}\boldsymbol{p}_1 + \boldsymbol{z}_1^{\mathrm{T}}\boldsymbol{\beta} + \boldsymbol{p}_1^{\mathrm{T}}\dot{\boldsymbol{p}}_1 + \boldsymbol{p}_1^{\mathrm{T}}\dot{\boldsymbol{p}}_1 \\
& - k_{1W}\operatorname{tr}\left(\tilde{\boldsymbol{W}}_1^{\mathrm{T}}\hat{\boldsymbol{W}}_1\right) - k_{1\Theta}\operatorname{tr}\left(\tilde{\boldsymbol{\Theta}}_1^{\mathrm{T}}\hat{\boldsymbol{\Theta}}_1\right) + \left[1 - m(\boldsymbol{\xi}_1)\right]\left[\left|\boldsymbol{\Phi}^{\mathrm{T}}\right| - \boldsymbol{\Phi}^{\mathrm{T}}\tanh\left(\frac{\boldsymbol{\Phi}^{\mathrm{T}}}{\rho_1}\right)\right]\varepsilon_{1\mathrm{M}} \\
& + m(\boldsymbol{\xi}_1)\left[\left|\boldsymbol{\Phi}^{\mathrm{T}}\boldsymbol{F}(\xi_1)\right| + \boldsymbol{\Phi}^{\mathrm{T}}\boldsymbol{S}(\boldsymbol{M}_1\boldsymbol{\beta})\boldsymbol{p}_2 - \boldsymbol{\Phi}^{\mathrm{T}}\boldsymbol{F}(\xi_1)\tanh\left(\frac{\boldsymbol{\Phi}^{\mathrm{T}}\boldsymbol{F}(\xi_1)}{\rho_1}\right)\right]f_{1\mathrm{M}} \\
& - k_{2W}\operatorname{tr}\left(\tilde{\boldsymbol{W}}_2^{\mathrm{T}}\hat{\boldsymbol{W}}_2\right) - k_{2\Theta}\operatorname{tr}\left(\tilde{\boldsymbol{\Theta}}_2^{\mathrm{T}}\hat{\boldsymbol{\Theta}}_2\right) + \left[1 - m(\xi_2)\right]\left[\left|\boldsymbol{z}_3^{\mathrm{T}}\right| - \boldsymbol{z}_3^{\mathrm{T}}\tanh\left(\frac{\boldsymbol{z}_3^{\mathrm{T}}}{\rho_2}\right)\right]\varepsilon_{2\mathrm{M}} \\
& + m(\xi_2)\left[\left|\boldsymbol{z}_3^{\mathrm{T}}\boldsymbol{F}(\xi_2)\right| - \boldsymbol{z}_3^{\mathrm{T}}\boldsymbol{F}(\xi_2)\tanh\left(\frac{\boldsymbol{z}_3^{\mathrm{T}}\boldsymbol{F}(\xi_2)}{\rho_2}\right)\right]f_{2\mathrm{M}}
\end{aligned} \tag{6.156}
$$

6.5.3 闭环系统稳定性分析

通过上述控制器设计，可使水下机器人在任意初始条件下达到全局稳定，下面将提出定理 6.3，并给出严格的闭环系统稳定性分析，证明系统中的所有误差信号都全局一致最终有界。

定理 6.3 考虑欠驱动水下机器人系统式(6.1)～式(6.4)。选择控制率式(6.133)、式(6.146)，滤波器式(6.122)、式(6.140)，自适应率式(6.136)、式(6.137)、

式(6.150)、式(6.151)以及路径参数更新反馈更新率式(6.154)。那么，对于给定的正常数 q_2，如果初始条件满足

$$\Omega_2=\left\{\left[z_1,\boldsymbol{\Phi},z_2,z_3,\boldsymbol{p}_1,\boldsymbol{p}_2,\tilde{\boldsymbol{W}}_1,\tilde{\boldsymbol{W}}_2,\tilde{\boldsymbol{\Theta}}_1,\tilde{\boldsymbol{\Theta}}_2\right]^{\mathrm{T}}:V\leqslant q_2\right\}$$

则存在控制参数 $\boldsymbol{K}_1$、$\boldsymbol{K}_2$、$\boldsymbol{K}_3$、γ、Γ_1、Γ_2、Γ_3、Γ_4、$k_{1\Theta}$、$k_{2\Theta}$、K_1 使得闭环系统中的所有信号都全局一致最终有界。

证明 对 $\boldsymbol{p}_1$ 与 $\boldsymbol{p}_2$ 求导数并联立虚拟控制率得到

$$\dot{\boldsymbol{p}}_1=-\frac{\boldsymbol{p}_1}{\gamma}+\varDelta_1\left(z_1,z_2,\boldsymbol{\Phi},z_3,\gamma,\boldsymbol{p}_1,\boldsymbol{p}_2,\boldsymbol{\eta}_d^{\theta},\boldsymbol{\eta}_d^{\theta^2}\right) \tag{6.157}$$

$$\dot{\boldsymbol{p}}_2=-\frac{\boldsymbol{p}_2}{\gamma}+\varDelta_2\left(z_1,z_2,\boldsymbol{\Phi},z_3,\gamma,\boldsymbol{p}_1,\boldsymbol{p}_2,\boldsymbol{\eta}_d^{\theta},\boldsymbol{\eta}_d^{\theta^2}\right) \tag{6.158}$$

式中，$\varDelta_1(\cdot)$ 与 $\varDelta_2(\cdot)$ 为连续函数。对于 q_1 与 q_2，集合 Ω_1 与 Ω_2 是紧集，因此 $\Omega_1\times\Omega_2$ 也是紧集，则 $\varDelta_1(\cdot)$ 与 $\varDelta_2(\cdot)$ 在集合 $\Omega_1\times\Omega_2$ 上分别有一个最大值 $\varDelta_{1\mathrm{M}}$ 与 $\varDelta_{2\mathrm{M}}$。此外，根据 Young's 不等式有

$$\left|\boldsymbol{p}_1^{\mathrm{T}}\dot{\boldsymbol{p}}_1\right|\leqslant-\frac{\|\boldsymbol{p}_1\|^2}{\gamma}+\frac{\|\boldsymbol{p}_1\|^2}{2}+\frac{\varDelta_{1\mathrm{M}}^2}{2}$$

$$\left|\boldsymbol{p}_2^{\mathrm{T}}\dot{\boldsymbol{p}}_2\right|\leqslant-\frac{\|\boldsymbol{p}_2\|^2}{\gamma}+\frac{\|\boldsymbol{p}_2\|^2}{2}+\frac{\varDelta_{2\mathrm{M}}^2}{2}$$

$$-k_{1W}\operatorname{tr}\left(\tilde{\boldsymbol{W}}_1^{\mathrm{T}}\hat{\boldsymbol{W}}_1\right)\leqslant-\frac{k_{1W}}{2}\left\|\tilde{\boldsymbol{W}}_1\right\|_F^2+\frac{k_{1W}}{2}\left\|\boldsymbol{W}_1\right\|_F^2$$

$$-k_{1W}\operatorname{tr}\left(\tilde{\boldsymbol{W}}_2^{\mathrm{T}}\hat{\boldsymbol{W}}_2\right)\leqslant-\frac{k_{1W}}{2}\left\|\tilde{\boldsymbol{W}}_2\right\|_F^2+\frac{k_{1W}}{2}\left\|\boldsymbol{W}\right\|_{2F}^2$$

$$-k_{1\Theta}\operatorname{tr}\left(\tilde{\boldsymbol{\Theta}}_1^{\mathrm{T}}\hat{\boldsymbol{\Theta}}_1\right)\leqslant-\frac{k_{1\Theta}}{2}\left\|\tilde{\boldsymbol{\Theta}}_1\right\|_F^2+\frac{k_{1\Theta}}{2}\left\|\boldsymbol{\Theta}_1\right\|_F^2$$

$$-k_{2\Theta}\operatorname{tr}\left(\tilde{\boldsymbol{\Theta}}_2^{\mathrm{T}}\hat{\boldsymbol{\Theta}}_2\right)\leqslant-\frac{k_{2\Theta}}{2}\left\|\tilde{\boldsymbol{\Theta}}_2\right\|_F^2+\frac{k_{2\Theta}}{2}\left\|\boldsymbol{\Theta}_2\right\|_F^2$$

$$\left\|z_1^{\mathrm{T}}\boldsymbol{p}_1\right\|\leqslant\frac{1}{2}\|z_1\|^2+\frac{1}{2}\|\boldsymbol{p}_1\|^2$$

$$\left\|z_1^{\mathrm{T}}\boldsymbol{\beta}\right\|\leqslant\frac{1}{2}\|z_1\|^2+\frac{1}{2}\|\boldsymbol{\beta}\|^2$$

$$\left\|\boldsymbol{\Phi}^{\mathrm{T}}\boldsymbol{S}\left(\boldsymbol{M}_1\boldsymbol{\beta}\right)\boldsymbol{p}_2\right\|\leqslant\frac{\bar{\sigma}\left(\boldsymbol{S}\left(\boldsymbol{M}_1\boldsymbol{\beta}\right)\right)^2}{2}\|\boldsymbol{\Phi}\|^2+\frac{1}{2}\|\boldsymbol{p}_2\|^2$$

$$\left\|\left|\boldsymbol{\Phi}^{\mathrm{T}}\right|-\boldsymbol{\Phi}^{\mathrm{T}}\tanh\left(\frac{\boldsymbol{\Phi}^{\mathrm{T}}}{\rho_1}\right)\right\|\varepsilon_{1\mathrm{M}}\leqslant0.2785\rho_1\varepsilon_{1\mathrm{M}}$$

$$\left\| \left| z_3^{\mathrm{T}} \right| - z_3^{\mathrm{T}} \tanh\left(\frac{z_3^{\mathrm{T}}}{\rho_2} \right) \right\| \varepsilon_{2\mathrm{M}} \leqslant 0.2785 \rho_2 \varepsilon_{2\mathrm{M}}$$

$$\left\| \left| \boldsymbol{\Phi}^{\mathrm{T}} \boldsymbol{F}(\xi_1) \right| - \boldsymbol{\Phi}^{\mathrm{T}} \boldsymbol{F}(\xi_1) \tanh\left(\frac{\boldsymbol{\Phi}^{\mathrm{T}} \boldsymbol{F}(\xi_1)}{\rho_1} \right) \right\| f_{1\mathrm{M}} \leqslant 0.2785 \rho_1 f_{1\mathrm{M}}$$

$$\left\| \left| z_3^{\mathrm{T}} \boldsymbol{F}(\xi_2) \right| - z_3^{\mathrm{T}} \boldsymbol{F}(\xi_2) \tanh\left(\frac{z_3^{\mathrm{T}} \boldsymbol{F}(\xi_2)}{\rho_2} \right) \right\| f_{2\mathrm{M}} \leqslant 0.2785 \rho_2 f_{2\mathrm{M}}$$

上式进一步可以写成如下形式：

$$\begin{aligned}
\dot{V}_8 \leqslant & -\lambda_{\min}(\mathcal{K}_1)\omega_s^2 - \left[\lambda_{\min}(\boldsymbol{K}_1) - 1\right]\|\boldsymbol{z}_1\|^2 - \lambda_{\min}(\boldsymbol{K}_3)\|\boldsymbol{z}_3\|^2 - \frac{k_W}{2}\left\|\tilde{\boldsymbol{W}}_1\right\|_F^2 \\
& - \left[\lambda_{\min}(\boldsymbol{K}_2) - \frac{\bar{\sigma}\left(\boldsymbol{S}(\boldsymbol{M}_1\boldsymbol{\beta})\right)^2}{2}\right]\|\boldsymbol{\Phi}\|^2 - \left(\frac{1}{\gamma} - \frac{\varDelta_{1\mathrm{M}}^2}{2} - \frac{1}{2}\right)\|\boldsymbol{p}_1\|^2 - \frac{k_W}{2}\left\|\tilde{\boldsymbol{W}}_2\right\|_F^2 \\
& - \left(\frac{1}{\gamma} - \frac{\varDelta_{2\mathrm{M}}^2}{2} - \frac{1}{2}\right)\|\boldsymbol{p}_2\|^2 - \frac{k_{1\Theta}}{2}\left\|\tilde{\boldsymbol{\Theta}}_1\right\|_F^2 - \frac{k_{2\Theta}}{2}\left\|\tilde{\boldsymbol{\Theta}}_2\right\|_F^2 + H
\end{aligned} \tag{6.159}$$

式中，

$$\begin{aligned}
H = & \frac{1}{2}\left(\|\boldsymbol{\beta}\|^2 + k_W\|\boldsymbol{W}_1\|^2 + k_W\|\boldsymbol{W}_2\|^2 + k_{1\Theta}\|\boldsymbol{\Theta}_1\|_F^2 + k_{2\Theta}\|\boldsymbol{\Theta}_2\|_F^2 + \|\varepsilon_{1\mathrm{M}}\|^2 + \|\varepsilon_{2\mathrm{M}}\|^2\right) \\
& + \frac{1}{2}\left(\|\boldsymbol{\tau}_{\mathrm{M}}\|^2 + \varDelta_{1\mathrm{M}}^2 + \varDelta_{2\mathrm{M}}^2 0.2785\left\{\left[1 - m(\xi_1)\right]\rho_1\varepsilon_{1\mathrm{M}} + m(\xi_1)\rho_1 f_{1\mathrm{M}}\right\}\right) \\
& + \frac{1}{2}\left\{\left[1 - m(\xi_1)\right]\rho_2\varepsilon_{2\mathrm{M}} + m(\xi_1)\rho_2 f_{2\mathrm{M}}\right\}
\end{aligned}$$

选择控制参数满足：

$$\lambda_{\min}(\boldsymbol{K}_1) - 1 > 0$$

$$\lambda_{\min}(\boldsymbol{K}_2) - \frac{\bar{\sigma}\left(\boldsymbol{S}(\boldsymbol{M}_1\boldsymbol{\beta})\right)^2}{2} > 0$$

$$\lambda_{\min}(\boldsymbol{K}_3) > 0$$

$$\frac{1}{\gamma} - \frac{\varDelta_{1\mathrm{M}}^2}{2} - \frac{1}{2} > 0$$

$$\frac{1}{\gamma} - \frac{\varDelta_{2\mathrm{M}}^2}{2} - \frac{1}{2} > 0$$

并注意到 $\boldsymbol{\omega}_s > \sqrt{\dfrac{H}{\lambda_{\min}(\mathcal{K}_1)}}$，或 $\|\boldsymbol{\Phi}\| > \sqrt{\dfrac{H}{\lambda_{\min}(\boldsymbol{K}_2) - \dfrac{\bar{\sigma}(\boldsymbol{S}(\boldsymbol{M}_1\boldsymbol{\beta}))^2}{2}}}$，或 $\|\boldsymbol{z}_1\| >$ $\sqrt{\dfrac{H}{\lambda_{\min}(\boldsymbol{K}_1)-1}}$，或 $\|\boldsymbol{z}_3\| > \sqrt{\dfrac{H}{\lambda_{\min}(\boldsymbol{K}_3)}}$，或 $\|\boldsymbol{p}_1\| > \sqrt{\dfrac{H}{\dfrac{1}{\gamma} - \dfrac{\Delta_{1M}^2}{2} - \dfrac{1}{2}}}$，或 $\|\boldsymbol{p}_2\| > \sqrt{\dfrac{H}{\dfrac{1}{\gamma} - \dfrac{\Delta_{2M}^2}{2} - \dfrac{1}{2}}}$，或 $\|\tilde{\boldsymbol{W}}_1\|_F > \sqrt{\dfrac{2H}{k_W}}$，或 $\|\tilde{\boldsymbol{W}}_2\|_F > \sqrt{\dfrac{2H}{k_W}}$，或 $\|\tilde{\boldsymbol{\Theta}}_1\|_F > \sqrt{\dfrac{2H}{k_{1\Theta}}}$，或 $\|\tilde{\boldsymbol{\Theta}}_2\|_F > \sqrt{\dfrac{2H}{k_{2\Theta}}}$ 使得 $\dot{V}_8 < 0$。所有信号在闭环系统中都是全局一致最终有界的，并且通过选择控制参数可以使得误差任意小。

更进一步，当 $t \to \infty$ 时，路径跟踪误差 $\boldsymbol{\eta} - \boldsymbol{\eta}_d$ 与速度跟踪误差 $\dot{\theta} - v_d$ 满足控制目标，其中 ϵ_1 与 ϵ_2 的具体形式为

$$\epsilon_1 = \sqrt{\frac{H}{\lambda_{\min}(\boldsymbol{K}_1)-1}} \tag{6.160}$$

$$\epsilon_2 = \sqrt{\frac{H}{\lambda_{\min}(\mathcal{K}_1)}} \tag{6.161}$$

定理由此得证。

6.5.4 计算机仿真

本节将给出计算机仿真例子来验证所提出基于神经网络动态面控制技术的路径跟踪控制算法的有效性。仿真实验中，模型参数引用于文献[38]～[40]。不失一般性，选择欠驱动水下机器人的不确定部分为

$$\boldsymbol{f}_v(\cdot) = \left[v^3 + 0.1u, xw + 0.02y, \varphi z + 0.2\psi^2\right]^{\mathrm{T}}$$

$$\boldsymbol{f}_\omega(\cdot) = \left[u^2 + 0.1\vartheta, q^3 y + 0.02\varphi, p^2 r + 0.2x^2\right]^{\mathrm{T}}$$

初始线速度与角速度分别为 $u=0$，$v=0$，$w=0$，$p=0$，$q=0$，$r=0$；控制器增益选为 $\boldsymbol{K}_1 = \mathrm{diag}[1,1,1]$，$\boldsymbol{K}_2 = \mathrm{diag}[10,10,10]$，$\boldsymbol{K}_3 = \mathrm{diag}[50,50,50]$；神经网络自适应率参数选为 $k_W = 0.1$，$\Gamma_W = 100$。

仿真结果如图 6.14～图 6.17 所示。

图 6.14 给出了三维空间下欠驱动水下机器人的路径跟踪图,虚线为期望路径，实线为实际路径。可以看到，尽管存在不确定性及环境干扰，在所设计的控制策略下，实际的运动路径仍然能够对期望的路径实现很好的跟踪。

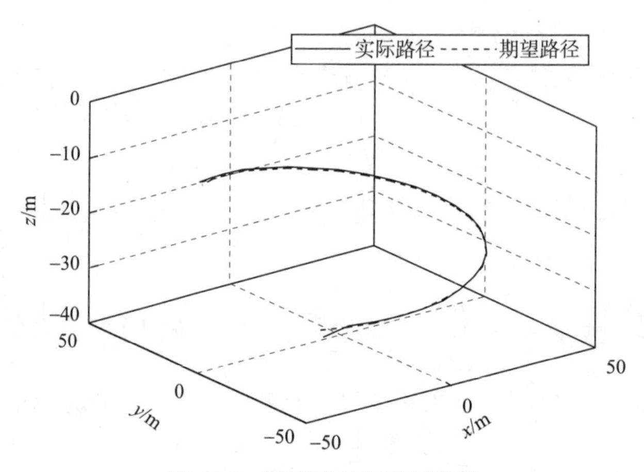

图 6.14　期望路径与实际路径

图 6.15 给出了神经网络逼近不确定非线性函数的动态过程，图中由上至下三个子图中的虚线依次表示前向速度、横漂速度与垂向角速度方向的不确定非线性函数，单位分别为 N、N 与 N·m；实线为神经网络的输出。由于本节设计的方法可以自定义神经网络逼近域(通过设置 c_1 、c_2)，因此为观察所设计神经控制器与鲁棒控制器之间的切换机制，把初始条件设置在了神经网络逼近域外部($\boldsymbol{\eta}(0)=[20\cos(-3\pi/4), 20\sin(-3\pi/4)-1,-9]^{\mathrm{T}}$ ，$c_1=20$ ，$c_2=21.1$)，因此在 0～12 s 与 44～46 s，神经控制器没有起到控制作用。与此同时结合图 6.16 的切换信号也可看出，此时处于工作状态的是鲁棒控制器，控制器中的神经自适应部分被置 0，这一点也可从图 6.15 的神经权值自适应过程中得出结论。一旦离开 0～12 s 与 44～46 s 时间区域，鲁棒控制器将停止工作，取而代之的是神经控制器，由图 6.16 中的稳态阶段可以观察到，神经控制器在施加控制作用期间都可以对不确定性部分进行很好的补偿。

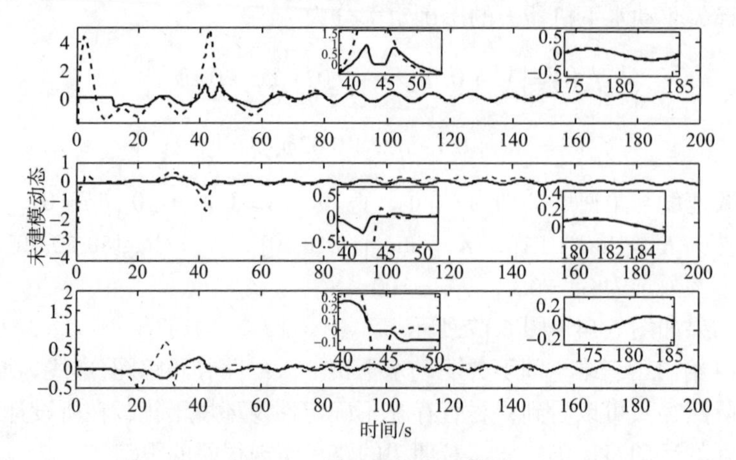

图 6.15　神经网络逼近效果

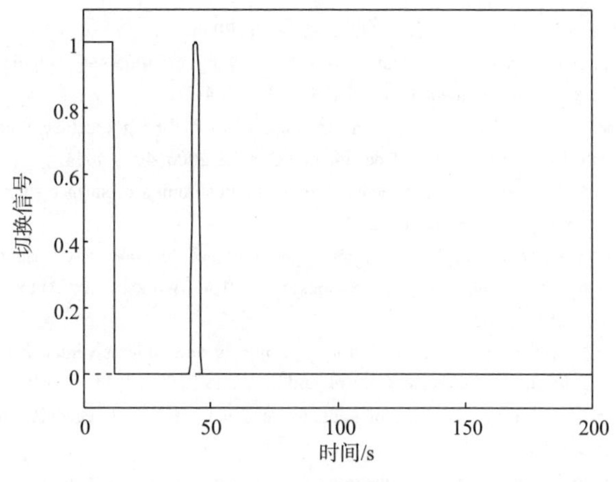

图 6.16 切换信号

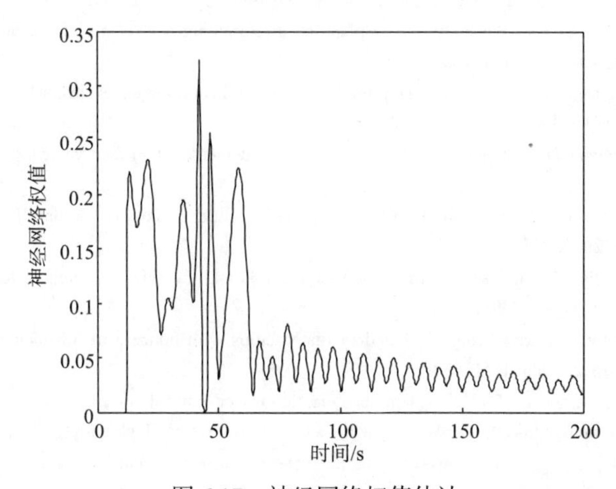

图 6.17 神经网络权值估计

参 考 文 献

[1] 向先波. 二阶非完整性水下机器人的路径跟踪与协调控制研究[D]. 武汉: 华中科技大学, 2010.

[2] 程相勤. 基于滑模理论的欠驱动 UUV 空间曲线路径跟踪控制[D]. 哈尔滨: 哈尔滨工程大学, 2010.

[3] 于瑞亭. 欠驱动水面船舶的全局镇定控制方法研究[D]. 哈尔滨: 哈尔滨工程大学, 2012.

[4] 陈子印. 欠驱动无人水下航行器三维路径跟踪反步控制方法研究[D]. 哈尔滨:哈尔滨工程大学, 2013.

[5] Han K T, Tamer B, Joong H I. Asymptotic stabilization of an underactuated surface vessel via logic based control[C]. Proceedings of the American Control Conference, 2002: 4678-4683.

[6] Aguiar A P, Pascoal A M. Global stabilization of an underaetuated autonomous underwater vehicle via logic based switching[C]. Proceedings of the 4lst IEEE Conference on Decision and Control, 2002: 3267-3272.

[7] 卜仁祥, 刘正江, 胡江强. 欠驱动船舶非线性滑模靠泊控制器[J]. 交通运输工程学报, 2007, 7(4): 24-29.

[8] Loria A, Fossen T I, Panteley E. A separation principle for dynamic positioning of ships: theoretical and experimental results[J]. IEEE Transactions on Control Systems Techoology, 2000, 8(2): 332-343.

[9] Aguiar A P, Pascoal A M. Dynamic positioning and way point tracking of underaetuated AUVs in the presence of ocean currents[J]. International Journal of Control, 2007, 80(7): 1092-1108.

[10] 张显库, 贾欣乐. 船舶运动控制[M]. 北京: 国防工业出版社, 2006.
[11] Samson C. Control of chained systems application to path following and time-varying point-stabilization of mobile robots[J]. IEEE Transactions on Automatic Control, 1996, 40(1): 64-77.
[12] Børhaug E, Pettersen K Y. Adaptive way-point tracking control for underaetuated autonomous vehicles[C]. Proceedings of the 44th IEEE Conference on Decision and Control, 2006: 4028-4034.
[13] Do K D. Global robust and adaptive output feedback dynamic positioning of surface ships[C]. Proceedings of the IEEE Conference on Robotics and Automation, 2007: 4271-4276.
[14] Hassani V, Sørensen A J, Pascoal A M. Robust dynamic positioning of offshore vessels using mixed-μ synthesis, Part I: a control system design methodology[C]. Proceedings of the IFAC Workshop on Automatic Control in Offshore Oil and Gas Production, 2012: 177-182.
[15] Kaminer I, Pascoal A M, Hallberg E, et al. Trajectory tracking for autonomous vehicles: an integrated approach to guidance and control[J]. Journal of Guidance, Control, and Dynamics, 1998, 21(1): 29-38.
[16] Aguiar A P, Hespanha J P. Position tracking of underactuated vehicles[C]. Proeeedings of the Amerıean Control Conference, 2003: 1988-1993.
[17] Repoulias F, Papadopoulos E. Trajectory planning and tracking control design of underactuated AUVs[C]. Proceedings of the IEEE Conference on Robotics and Automation, 2006: 1622-1627.
[18] Repoulias F, Papadopoulos E. Planar trajectory planning and tracking control design for underactuated AUVs[J]. Ocean Engineering, 2007, 34: 1660-1667.
[19] Pettersen K Y, Nijmeijer H. Underactuated ship tracking control: theory and experiments[J]. International Journal of Control, 2001, 74(14): 1436-1446.
[20] Pettersen K Y, Egeland O. Exponential stabilization of an underactuated surface vessel[J]. Dicision and Control, 1996, 1: 967-972.
[21] Do K D, Jiang Z P, Pan J. Underactuated ship global tracking under relaxed conditions[J]. IEEE Transactions on Automatic Control, 2002, 47(9): 1629-1636.
[22] Do K D, Jiang Z P, Pan J. Universal controllers for stabilization and tracking of underactuated ships[J]. Systems & Control Letters, 2002, 47(4): 299-317.
[23] Do K D, Pan J. Global tracking control of underactuated ships with nonzero off-diagonal terms in their system matrices[J]. Automatica, 2006, 41(1): 87-96.
[24] Peng Z H, Wang D, Chen Z Y, et al. Adaptive dynamic surface control for formations of autonomous surface vehicles with uncertain dynamics[J]. IEEE Transactions on Control System Technology, 2013, 22(8): 1328-1334.
[25] Wang D, Peng Z H, Li T S, et al. Adaptive dynamic surface control for a class of uncertain nonlinear systems in pure-feedback form[C]. Proceedings of the IEEE Conference on Decision and Control, 2009: 1966-1961.
[26] Peng Z H, Wang D, Li X Q, et al. Decentralized cooperative control of autonomous surface vehicles with uncertain dynamics: a dynamic surface approach[C]. Proceedings of the American Control Conference, 2011: 2174-2179.
[27] Peng Z H, Wang D, Lan W Y, et al. Adaptive dynamic surface control for leader-follower formation of marine surface vehicles with uncertain dynamics[C]. Proceedings of the IASTED International Conference on Control and Applications, 2011.
[28] Encarnacao P, Pascoal A. 3D path follwing for autonomous underwater vehicle[C]. Proceedings of the 39th IEEE Conference on Decision and Control, 2000: 2977-2982.
[29] Encarnacao P, Pascoal A, Arcak M. Path following for marine vehicles in the presence of unknown currents[C]. Proceedings of the 6th IFAC Symposium on Robot Control, 2001: 607-612.
[30] Do K D, Pan J. Robust and adaptive path following for underactuated autonomous underwater vehicles[C]. Proceedings of the American Control Conference, 2003: 1994-1999.
[31] Skjetne R, Fossen T I, Kokotovic P V. Adaptive maneuvering, with experiments, for a model ship in a marine control laboratory[J]. Automatica, 2006, 41(2): 289-298.
[32] Breivik M, Fossen T I. Guidance-based path following for autonomous underwater vehicles[C]. Proceedings of the Oceans 2006, 2006: 2807-2814.
[33] Lapierre L, Bibuli M, Bruzzone G. Path following algorithms and experiments for an unmanned surface vehicle[J]. Journal of Field Robotics, 2009, 26(8): 669-688.

[34] Fredriksen E, Pettersen K Y. Global k-exponential way-point maneuvering of ships: theory and experiments[J]. Automatica, 2006, 42(4): 677-687.
[35] 董文杰, 霍伟. 链式系统的轨迹跟踪控制[J]. 自动化学报, 2000, 26(3): 310-316.
[36] 李世华, 田玉平. 非完整移动机器人的轨迹跟踪控制[J]. 控制与决策, 2002, 17(3): 301-306.
[37] 李世华, 田玉平. 非完整移动机器人的有限时间跟踪控制算法研究[J]. 控制与决策, 2006, 20(7): 760-764.
[38] Wang H, Liu K Z, Li S. Globally stable adaptive cooperative path following controller design for multiple AUVs[C]. 3rd International Conference on Informative and Cybernetics for Computational Social Systems, 2016:312-316.
[39] Fossen T I. Guidance and control of ocean vehicles[M]. Chichester: John Wiley & Sons, 1994.
[40] Fossen T I. Marine control system: guidance, navigation and control of ships, rigs and underwater vehicles[M]. Trondheim, Norway, Marine Cyernetics, 2002.
[41] Feng Z, Hu G Q. Formation tracking control for a team of networked underwater robot systems with uncertain hydrodynamics[C]. Proceedings of the 2018 IEEE International Conference on Real-time Computing and Robotics, 2018: 372-377.
[42] Ghabcheloo R, Pascoal A, Silvestre C, et al. Coordinated path following control of multiple wheeled robots with directed communication links[C]. Proceedings of the 44th IEEE Conference on Decision and Control, 2006: 7804-7809.
[43] Aguiar A P, Hespanha J P. Trajectory-tracking and path-following of underactuated autonomous vehicles with parametric modeling uncertainty[J]. IEEE Transactions on Automatic Control, 2007, 62(8): 1362-1379.
[44] Caharija W, Pettersen K Y, Gravdahl J T, et al. Path following of underactuated autonomous underwater vehicles in the presence of ocean currents[C]. Proceedings of the 61st IEEE Conference on Decision and Control, 2012: 628-636.
[45] Sabet M T, Sarhadi P, Zarini M. Extended and unscented Kalman filters for parameter estimation of an autonomous underwater vehicle[J]. Ocean Engineering, 2014, 91: 329-339.
[46] Kohl A M, Pettersen K Y, Kelasidi E, et al. Planar path following of underwater snake robots in the presence of ocean currents[J]. IEEE Robotics and Automation Letters, 2016, 1(1): 383-390.
[47] 严浙平, 于浩淼, 李本银, 等. 基于积分滑模的欠驱动 UUV 地形跟踪控制[J]. 哈尔滨工程大学学报, 2016, 37(6): 701-706.
[48] Ge S S, Wang C. Adaptive neural control of uncertain MIMO nonlinear systems[J]. IEEE Transactions on Neural Networks, 2004, 16(3): 674-692.
[49] Hovakimyan N, Nardi F, Calise A, et al. Adaptive output feedback control of uncertain systems using hidden layer neural networks[J]. IEEE Transactions on Neural Networks, 2002, 13(6): 1420-1431.
[50] Farrell J A, Polycarpou M M. Adaptive approximation based control: unifying neural, fuzzy, and traditional aadaptive approximation approaches[M]. New York: John Wiley & Sons, 2006.
[51] Chen W S. Adaptive backstepping dynamic surface control for systems with periodic disturbances using neural networks[J]. IET Control Theory and Applications, 2009, 3(10): 1383-1394.
[52] Chu Z Z, Zhu D Q. 3D Path-following control for autonomous underwater vehicle based on adaptive backstepping sliding mode[C]. Proceeding of the 2016 IEEE International Conference on Information and Automation, 2016: 1143-1147.
[53] 葛晖, 敬忠良, 高剑. 自主式水下航行器三维路径跟踪的神经网络鲁棒自适应控制方法[J]. 控制理论与应用, 2012, 3: 317-322.
[54] Bian X Q, Zhou J J, Jia H M, et al. Adaptive neural network control system of bottom following for an underactuated AUV[C]. Proceedings of the Oceans 2010, 2010: 1-6.
[55] Wang H, Wang D, Peng Z H, et al. Robust adaptive dynamic surface control for synchronized path following of multiple underactuated autonomous underwater vehicles[C]. Proceedings of the 33rd Chinese Control Conference, 2014: 1949-1964.
[56] Chen M, Ge S S, Ren B B. Adaptive tracking control of uncertain MIMO nonlinear systems with input constraints[J]. Automatica, 2011, 46(3): 462-466.
[57] Chen M, Ge S S, Ren B B. Robust adaptive position mooring control for marine vessels[J]. IEEE Transactions on Control System Technology, 2013, 21(3): 396-409.

[58] Tee K P, Ge S S. Control of fully actuated ocean surface vessels using a class of feedforward approximators[J]. IEEE Transactions on Control System Technology, 2007, 14(4): 760-766.

[59] 郭晨, 汪洋, 孙富春, 等. 欠驱动水面船舶运动控制研究综述[J]. 控制与决策, 2009, 24(3): 321-329.

[60] Zhang Z C, Wu Y Q. Further results on global stabilisation and tracking control for underactuated surface vessels with non-diagonal inertia and damping matrices[J]. International Journal of Control, 2016, 88(9): 1679-1692.

[61] Chen W S, Ge S S, Wu J, et al. Globally stable adaptive backstepping neural network control for uncertain strict-feedback systems with tracking accuracy known a priori[J]. IEEE Transactions on Neural Networks and Learning Systems, 2016, 26(9): 1842-1864.

7 水下机械手控制和仿真平台

7.1 水下机械手建模

七功能水下机械手在水下机器人作业中广泛应用，如在2010年“蛟龙”号使用七功能机械手将五星红旗插入了3759 m深的海底。典型的七功能机械手为六个自由度加手爪的结构，其自由度配置方式和顺序大多相同，不同之处在于各关节运动的范围大小。机械手的工作空间分为可达工作空间与灵活工作空间，灵活工作空间是指机械手末端执行器能以任意方位到达目标点的集合。若机械手的自由度小于6，其灵活工作空间的体积为零。为了使水下机械手结构既简便又具有较强的作业能力，水下机械手的自由度数目多设定为6，这样机械手便能以准确的姿态把它的末端夹钳移动到给定点。

在“十二五”863计划海洋技术领域课题的支持下，中国科学院沈阳自动化研究所研发了7000 m级七功能深海液压机械手(以下简称SIA七功能水下机械手)，该型机械手为国内具有自主知识产权的第一套深海水下机械手，对深海机械手的研制具有里程碑意义。对水下机械手运动学及动力学进行建模是实现对其有效控制的前提，本章将SIA七功能水下机械手作为被控对象，并以此为基础介绍建模、遥控操作和虚拟仿真的相关研究成果。

7.1.1 运动学模型建立

1. D-H方法

要对机械手进行运动学分析，首先要建立机械手的数学模型。机械手最简单的运动学上的模型化方法是运动学链(kinematic chain)概念的方法。机械手两杆间的位姿矩阵是求得机械手手部位姿矩阵的基础。两杆间的位姿矩阵取决于两杆间的结构参数、运动形式和运动参数，以及这些参数按不同顺序建立的几何模型。为描述相邻杆件间平移和转动的关系，D-H(Denavit-Hartenberg)方法被提出，这是一种为关节链中的每一杆件建立附体坐标系的矩阵方法。D-H方法是为每个关节处的杆件坐标系建立4×4齐次变换矩阵，表示它与前一个杆件坐标系的关系。这样，通过逐次变换，用“手部坐标”表示的末端执行器可被变换并用“机座坐标”表示。

机座坐标定义为第 0 号坐标(x_0, y_0, z_0)，它也是机器人的惯性坐标系。由于每个转动关节只有一个自由度，对每个杆件在关节轴处可建立一个正规的笛卡儿坐标系$(x_i, y_i, z_i)(i=1,2,\cdots,n)$（$n$是自由度数目），再加上机座坐标系，这样一来，六关节机器人将有七个坐标系，即$(x_0, y_0, z_0),(x_1, y_1, z_1),\cdots,(x_6, y_6, z_6)$。建立在关节$i+1$处的坐标系$(x_i, y_i, z_i)$是固联在杆件$i$上的。当关节驱动器推动关节$i$时，杆件$i$将相对于杆件$i-1$运动。因此，第$n$个坐标系将随手(杆件$n$)一起运动。

确定和建立每个坐标系应根据下面三条规则：

(1) z_{i-1}轴沿着第i关节的运动轴；

(2) x_i轴垂直z_{i-1}轴并指向离开z_{i-1}轴的方向；

(3) y_i轴按右手坐标系的要求建立。

按照这些规则，第 0 号坐标系在机座上的位置和方向可任选，只要z_0轴沿着第 1 关节运动轴即可。最后一个坐标系(第n个)可放在手的任何部位，只要x_n轴与z_{n-1}轴垂直即可。

一旦建立了每一杆件 D-H 坐标系，即可方便地确定联系i坐标系和$i-1$坐标系的齐次变换矩阵。一个用i坐标系表示的点r_i可用$i-1$坐标系表示，只需逐个完成下述变换：

(1)将x_{i-1}轴绕z_{i-1}轴转θ_i角，使它与x_i轴对准(即x_{i-1}轴与x_i轴平行并指向同一方向)；

(2)沿z_{i-1}轴平移距离d_i，使x_{i-1}轴和x_i轴重合；

(3)沿x_i轴移动距离a_i，使两坐标系原点及x轴重合；

(4)绕x_i轴转α_i角，使两坐标系完全重合。

这四种动作都可用基础齐次转动-平移矩阵表示，而这四个基本齐次变换矩阵的乘积是一合成齐次变换矩阵${}^{i-1}\boldsymbol{A}_i$，又称为相邻坐标系i和$i-1$的 D-H 变换矩阵。

2. 运动学正分析与逆分析

机械手运动学(这里所说的运动学是位置运动学，即只处理运动的几何学，而不考虑运动的时间及引起这些运动的原因)就是要建立各运动构件与末端执行器空间位置、姿态之间的关系，为机械手运动的控制提供分析的手段和方法。机械手运动学主要研究内容是机械手各连杆间的位置关系、速度关系和加速度关系，分为运动学正分析和运动学逆分析两部分。运动学正分析主要解决机械手运动方程的建立及手部(末端)位姿的求解问题，即实现由关节空间到笛卡儿空间的变换。运动学逆分析与运动学正分析相反，是在已知手部(末端)空间位姿的情况下，求解出关节变量，它主要用于机械手的控制及轨迹规划。水下机械手的被控量是各关节的转角，各关节转角通常在关节变量空间进行表示，而被操作物体往往在笛卡儿空间进行表示，为了控制机械手的末端执行器到达理想的位姿，必须求解机械手运动学逆问题。

解六杆件机械手运动学正问题可简化为把 6 个 ${}^{i-1}\boldsymbol{A}_i$ 连乘起来算出 $\boldsymbol{T}={}^{0}\boldsymbol{A}_6$ 中的每一个元素。注意，对于给定的一组杆件坐标系和关节变量 $\boldsymbol{q}=[\theta_1,\theta_2,\theta_3,\theta_4,\theta_5,\theta_6]^{\mathrm{T}}$，解运动学正问题可得到唯一的矩阵 $\boldsymbol{T}$。机械手每个关节的运动范围是唯一的约束。

一般来说运动学逆问题可以有多种求解方法，例如反变换法、旋量代数法、对偶矩阵法、对偶四元数法、迭代法和几何法等，其中迭代法需要更多的计算量，不能保证收敛于正确的解，并且同反变换法一样没有指出如何为特定的手臂形态选择正确的解。运动学逆问题理想的结果是求解出一组合适的封闭形式的臂形解，而可得到封闭形式解的两个充分条件为：①三个相邻关节轴交于一点；②三个相邻关节轴互相平行。本章研究的 SIA 七功能水下机械手满足条件①，可以得到封闭形式臂形解。

3. 模型建立

本章根据 D-H 方法建立了 SIA 七功能水下机械手运动学模型，各连杆坐标系的确定和建立根据文献[1]提供的方法，结果如图 7.1 所示，其中 $[n,s,a]$ 为末端坐标系的方向向量。该机械手处于收回状态，该状态下机械手的关节变量 $\boldsymbol{q}$=[0°,

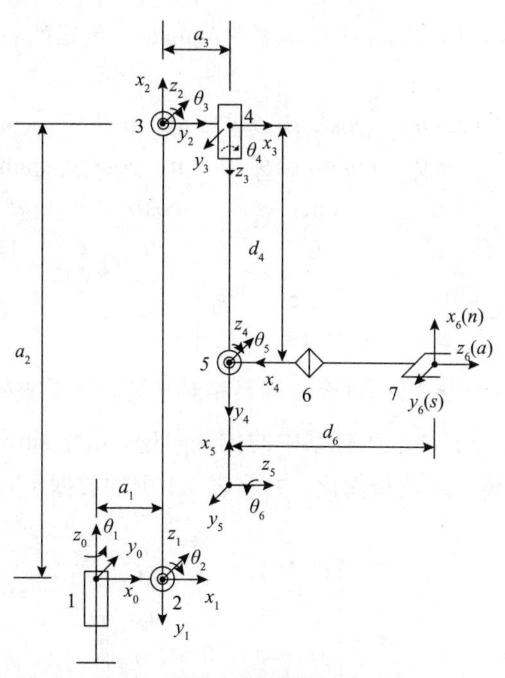

图 7.1　SIA 七功能水下机械手各连杆的坐标系

$-90°,90°,0°,-90°,0°]^{\mathrm{T}}$。刚性杆件的 D-H 方法取决于此杆件的四个几何参数，这四个参数可完全描述任何转动关节。参照图 7.1 所示的杆件坐标系及其参数表示，它们的定义如下：θ_i 为 z_{i-1} 绕轴(按右手规则)由 x_{i-1} 轴转向 x_i 轴的关节角；d_i 为从第 $i-1$ 坐标系的原点到 z_{i-1} 轴和 x_i 轴的交点沿 z_{i-1} 轴的距离；a_i 为从 z_{i-1} 和 x_i 的交点到第 i 坐标系原点沿 x_i 轴的偏置距离(或者说，是 z_{i-1} 和 z_i 两轴间的最小距离)；α_i 为绕 x_i 轴(按右手规则)由 z_{i-1} 轴转向 z_i 轴的偏角。a_i 代表连杆 i 的长度，因此规定 $a_i \geqslant 0$；而 α_i、θ_i 与 d_i 的值可正、可负。

机械手各连杆及关节参数如表 7.1 所示，i 是连杆编号，m_i 是杆件 i 的质量，${}^i\overline{\boldsymbol{r}}_i=[\overline{x}_i,\overline{y}_i,\overline{z}_i,1]^{\mathrm{T}}$ 是在杆件 i 坐标系中杆件 i 的质心向量。

表 7.1 SIA 七功能水下机械手各连杆及关节参数

i	a_i / m	α_i / (°)	d_i / m	θ_i	θ_i 变化范围 /(°)	m_i / kg	${}^i\overline{\boldsymbol{r}}_i$ / m
1	0.096	–90	0	θ_1	–60～60	4.02	$[-0.048, 0.055, 0, 1]^{\mathrm{T}}$
2	0.932	0	0	θ_2	–90～30	26.34	$[-0.466, -0.024, 0, 1]^{\mathrm{T}}$
3	0.126	–90	0	θ_3	–30～90	13.08	$[-0.063, 0, 0.052, 1]^{\mathrm{T}}$
4	0	90	0.52	θ_4	–90～90	12.13	$[0, -0.26, 0, 1]^{\mathrm{T}}$
5	0	–90	0	θ_5	–90～30	2.47	$[0.012, 0, 0.0445, 1]^{\mathrm{T}}$
6	0	0	0.461	θ_6	360°连续旋转	22.63	$[0, 0, -0.186, 1]^{\mathrm{T}}$

表示第 i 个坐标系与第 $i-1$ 个坐标系之间的对应关系的齐次变换矩阵 ${}^{i-1}\boldsymbol{A}_i$ 可表示如下：

$$
\begin{aligned}
{}^{i-1}\boldsymbol{A}_i &= \begin{bmatrix} \cos\theta_i & -\cos\alpha_i\sin\theta_i & \sin\alpha_i\sin\theta_i & a_i\cos\theta_i \\ \sin\theta_i & \cos\alpha_i\cos\theta_i & -\sin\alpha_i\cos\theta_i & a_i\sin\theta_i \\ 0 & \sin\alpha_i & \cos\alpha_i & d_i \\ 0 & 0 & 0 & 1 \end{bmatrix} \\
&= \begin{bmatrix} {}^{i-1}\boldsymbol{x}_i & {}^{i-1}\boldsymbol{y}_i & {}^{i-1}\boldsymbol{z}_i & {}^{i-1}\boldsymbol{p}_i \\ 0 & 0 & 0 & 1 \end{bmatrix}
\end{aligned} \tag{7.1}
$$

式中，矩阵 $\left[{}^{i-1}\boldsymbol{x}_i, {}^{i-1}\boldsymbol{y}_i, {}^{i-1}\boldsymbol{z}_i\right]$ 为第 i 个坐标系相对于第 $i-1$ 个坐标系的方向；${}^{i-1}\boldsymbol{p}_i$ 为第 i 个坐标系原点在第 $i-1$ 个坐标系中的位置向量。由于 $\sin\alpha_i$ 与 $\cos\alpha_i$ 的结果为 –1、0 或者 1，可以将 ${}^{i-1}\boldsymbol{A}_i$ 进行简化，并将表 7.1 中的数据代入其中，得到如下各连杆变换矩阵：

$$
{}^{0}\boldsymbol{A}_1 = \begin{bmatrix} C_1 & 0 & -S_1 & a_1C_1 \\ S_1 & 0 & C_1 & a_1S_1 \\ 0 & -1 & 0 & 0 \\ 0 & 0 & 0 & 1 \end{bmatrix}
$$

$$
{}^{1}\boldsymbol{A}_2=\begin{bmatrix} C_2 & -S_2 & 0 & a_2C_2 \\ S_2 & C_2 & 0 & a_2S_2 \\ 0 & 0 & 1 & 0 \\ 0 & 0 & 0 & 1 \end{bmatrix}
$$

$$
{}^{2}\boldsymbol{A}_3=\begin{bmatrix} C_3 & 0 & -S_3 & a_3C_3 \\ S_3 & 0 & C_3 & a_3S_3 \\ 0 & -1 & 0 & 0 \\ 0 & 0 & 0 & 1 \end{bmatrix}
$$

$$
{}^{3}\boldsymbol{A}_4=\begin{bmatrix} C_4 & 0 & S_4 & 0 \\ S_4 & 0 & -C_4 & 0 \\ 0 & 1 & 0 & d_4 \\ 0 & 0 & 0 & 1 \end{bmatrix}
$$

$$
{}^{4}\boldsymbol{A}_5=\begin{bmatrix} C_5 & 0 & -S_5 & 0 \\ S_5 & 0 & C_5 & 0 \\ 0 & -1 & 0 & 0 \\ 0 & 0 & 0 & 1 \end{bmatrix}
$$

$$
{}^{5}\boldsymbol{A}_6=\begin{bmatrix} C_6 & -S_6 & 0 & 0 \\ S_6 & C_6 & 0 & 0 \\ 0 & 0 & 1 & d_6 \\ 0 & 0 & 0 & 1 \end{bmatrix}
$$

式中，$C_i \equiv \cos\theta_i$；$S_i \equiv \sin\theta_i$。这样便可得到末端夹钳相对于机座的齐次变换矩阵$\boldsymbol{T}$：

$$
\boldsymbol{T} = {}^{0}\boldsymbol{A}_1 \cdot {}^{1}\boldsymbol{A}_2 \cdot {}^{2}\boldsymbol{A}_3 \cdot {}^{3}\boldsymbol{A}_4 \cdot {}^{4}\boldsymbol{A}_5 \cdot {}^{5}\boldsymbol{A}_6 = \begin{bmatrix} n_x & s_x & a_x & p_x \\ n_y & s_y & a_y & p_y \\ n_z & s_z & a_z & p_z \\ 0 & 0 & 0 & 1 \end{bmatrix} \tag{7.2}
$$

式(7.2)中各参量表示如下：

$$
n_x = C_1\left[C_{23}\left(C_4C_5C_6 - S_4S_6 - S_{23}S_5C_6\right)\right] + S_1\left(S_4C_5C_6 + C_4S_6\right) \tag{7.3}
$$

$$
n_y = S_1\left[C_{23}\left(C_4C_5C_6 - S_4S_6\right) - S_{23}S_5C_6\right] - C_1\left(S_4C_5C_6 + C_4S_6\right) \tag{7.4}
$$

$$
n_z = -S_{23}\left(C_4C_5C_6 - S_4S_6\right) - C_{23}S_5C_6 \tag{7.5}
$$

$$
s_x = C_1\left[-C_{23}\left(C_4C_5S_6 + S_4C_6\right) + S_{23}S_5S_6\right] + S_1\left(-S_4C_5S_6 + C_4C_6\right) \tag{7.6}
$$

$$
s_y = S_1\left[-C_{23}\left(C_4C_5S_6 + S_4C_6\right) + S_{23}S_5S_6\right] - C_1\left(-S_4C_5S_6 + C_4C_6\right) \tag{7.7}
$$

$$
s_z = S_{23}\left(C_4C_5S_6 + S_4C_6\right) + C_{23}S_5S_6 \tag{7.8}
$$

$$
a_x = -C_1\left(C_{23}C_4S_5 + S_{23}C_5\right) - S_1S_4S_5 \tag{7.9}
$$

$$a_y = -S_1\left(C_{23}C_4S_5 + S_{23}C_5\right) + C_1S_4S_5 \tag{7.10}$$

$$a_z = S_{23}C_4S_5 - C_{23}C_5 \tag{7.11}$$

$$p_x = -C_1\left[d_6\left(C_{23}C_4S_5 + S_{23}C_5\right) + S_{23}d_4 - a_2C_2 - a_3C_{23} - a_1\right] - S_1S_4S_5d_6 \tag{7.12}$$

$$p_y = -S_1\left[d_6\left(C_{23}C_4S_5 + S_{23}C_5\right) + S_{23}d_4 - a_2C_2 - a_3C_{23} - a_1\right] + C_1S_4S_5d_6 \tag{7.13}$$

$$p_z = d_6\left(S_{23}C_4S_5 - C_{23}C_5\right) - C_{23}d_4 - a_2S_2 - a_3S_{23} \tag{7.14}$$

式中，$C_{ij} \equiv \cos(\theta_i + \theta_j)$；$S_{ij} \equiv \sin(\theta_i + \theta_j)$。

上述过程求解出了水下机械手的正运动学，逆运动学的求解采用文献[2]提出的方法，该方法融合了几何法和欧拉角法，结果如下：

$$\theta_1 = \arctan\left(p_y, p_x\right) \tag{7.15}$$

$$\theta_2 = -\arctan\frac{p_z}{\sqrt{p_x^2 + p_y^2} - a_1} - \arccos\frac{a_2^2 + \left(\sqrt{p_x^2 + p_y^2} - a_1\right)^2 + p_z^2 - \left(a_3^2 + d_4^2\right)}{2a_2\sqrt{\left(\sqrt{p_x^2 + p_y^2} - a_1\right)^2 + p_z^2}} \tag{7.16}$$

$$\theta_3 = \pi - \arctan\left(d_4, a_3\right) - \arccos\frac{a_2^2 + \left(a_3^2 + d_4^2\right) - \left[\left(\sqrt{p_x^2 + p_y^2} - a_1\right)^2 + p_z^2\right]}{2a_2\sqrt{a_3^2 + d_4^2}} \tag{7.17}$$

$$\theta_4 = \arctan2\left(a_{4y}, a_{4x}\right) \tag{7.18}$$

$$\theta_5 = -\arctan2\left(C_4a_{4x} + S_4a_{4y}, a_{4z}\right) \tag{7.19}$$

$$\theta_6 = \arctan2\left(-S_4n_{4x} + C_4n_{4y}, -S_4s_{4x} + C_4s_{4y}\right) \tag{7.20}$$

式中，$\left(p_x, p_y, p_z\right)$为腕部的原点；$\left[n_{4x}\ s_{4x}\ a_{4x}; n_{4y}\ s_{4y}\ a_{4y}; n_{4z}\ s_{4z}\ a_{4z}\right]$为末端坐标系相对于第四个坐标系零位置时的方向向量。函数$\arctan2\left(y,x\right)$可以将θ_4、θ_5和θ_6约束在$-\pi$与π之间，其形式如下：

$$\arctan2\left(y,x\right) = \begin{cases} 0^\circ \leqslant \theta \leqslant 90^\circ, & x+, y+ \\ 90^\circ \leqslant \theta \leqslant 180^\circ, & x-, y+ \\ -180^\circ \leqslant \theta \leqslant -90^\circ, & x-, y- \\ -90^\circ \leqslant \theta \leqslant 0^\circ, & x+, y- \end{cases} \tag{7.21}$$

7.1.2 动力学模型建立

机械手控制问题包括系统动力学模型的建立和选定相应的控制规律和策略，以达到预定的系统响应和性能要求。机械手动力学研究机械手运动数学方程的建立，该方程是一组描述机械手动态特性的数学方程，主要描述机械手各关节的关节位置、关节速度、关节加速度与各关节执行器驱动力矩之间的关系。

拉格朗日-欧拉方程、牛顿-欧拉方程、凯恩方程是比较常用的动力学模型建立的方法。拉格朗日-欧拉方程通过对能量方程进行复杂的偏导运算，直接建立主动力与运动的关系，由于其避开了力、速度和加速度等向量的复杂运算，所以比较适合控制模型的建立；牛顿-欧拉方程是计算包括系统内力在内的所有相互作用的力的一种递推的算法，其烦琐的计算过程不利于控制模型的建立；凯恩方程主要是通过加法和乘法运算计算各个部分的加速度以获得惯性力，计算过程简单高效。

以拉格朗日-欧拉法为基础的机械手动力学模型的推导是简单而有规律的。假定我们研究的是刚体运动问题，并设电气控制器件的动态特性、回差和齿轮摩擦等可以不考虑，则导出的运动方程为一组耦合的二阶非线性微分方程。拉格朗日-欧拉方程给出了机械手动力学的显示状态方程，可用来分析和设计先进的关节变量空间控制策略。它有时也用来解决动力学的正问题，即给定力和力矩，用动力学方程求解关节的加速度，然后再积分求得广义坐标和速度；也可以用来解决动力学逆问题，即给定需要的广义坐标和它们的前两阶时间导数，求广义力和力矩。该方法中动力学系数的计算需要大量的算术运算，我们可以将部分计算结果直接代入到拉格朗日-欧拉方程组，以实现简化与实时控制的目的。

拉格朗日-欧拉方程为

$$\frac{\mathrm{d}}{\mathrm{d}t}\left[\frac{\partial L}{\partial \dot{q}_i}\right]-\frac{\partial L}{\partial q_i}=\tau_i, \quad i=1,2,\cdots,n \tag{7.22}$$

式中，L 为拉格朗日函数，L=动能 K – 势能 P，其中 K 为机械手的总动能，P 为机械手的总势能；q_i 为机械手的广义坐标；$\dot{q}_i$ 为广义坐标 q_i 对时间的一阶导数；τ_i 为在关节 i 处作用于系统以驱动杆件 i 的广义力或力矩。

从上面的拉格朗日-欧拉方程可知，需要适当地选取一组描述系统的广义坐标，对于一个只有转动关节的简单机械手，通常选取各关节的角位置作为广义坐标，这样有 $q_i \equiv \theta_i$。实际上相当于把每一个 4×4 杆件坐标变换矩阵中的关节变量取为广义坐标。

由拉格朗日-欧拉法获得的机械手运动方程的矩阵形式如下：

$$\boldsymbol{\tau}(t)=\boldsymbol{D}(\boldsymbol{q}(t))\ddot{\boldsymbol{q}}(t)+\boldsymbol{h}(\boldsymbol{q}(t),\dot{\boldsymbol{q}}(t))+\boldsymbol{c}(\boldsymbol{q}(t)) \tag{7.23}$$

式中，$\boldsymbol{\tau}(t)$ 为加在关节 $i(i=1,2,\cdots,n)$ 上的 $n\times 1$ 广义力矩向量，即

$$\boldsymbol{\tau}(t)=\left[\tau_1(t),\tau_2(t),\cdots,\tau_n(t)\right]^{\mathrm{T}} \tag{7.24}$$

$\boldsymbol{q}(t)$ 为机械手的 $n\times 1$ 关节变量向量，可表示为

$$\boldsymbol{q}(t)=\left[q_1(t),q_2(t),\cdots,q_n(t)\right]^{\mathrm{T}} \tag{7.25}$$

$\dot{\boldsymbol{q}}(t)$ 为机械手的 $n\times 1$ 关节速度向量，可表示为

$$\dot{\boldsymbol{q}}(t)=\left[\dot{q}_1(t),\dot{q}_2(t),\cdots,\dot{q}_n(t)\right]^{\mathrm{T}} \tag{7.26}$$

$\ddot{\boldsymbol{q}}(t)$为机械手的$n\times1$关节加速度向量，可表示为

$$\ddot{\boldsymbol{q}}(t)=\left[\ddot{q}_1(t),\ddot{q}_2(t),\cdots,\ddot{q}_n(t)\right]^{\mathrm{T}} \tag{7.27}$$

$\boldsymbol{D}(\boldsymbol{q})$为与加速度相关的$n\times n$对称矩阵，它的元素是

$$D_{ik}=\sum_{j=\max(i,k)}^{n}\operatorname{tr}\left(\boldsymbol{U}_{jk}\boldsymbol{J}_j\boldsymbol{U}_{ji}^{\mathrm{T}}\right),\quad i,k=1,2,\cdots,n \tag{7.28}$$

其中，$\boldsymbol{U}_{jk}$为关节k的运动对杆件j上各点的影响，$\boldsymbol{U}_{ji}$为关节i的运动对杆件j上各点的影响，$\operatorname{tr}\boldsymbol{A}\triangleq\sum_{i=1}^{n}a_{ii}$为求迹算子，$\boldsymbol{J}_j$为杆件$j$的惯量矩阵，且有

$$\boldsymbol{J}_j=\int{}^{j}\boldsymbol{r}_j\,{}^{j}\boldsymbol{r}_j^{\mathrm{T}}\mathrm{d}m=\begin{bmatrix}\int x_j^2\mathrm{d}m & \int x_jy_j\mathrm{d}m & \int x_jz_j\mathrm{d}m & \int x_j\mathrm{d}m\\ \int x_jy_j\mathrm{d}m & \int y_j^2\mathrm{d}m & \int y_jz_j\mathrm{d}m & \int y_j\mathrm{d}m\\ \int x_jz_j\mathrm{d}m & \int y_jz_j\mathrm{d}m & \int z_j^2\mathrm{d}m & \int z_j\mathrm{d}m\\ \int x_j\mathrm{d}m & \int y_j\mathrm{d}m & \int z_j\mathrm{d}m & \int\mathrm{d}m\end{bmatrix} \tag{7.29}$$

$\boldsymbol{h}(\boldsymbol{q},\dot{\boldsymbol{q}})$为$n\times1$非线性科里奥利力和向心力向量，它的元素是

$$\boldsymbol{h}(\boldsymbol{q},\dot{\boldsymbol{q}})=[h_1,h_2,\cdots,h_n]^{\mathrm{T}} \tag{7.30}$$

其中，

$$h_i=\sum_{k=1}^{n}\sum_{m=1}^{n}h_{ikm}\dot{q}_k\dot{q}_m,\qquad i=1,2,\cdots,n \tag{7.31}$$

$$h_{ikm}=\sum_{j=\max(i,k,m)}^{n}\operatorname{tr}\left(\boldsymbol{U}_{jkm}\boldsymbol{J}_j\boldsymbol{U}_{ji}^{\mathrm{T}}\right),\quad i,k,m=1,2,\cdots,n \tag{7.32}$$

$\boldsymbol{c}(\boldsymbol{q})=n\times1$为重力向量，它的元素是

$$\boldsymbol{c}(\boldsymbol{q})=[c_1,c_2,\cdots,c_n]^{\mathrm{T}} \tag{7.33}$$

其中，

$$c_i=\sum_{j=i}^{n}\left(-m_j\boldsymbol{g}\boldsymbol{U}_{ji}\,{}^{j}\overline{\boldsymbol{r}}_j\right),\quad i=1,2,\cdots,n \tag{7.34}$$

这里，$\boldsymbol{g}=[g_x,g_y,g_z,0]$是在机座坐标系表示的重力行向量。对于水平机座，$\boldsymbol{g}=[0,0,-|g|,0]$，$g$为重力加速度。

本章采用拉格朗日-欧拉法来建立SIA七功能水下机械手的动力学模型。为了方便求解各杆件的伪惯量矩阵，将1、2、3、5杆件近似地简化为质量分布均匀的长方体，它们的质心都在长方体的中心，将4、6杆件近似地简化为质量分布均匀的圆柱体，它们的质心都在圆柱体的中心，图7.2为各杆件简化模型。其中，$b_1=0.094\,\mathrm{m}$，$l_1=0.11\,\mathrm{m}$，$b_2=0.114\,\mathrm{m}$，$l_2=0.156\,\mathrm{m}$（$l_2=0.024\times2+0.054\times2=$

0.156 m)，$b_3 =$ 0.128 m，$l_3 = 0.104$ m，$b_5 = 0.084$ m，$l_5 = 0.068$ m（$l_5 = 0.012 \times 2 + 0.022 \times 2 = 0.068$ m），$R_4 = 0.064$ m（杆件 4 单位角度与高度对应的质量为 $m_4 / (2\pi d_4)$，微质量 $\mathrm{d}m_4 = \left[m_4 / \left(-2\pi d_4\right)\right]\mathrm{d}\alpha \mathrm{d}y_4$），$R_6 = 0.071$ m（杆件 6 单位角度与高度对应的质量为 $m_6 / [2\pi(372 d_6 / 461)]$，微质量 $\mathrm{d}m_6 = \{m_6 / [-2\pi(372 d_6 / 461)]\}\mathrm{d}\alpha \mathrm{d}z_6$）。

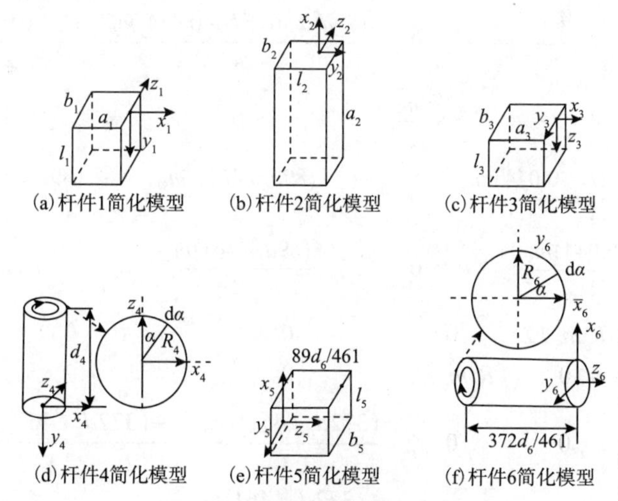

图 7.2　机械手各杆件简化模型

由式(7.29)得到的各杆件近似惯量矩阵如下：

$$
\boldsymbol{J}_1 = \begin{bmatrix} a_1^2 m_1 / 3 & -a_1 l_1 m_1 / 4 & 0 & -a_1 m_1 / 2 \\ -a_1 l_1 m_1 / 4 & l_1^2 m_1 / 3 & 0 & l_1 m_1 / 2 \\ 0 & 0 & b_1^2 m_1 / 12 & 0 \\ -a_1 m_1 / 2 & l_1 m_1 / 2 & 0 & m_1 \end{bmatrix} \tag{7.35}
$$

$$
\boldsymbol{J}_2 = \begin{bmatrix} \dfrac{a_2^2 m_2}{3} & \dfrac{a_2(l_2 - 0.108) m_2}{4} & 0 & \dfrac{-a_2 m_2}{2} \\ \dfrac{a_2(l_2 - 0.108) m_2}{4} & \dfrac{[0.054^3 - (-l_2 + 0.054)^3] m_2}{3 l_2} & 0 & \dfrac{-(l_2 - 0.108) m_2}{2} \\ 0 & 0 & \dfrac{b_2^2 m_2}{12} & 0 \\ \dfrac{-a_2 m_2}{2} & \dfrac{-(l_2 - 0.108) m_2}{2} & 0 & m_2 \end{bmatrix} \tag{7.36}
$$

$$
\boldsymbol{J}_3 = \begin{bmatrix} a_3^2 m_3 / 3 & 0 & -a_3 l_3 m_3 / 4 & -a_3 m_3 / 2 \\ 0 & b_3^2 m_3 / 12 & 0 & 0 \\ -a_3 l_3 m_3 / 4 & 0 & l_3^2 m_3 / 3 & l_3 m_3 / 2 \\ -a_3 m_3 / 2 & 0 & l_3 m_3 / 2 & m_3 \end{bmatrix} \tag{7.37}
$$

$$\boldsymbol{J}_4=\begin{bmatrix} R_4^2 m_4/2 & 0 & 0 & 0 \\ 0 & d_4^2 m_4/3 & 0 & -d_4 m_4/2 \\ 0 & 0 & R_4^2 m_4/2 & 0 \\ 0 & -d_4 m_4/2 & 0 & m_4 \end{bmatrix} \tag{7.38}$$

$$\boldsymbol{J}_5=\begin{bmatrix} \frac{\left[(l_5-0.022)^3-0.022^3\right]m_5}{3l_5} & 0 & \frac{(89d_6/461)(l_5-0.044)m_5}{4} & \frac{(l_5-0.044)m_5}{2} \\ 0 & \frac{b_5^2 m_5}{12} & 0 & 0 \\ \frac{(89d_6/461)(l_5-0.044)m_5}{4} & 0 & \frac{(89d_6/461)^2 m_5}{3} & \frac{(89d_6/461)m_5}{2} \\ \frac{(l_5-0.044)m_5}{2} & 0 & \frac{(89d_6/461)m_5}{2} & m_5 \end{bmatrix} \tag{7.39}$$

$$\boldsymbol{J}_6=\begin{bmatrix} R_6^2 m_6/2 & 0 & 0 & 0 \\ 0 & R_6^2 m_6/2 & 0 & 0 \\ 0 & 0 & \frac{(372d_6/461)^2 m_6}{3} & \frac{-(372d_6/461)m_6}{2} \\ 0 & 0 & \frac{-(372d_6/461)m_6}{2} & m_6 \end{bmatrix} \tag{7.40}$$

最后，求出 SIA 七功能水下机械手的拉格朗日-欧拉方程为

$$\begin{aligned} \boldsymbol{\tau}(t) &= \boldsymbol{D}(\boldsymbol{\theta})\ddot{\boldsymbol{\theta}}(t)+\boldsymbol{h}(\boldsymbol{\theta},\dot{\boldsymbol{\theta}})+\boldsymbol{c}(\boldsymbol{\theta}) \\ &= \begin{bmatrix} D_{11} & D_{12} & D_{13} & D_{14} & D_{15} & D_{16} \\ D_{12} & D_{22} & D_{23} & D_{24} & D_{25} & D_{26} \\ D_{13} & D_{23} & D_{33} & D_{34} & D_{35} & D_{36} \\ D_{14} & D_{24} & D_{34} & D_{44} & D_{45} & D_{46} \\ D_{15} & D_{25} & D_{35} & D_{45} & D_{55} & D_{56} \\ D_{16} & D_{26} & D_{36} & D_{46} & D_{56} & D_{66} \end{bmatrix} \begin{bmatrix} \ddot{\theta}_1 \\ \ddot{\theta}_2 \\ \ddot{\theta}_3 \\ \ddot{\theta}_4 \\ \ddot{\theta}_5 \\ \ddot{\theta}_6 \end{bmatrix} + \begin{bmatrix} \dot{\boldsymbol{\theta}}^{\mathrm{T}}\boldsymbol{H}_{1,v}\dot{\boldsymbol{\theta}} \\ \dot{\boldsymbol{\theta}}^{\mathrm{T}}\boldsymbol{H}_{2,v}\dot{\boldsymbol{\theta}} \\ \dot{\boldsymbol{\theta}}^{\mathrm{T}}\boldsymbol{H}_{3,v}\dot{\boldsymbol{\theta}} \\ \dot{\boldsymbol{\theta}}^{\mathrm{T}}\boldsymbol{H}_{4,v}\dot{\boldsymbol{\theta}} \\ \dot{\boldsymbol{\theta}}^{\mathrm{T}}\boldsymbol{H}_{5,v}\dot{\boldsymbol{\theta}} \\ \dot{\boldsymbol{\theta}}^{\mathrm{T}}\boldsymbol{H}_{6,v}\dot{\boldsymbol{\theta}} \end{bmatrix} + \begin{bmatrix} c_1 \\ c_2 \\ c_3 \\ c_4 \\ c_5 \\ c_6 \end{bmatrix} \end{aligned} \tag{7.41}$$

式中，

$$\boldsymbol{H}_{i,v}=\begin{bmatrix} h_{i11} & h_{i12} & h_{i13} & h_{i14} & h_{i15} & h_{i16} \\ h_{i12} & h_{i22} & h_{i23} & h_{i24} & h_{i25} & h_{i26} \\ h_{i13} & h_{i23} & h_{i33} & h_{i34} & h_{i35} & h_{i36} \\ h_{i14} & h_{i24} & h_{i34} & h_{i44} & h_{i45} & h_{i46} \\ h_{i15} & h_{i25} & h_{i35} & h_{i45} & h_{i55} & h_{i56} \\ h_{i16} & h_{i26} & h_{i36} & h_{i46} & h_{i56} & h_{i66} \end{bmatrix}, \quad i=1,2,\cdots,6 \tag{7.42}$$

$$\dot{\boldsymbol{\theta}}(t)=\left[\dot{\theta}_1(t),\dot{\theta}_2(t),\dot{\theta}_3(t),\dot{\theta}_4(t),\dot{\theta}_5(t),\dot{\theta}_6(t)\right]^{\mathrm{T}} \tag{7.43}$$

设机械手各关节初始位置为$\boldsymbol{\theta}(0)=\left[0,0,0,0,0,0\right]^{\mathrm{T}}$，各关节初始速度和加速度都为零，各关节的目标位置为

$$\boldsymbol{\theta}(t)=\left[\sin(\pi t),0.5\sin(\pi t),0.5\sin(\pi t),1.5\sin(\pi t),0.5\sin(\pi t),1.5\sin(\pi t)\right]^{\mathrm{T}}$$

则各关节在目标位置处的速度、加速度分别为

$$\dot{\boldsymbol{\theta}}(t)=[\pi\cos(\pi t),0.5\pi\cos(\pi t),0.5\pi\cos(\pi t),1.5\pi\cos(\pi t),0.5\pi\cos(\pi t),1.5\pi\cos(\pi t)]^{\mathrm{T}}$$

$$\ddot{\boldsymbol{\theta}}(t)=[-\pi^2\sin(\pi t),-0.5\pi^2\sin(\pi t),-0.5\pi^2\mathrm{sins}(\pi t),$$
$$-1.5\pi^2\sin(\pi t),-0.5\pi^2\sin(\pi t),-1.5\pi^2\sin(\pi t)]^{\mathrm{T}}$$

仿真时间为$t=6\,\mathrm{s}$，由 SIA 七功能水下机械手运动方程式(7.41)得到的各关节驱动力矩如图 7.3 所示。图中横坐标为仿真时间，纵坐标为各关节的驱动力矩。当需要机械手各关节或者末端以一定特性运动时，可以通过求解该机械手的动力学模型并选定相应控制策略来实现。

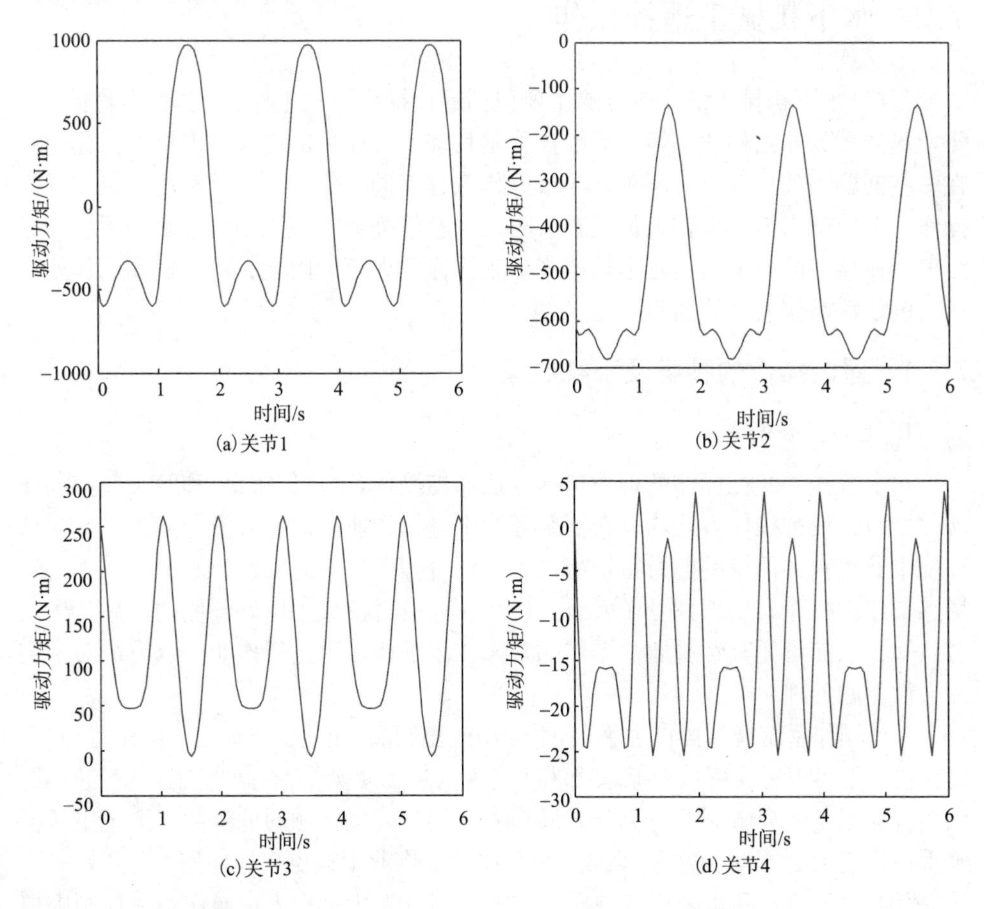

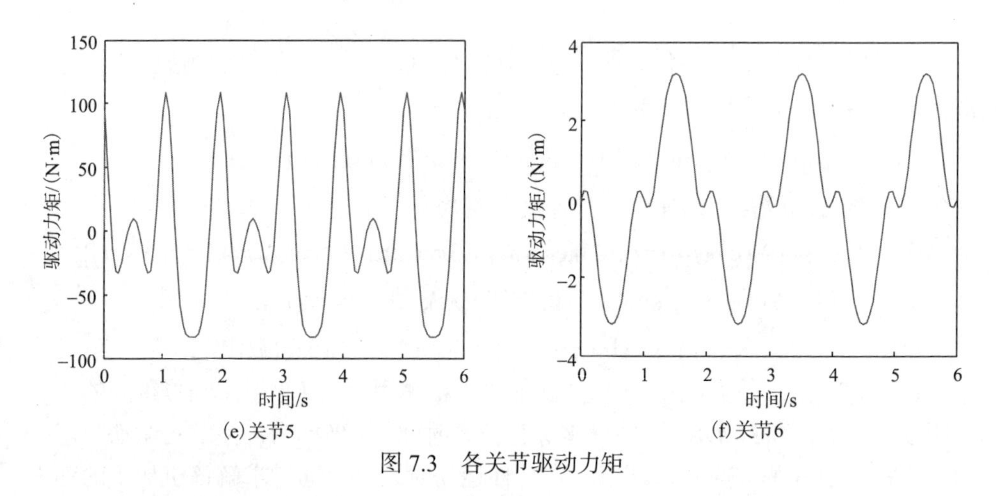

(e)关节5

(f)关节6

图 7.3　各关节驱动力矩

7.2　水下机械手遥控操作

目前，水下机械手的作业方式主要包括遥控操作与自主作业。水下环境复杂，作业场景多为非结构化环境，遥控操作是目前工程应用的主流。但遥控操作也存在一些问题，如作业目标不确定导致操作流程不同、作业目标的刚度不确定导致操作力度较难掌控、操作人员较难实时精确补偿外界给控制系统带来的干扰、远距离操作伴随的数据通信延迟给岸基带来操作延迟等。因此，遥控操作的作业质量高度依赖操作人员的经验。

7.2.1　遥控操作的种类及系统组成

1. 遥控操作的种类

水下机械手遥控操作的种类包括主从遥控操作(主从伺服手)和开关遥控操作(开关手)，两种操作方式均可在复杂环境中进行作业。操作人员的操作质量与从环境中获得真实信息的能力密切相关。操作过程属于双向操作，水下机械手将现场感知经由操作端反馈到操作人员，使操作人员对机械手所处环境的作用产生动态认知，从而可凭其经验通过操作端来操作水下机械手进行作业，以完成对“突发事件”的处理。

主从操作系统通过操作主手(从手的功能复制品)使从手跟踪主手的位置信息，而在主手上可以感受到从手抓取物体的受力信息，使操作者有种身临其境的感觉。该系统克服了距离限制或者避开了操作者直接与环境接触的危险性。由于主从伺服手操作起来更方便、直观、高效，因此在水下作业中被更多地使用[3-5]，“蛟龙”号搭载的水下机械手也采用该种操作方式。图 7.4 为操作人员操作主手控制虚拟从手抓取海洋生物样本。

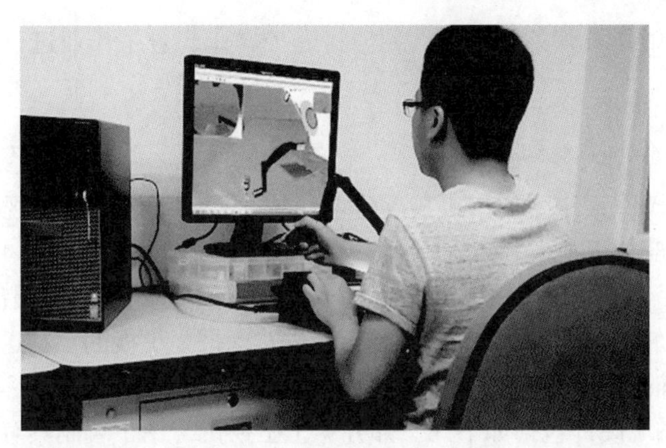

图 7.4 操作人员操作主手控制虚拟从手抓取海洋生物样本

开关手是机械手的每个关节对应控制端的一个操作杆或者按钮开关[5]，通过对操作杆或按钮的操作来操作机械手的各个关节运动。图 7.5 为伊朗空间研究中心研发的四自由度开关式水下机械手。我国从 20 世纪 80 年代初开始研发水下机器人，研制出的“海人一号”“金鱼一号”“金鱼二号”“RECOV-VI”等水下机器人多以观察为主，作业能力不强，大多使用开关式机械手进行作业。如果水下机械手的自由度较多，则需要更多的操作杆或者按钮开关进行操作，将会导致操作复杂、效率低。

(a) 控制器

(b) 水下机械手

图 7.5 四自由度开关式水下机械手

此外，将遥控操作与自主作业相结合的人机协同作业方式是目前的一个研究热点。遥控操作具有较强的作业能力，但其高度依赖操作人员的技能并容易给其带来疲劳感。水下机械手的自主作业可以有效地解决上述问题。夏威夷大学研究了半自主水下机器人[6]，它能够自主地在给定水下区域内回收物品。文献[7]设计了可重构自主作业水下机器人，它利用水声和光学传感器对环境进行识别，并利用水下机械手实现简单的作业。文献[8]提出了一种基于视觉和超声传感器的水下机械手自主抓取算法，并对其有效性进行了实验验证。由于自主作业受到环境复杂、传感器使用受限等条件约束，如何将遥控操作与自主作业进行优化融合得到了广泛关注。

2. 遥控操作的系统组成

水下遥控操作系统主要由机械手作业系统、控制系统硬件、视频系统、控制系统软件等四部分组成。

(1) 机械手作业系统由机械手及工具库组成。工具库通常采用圆盘回转式结构，工具架均匀分布在圆盘的圆周上。工具库通过转动把要更换的工具送到固定的接换位置上，通过轴向移动为工具对接提供直线行程，以实现手腕与工具的对接。

(2) 控制系统硬件包括如下几个部分：①主控机，用于编制具有可视化人机界面的控制程序来控制机械手的运动；②A/D 及 I/O 接口电路，用于采集关节电位计的模拟电压信号和开关量信号，发出开关量控制信号，控制电磁阀动作；③D/A 接口电路，用于发出模拟量信号控制电液伺服阀；④电液伺服阀；⑤电磁换向阀；⑥光电隔离可控硅驱动电路，用于控制电磁阀动作；⑦伺服阀控制器，根据输入信号控制驱动伺服阀的电流，同时具有对伺服系统进行补偿和校正的功能。

(3) 视频系统由摄像机、云台、云台控制器、视频采集卡、视频会议卡等组成，其将机器人作业系统的视频信号以静态或动态的形式采集到计算机中。云台具有摆动和俯仰两个自由度，分别由两个直流伺服电机控制，操作人员可手动操作云台运动，使摄像机以理想的角度捕捉作业过程。视频系统用来采集作业现场的图像，对作业现场进行监控，供操作人员观察，以合理完成对机械手的控制。

(4) 控制系统软件用来管理整个系统的硬件资源，其通过人机交互界面来进行管理。操作人员可以通过连接网络上的远程控制机对机械手进行监视与控制，因此人机交互界面是软件系统的重要组成部分，其必须能够提供足够多的信息，形象、有效地将机械手的状态信息显示出来，以方便了解水下机械手的运动状况并进行有效控制。

7.2.2 水下机械手的主从控制方法

目前，控制机械手有多种实现方法，如基于视觉的方法[9]、基于多传感器的方法[10]和基于操作杆或主手的方法[11-13]。由于在非结构化和复杂的水下环境中主从遥控操作方式(直观、可靠)表现优异，因此该方式被更多地使用，操作人员通过操作微型的从手复制品来实现对较大从手的控制。

1. 主手控制器

主手是从手在功能上的复制品，操作人员通过选择合适的主手控制菜单并通过按键输入修改菜单来配置和诊断从手操作。主手控制器的面板提供了如下功能：

显示屏、功能按键、电源开关、主手和辅助夹钳开关。主手控制器及其面板示意图如图 7.6 所示。

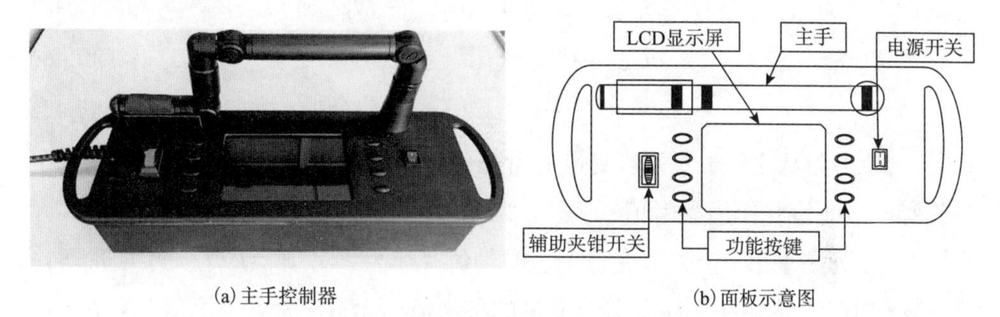

(a) 主手控制器　　(b) 面板示意图

图 7.6　主手控制器及其面板示意图

处于控制器中心的 LCD 显示屏用来显示系统状态信息和提供的操作选项。屏幕两侧的 8 个功能按键用来选择菜单，或者激活/冻结机械手的功能。主手为从手的一个小的运动学复制品，每个主手关节或者功能与从手的对应关节或者功能匹配。主手的底部按键用来冻结/解冻主手。在 LCD 显示屏左侧的辅助夹钳开关用来控制夹钳的状态，开关向前移动为关闭夹钳，向后移动为打开夹钳。使用主手可以很容易地控制机械手的肩、肘、前臂和手腕。电源开关在 LCD 显示屏的右侧，当从手处在安全位置且被冻结时才可以关闭电源。

2. 相对位置增量式控制

对机械手的控制可采用绝对位置控制方式或相对位置增量式控制方式。对于绝对位置控制方式，主手与从手有固定的工作空间原点（末端执行器的初始位姿或各关节初始转角），工作前都需要完成回到原点的初始化工作，比较烦琐，对于对从手姿态有要求的特殊场景还可能带来不便，并且绝对位置控制方式控制精度不高。增量运动是指起动和停止相间的步进运动，每一步相当于一个增量[14]。增量式控制方式是指对被控对象的增量运动进行准确控制的方式，被广泛地应用在机器人领域[15-17]，它的优点是不需要初始化原点的烦琐操作，并可增加位置反馈，提高系统的控制精度。

对机械手采用相对增量式控制时通常有两种方式：根据主手各关节变量的增量来控制从手各关节运动；根据主手尖端位姿的增量来控制从手末端执行器运动。第二种方式需要建立主手与从手各连杆的坐标系，然后根据获得的主手各关节数据对主手进行运动学正分析，在对从手控制时又需要对从手进行运动学逆分析，比较麻烦。本章采用基于关节的相对位置增量式控制方式，系统启动时，主手与从手可以以任意初始姿态开始工作，避免了初始化原点的操作。在控制的过程中满足如下关系：

$$S_{i\_\mathrm{cmd}} - S_{i\_\mathrm{ref}} = k_i\left(M_{i\_\mathrm{act}} - M_{i\_\mathrm{ref}}\right),\quad i=1,2,\cdots,6 \tag{7.44}$$

$$k_i = \left(S_{i\_\max} - S_{i\_\min}\right)/\left(M_{i\_\max} - M_{i\_\min}\right) \tag{7.45}$$

$$G_{\mathrm{cmd}} - G_{\mathrm{ref}} = k_p\left(J_{\mathrm{act}} - J_{\mathrm{ref}}\right) \tag{7.46}$$

$$k_p = \left(G_{\max} - G_{\min}\right)/\left(J_{\max} - J_{\min}\right) \tag{7.47}$$

式中，S_{i_cmd} 为从手第 i 个关节变量的希望值并作为命令值；S_{i_ref} 为从手第 i 个关节变量当前值并作为参考值；M_{i_act} 为主手第 i 个关节变量当前值并作为实际值；M_{i_ref} 为主手第 i 个关节变量上一时刻值并作为参考值；k_i 为关于增量的比例系数；$M_{i\_\max}$ 为主手第 i 个关节变量的最大值；$M_{i\_\min}$ 为主手第 i 个关节变量的最小值；$S_{i\_\max}$ 为从手第 i 个关节变量的最大值；$S_{i\_\min}$ 为从手第 i 个关节变量的最小值；G_{cmd}、G_{ref}、J_{act}、J_{ref}、k_p、$G_{\max}$、$G_{\min}$、$J_{\max}$、$J_{\min}$ 是为解决夹钳的增量控制而定义的量，定义方式与定义关节相关量时基本相同，其中，$G_{\min}$ 代表夹钳闭合状态，$G_{\max}$ 代表夹钳开度最大状态。若在控制的过程中从手关节或夹钳变量(夹钳开度)命令值超过极限值，则保持这些变量在极限值处。本章选取主从增量比例为 1∶1，k_i 为某一固定值，也可以采用增大 k_i 值的办法来提高从手的灵敏度，或者减小 k_i 值的办法来降低从手的灵敏度。为了方便表述，定义关节转角为关节变量，夹钳张开距离为夹钳变量。图 7.7 为主手与从手的关节、夹钳变量对应关系。

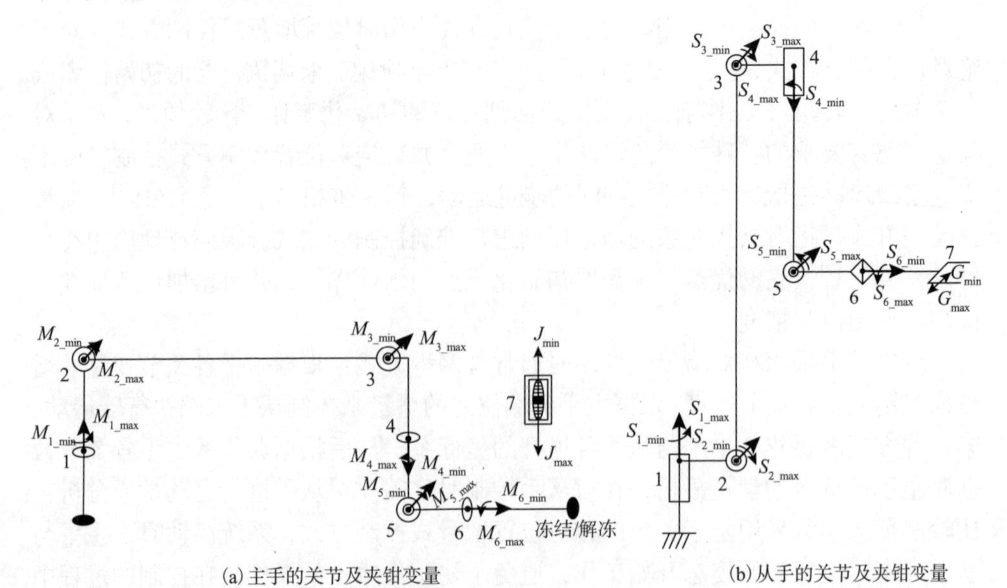

(a) 主手的关节及夹钳变量　　(b) 从手的关节及夹钳变量

图 7.7　主手与从手的关节及夹钳变量对应关系

主手和从手的关节变量范围如表 7.2 所示。主手的每个关节变量角范围具有一定的差异，是由于它们之间在传感器选择和机械手结构上具有一定的差异。夹钳变量范围如表 7.3 所示。

表 7.2 主手和从手的关节变量范围

i	主手范围		从手范围	
	M_{i_min}	M_{i_max}	$S^*_{i\_min}$ / (°)	S_{i_max} / (°)
1	2655	3710	–60	60
2	1066	2669	–90	30
3	778	2325	–30	90
4	1083	3555	–90	90
5	881	2437	–90	30
6	1134	3597	–180	180

表 7.3 主手和从手的夹钳变量范围

主手范围		从手范围	
J_{min}	J_{max}	G_{min} / mm	G_{max} / mm
3121	3960	0	96

7.2.3 水下机械手的开关控制方法

水下机械手的开关控制主要包括两种形式：通过操作杆或按钮开关遥控操作各关节；通过操作杆或按钮开关遥控操作末端夹钳的位姿[18]。

通过操作杆或按钮开关遥控操作水下机械手关节是一种常见的操作方式，在进行操作时可以使末端夹钳达到理想的位姿。当机械手满足如下特点时，该种操作方式是非常有效的：①自由度少；②某一时刻逆解不存在或者存在多个。对机械手关节的操作包括肩部摆动、肩部俯仰、肘部俯仰、前臂转动、腕部摆动和腕部转动。作业过程中末端夹钳的实时位姿可以通过求解机械手正运动学的方式得到。

在执行操作任务时，有时直接操作机械手末端夹钳的位姿是更直接和快速的方式，尤其是当机械手的自由度较多且一直存在逆解的情况下。对末端夹钳的操作包括夹钳前进、夹钳后退、夹钳左移、夹钳右移、夹钳上升、夹钳下降、夹钳左转、夹钳右转、夹钳指向 x 方向、夹钳指向 y 方向和夹钳指向 z 方向。作业过程中，通过求解机械手逆运动学的方式可以实时得到各关节转角。

在使用开关控制方法进行操作时，采用键盘遥控操作机械手和水下机器人的方式，键盘的按键功能分配如图 7.8 所示。红色范围中的按键用来操作机械手的各关节，蓝色范围中的按键用来操作机械手的末端夹钳，粉色范围中的按键用来操作水下机器人，绿色范围中的按键用来操作云台，青色范围中的按键用来停止机械手运动和打开/关闭夹钳，橙色范围中的按键用来启动自主操作。

图 7.8　键盘上的按键功能分配(见书后彩图)

7.2.4　手动规划与自主规划的优化融合

遥控操作水下作业过程中，机械手的运动轨迹可采用手动规划的方式，也可采用自主规划的方式。由于水下环境复杂，单纯的手动规划对操作人员来说会有较大的操作压力。此外，对于操作质量和精确度要求高的任务，手动规划方式不能满足要求。研究者对扩展水下机器人作业能力的兴趣正在增长，自主规划的研究正越来越受到关注。自主规划会降低操作人员的压力，但到目前为止，在复杂环境下很少有完全自主的机械手成功完成任务的例子，通常结合手动规划操作[19]。考虑到水下机器人在工业领域应用的持续增长和操作人员的工作负担，对半自主水下机器人的需求是非常迫切的[20, 21]，其可以简化任务的复杂度、降低对操作技能的依赖性。

将手动规划与自主规划优化融合来操作水下机械手，不仅能够确保机械手的作业能力，也能减轻操作人员的作业压力，提升系统整体的作业效率和精度。对于机械手末端轨迹或者机械手姿态可以确定的过程，可以使用自主规划方式来操作机械手，如使机械手末端夹钳靠近目标的过程(如果目标位置能够通过传感器被粗略定位，则末端夹钳的轨迹可以确定)、对目标的操作过程(如果对目标的操作过程是固定的，则末端夹钳的轨迹可以确定)、将目标放入采样篮中的过程(机械手的位姿可以确定)和恢复机械手到其初始姿态的过程(机械手的位姿是确定的)。当使用自主规划方式执行任务时，操作人员只需要直接提供高层行为指令，低层控制器会自动执行关于水下机械手的操作。使用图 7.8 中键盘上橙色方块中的按键来执行自主规划，操作包括上面提到的四个自主操作过程。对于机械手末端轨迹或者机械手姿态不能确定的过程，则使用手动规划操作机械手末端位姿的模式。当任务的执行采用手动规划操作方式时，操作人员需要将注意力集中在机械手的操作上。

7.3 水下机械手作业仿真平台搭建及控制方法验证

为了验证不同遥控操作方式及对应方法在水下机械手作业中的有效性，操作方式、结构参数、外部扰动、作业环境等信息需要根据任务目标进行调整，真实的系统不能快速、方便地提供实验条件。再次，操作真实的水下机械手进行作业时费用高且受到地点约束。因此，搭建一个水下机械手作业仿真平台就尤为重要，其既可以为水下机械手的运动控制方法提供验证途径，也可以为操作人员提供低成本、较方便的遥控操作训练平台。

7.3.1 仿真平台的搭建

1. 水下机械手虚拟模型

为了节约成本、方便实验，本节在 Webots 环境中建立了 SIA 七功能水下机械手虚拟模型。Webots 是三维移动机器人仿真器，是一款用于移动机器人建模、编程和仿真的开发环境软件。在 Webots 中，用户可以设计各种复杂的结构，不管是单机器人还是群机器人，相似的或者是不同的机器人都可以很好地交互，也可以对每个对象属性如形状、颜色、纹理、质量等进行自主选择。图 7.9 为 SIA 七功能水下机械手实物及其虚拟模型。该机械手一端固定在基座上，由六个旋转关节和一个夹钳构成，操作包括肩摆、肩部俯仰、肘部俯仰、肘部旋转、腕摆、腕转、夹钳张开与合闭，夹钳设计为 8 转轴平行夹钳。

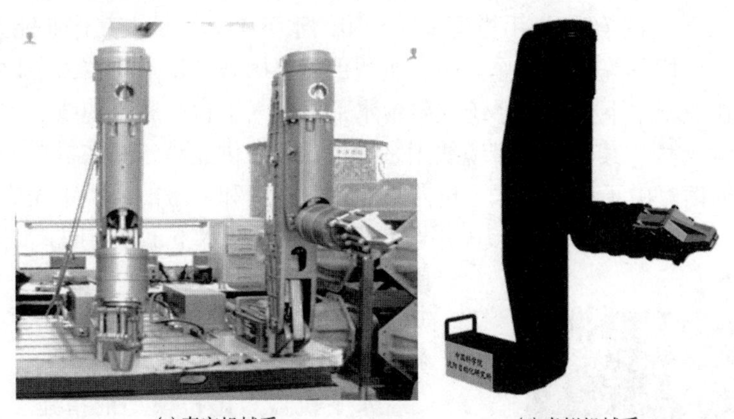

(a)真实机械手　　(b)虚拟机械手

图 7.9　SIA 七功能水下机械手及其虚拟模型

机械手虚拟模型的搭建通过在 Webots 环境中定义的节点树来实现，主要包括 Robot 节点、Shape 节点、Appearance 节点、Transform 节点、IndexedFaceSet 节点、

Servo 节点等。Robot 节点是创建虚拟机械手的基本节点，所有的组成部分都在其子节点下。各个部分的几何和外在属性由 Shape 节点来描述。对于简单的结构，可以使用基本的几何图形来描述，如立方体、圆柱等。对于复杂的结构，可以使用 IndexedFaceSet 节点，它表示由具有一系列定点的多边形组成的三维图形；也可以将复杂部件在 SolidWorks 软件下搭建好后保存为 VRML97 文件，然后将输出文件导入到 Webots 环境中，并添加相应的属性。使用 Appearance 节点来描述各部分的视觉属性，给机械手主体设置为绿色，并在机械手底座处添加上产品标识纹理。使用包含移动向量和转动向量的 Transform 节点来改变和配置各部分的位置和方向。Servo 节点添加到一个关节后可以形成一个自由度来模拟运动形态，放在父节点与子节点之间，关节转动时子部分会随着父部分移动。机械手的搭建采用层叠式结构，即第二个连杆在第一个连杆的子域中，第三个连杆在第二个连杆的子域中，依此类推。为了使机械手具有动态特性，在每两个相邻杆件之间添加了 1 个“rotational”类型的 Servo 节点，并设置了每个 Servo 节点的转动力矩与转动范围。在夹钳处布置了 8 个“rotational”类型的 Servo 节点，在工作时夹钳的夹持部分应保持平行。上面所有用到的 Servo 节点都要有一个唯一的名字，方便用来对其控制。使用 C 语言给虚拟机械手创建控制器“mybot”来控制其运动，当仿真开始时，Webots 将会加载“mybot”控制器并将控制器与虚拟机器人联系起来。

2. 水下机器人虚拟模型

随着水下作业任务日趋复杂与多样，有时单一的水下机械手已经不能满足人们的作业要求，通常给机械手搭配一些专用的水下工具来扩大其作业能力和效率，如清洗刷、剪切器等。水下作业中，机械手需要搭载在水下机器人上以扩大其作业范围。作业型水下机器人系统主要由水下机器人平台、脐带缆线、水面操控台三个部分组成[22]。其中，胶带缆线用来为机器人提供能源，并在机器人与控制台之间建立通信。由于该类型水下机器人能在大深度和危险的环境中完成高强度、大负荷的作业，且水下工作时间长、操作方便，因此，被广泛地应用在水下观测、海洋资源开采、海底平台的检测维修、布雷扫雷等任务中[23]。

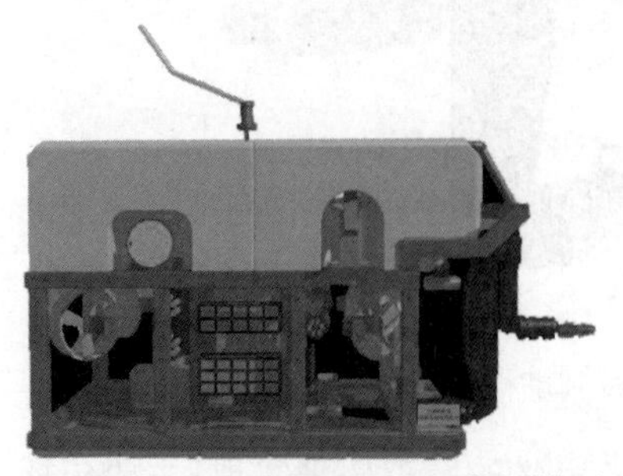
图 7.10 作业型水下机器人虚拟模型（见书后彩图）

水下机器人虚拟模型的搭建参考一款作业型水下机器人结构，在 Webots 环境中建立的虚拟模型如图 7.10 所示。该虚拟模型可实现空间六自由度运动[24]，包括三个平移运动——进退、潜浮、横移，三个旋转运动——横摇、纵摇、偏航。机器人模型由浮力模块、载体框架、推进系统、SIA 七功能水下机械手、密封舱、脐带缆线和辅助配件七个主要部分组成。浮力模块包括前浮力材与后浮力材，位于机器人的上部，用于提供足够的浮力。载体框架是机器人各部分系统设备的安装基础，浮力块、密封舱、作业工具等都固定在载体框架上，它也是机器人布放和回收的主要承力结构。推进系统由 7 个螺旋桨推进器组成，用来确保机器人在三维空间的灵敏性，包括 4 个水平方向推进器和 3 个垂直方向推进器。SIA 七功能水下机械手搭载在机器人的艏部下方，是水下作业的重要工具。密封舱位于机器人的后上部，用来保护内部的电子元器件及检测设备。脐带缆线位于机器人顶部并与框架相连，用来为机器人提供能源，并在潜水器与控制台之间建立通信。辅助配件分布在框架的不同部位，是对整个系统进行补充和优化，主要包括电机泵、阀箱、接线盒、分线盒、补偿器、照明灯、云台、传感器支架等。

照明灯、补偿器、分线盒等部分几何结构简单，采用基本的几何图形来进行描述；浮力模块、推进系统、载体框架等部分结构比较复杂，采用 IndexedFaceSet 来进行描述。这里为每个推进器添加了一个 Servo 节点来模拟它们的转动，为云台添加了两个 Servo 节点来实现它的偏转和俯仰运动，并添加了一个 Camera 节点到云台相机上来获得虚拟世界的信息。这里不需要为潜水器添加另外一个控制器，其与机械手共用同一个控制器。

3. 环境扰动与视觉影响模拟

由于机械手进行水下作业时受海流影响且光线较差，因此遥控操作时需要考虑扰动和视觉影响。生成精确的海流影响是一个非常复杂和耗费时间的计算过程，可以使用两个二维的正弦波来模拟水平和垂直方向上的扰动影响。文献[25]使用周期为 4 s 的正弦函数响应曲线来描述水下机器人受干扰后产生的俯仰运动，参考该响应曲线将扰动影响施加到机器人上的扰动形式如下：

$$\begin{bmatrix}\theta_{\text{pitch}}\\ d_{\text{sway}}\end{bmatrix}=\begin{bmatrix}r_1\sin(\pi t/2)\\ r_2\sin(\pi t/2)\end{bmatrix} \tag{7.48}$$

式中，θ_{pitch} 为俯仰扰动，为垂直方向的扰动；d_{sway} 为摇摆扰动，为水平方向扰动；r_1、r_2 分别为它们幅值的大小，单位为 cm；t 为工作时间。这样该扰动函数便提供了载体三维空间随机的扰动，给操作人员获得理想的作业结果带来了困难，可以达到增加操作难度的目的。

在遥控操作水下机械手作业过程中，机械手搭载在水下机器人上，操作人员通过机器人主观察窗或者云台反馈信息来观察机器人周围环境和从手状态。在 Webots 环境中，当 Camera 节点的 spherical field 被设置为 TRUE 状态时，球面投影可以被用作模拟生物的眼睛，因此使用这样的摄像机来模拟操作人员的眼睛所看到的场景。在作业时为了模拟视觉影响效果，在主观察窗相机和云台相机上分别添加了蓝色透明薄片。透过薄片通过摄像机获得的场景效果为水下所有的目标都是浅蓝色且光线较暗。

4. 信息交互的实现

为了实现远程视场操作，需要将操作端与电脑中 Webots 环境建立通信，以实现信息交互。以真实主手与 Webots 环境进行信息交互为例，信息交互采用 RS-232 通信协议来实现。RS-232 是 PC 机与通信工业中应用最广泛的一种串行接口，数据传输效率高且稳定，适合短距点对点的数据传输。在机械手控制器中对设备控制块(device control block，DCB)做如下设置：波特率 BaudRate=19200；数据位 ByteSize=8；奇偶校验位 Parity=NOPARITY；停止位 StopBits= ONESTOPBIT；流控制 fOutxCtsFlow=0。操作开始后，主手控制器会每隔 50 ms 向端口发送一个数据包，每个数据包包括 24 个字节，其中第 3 个到第 16 个字节是主手的关节与夹钳信息，包括冻结状态、运动模式和变量值，其他字节用来表示该数据包的含义、动态特性、校验和等信息。Webots 环境中的从手控制器(虚拟机械手控制器)大概需要 300 ms 的时间来处理接收的数据并执行相应的操作。从手控制器使用操作系统内置的应用程序接口(application program interface，API)来对端口进行操作，其中，CreateFile 函数用来创建一个端口，ReadFile 函数用来读取该端口数据到一个缓冲区，CloseHandle 函数用来关闭该端口。每次从端口读取的关于主手的变量值会作为下一次的参考值。24 个字节中的第 17 个字节是关于主手尖端按钮状态的信息，若从手控制器判断主手状态为冻结，则不对读取的数据做任何处理，若判断主手状态为解冻，则将数据作为主手下一刻的参考值。在处理端口数据之前，需要将它读入到一个缓冲区内，然后将缓冲区内最后一个完整的 24 字节数据包提取出来，并将该数据包中的第 3 个到第 16 个字节作为主手当前变量值。在提取的过程中需要考虑丢包与单个数据包接收不完整问题。

7.3.2 主手控制方法在仿真平台中的验证

为了使作业环境更加逼真，操作前在 Webots 环境中做了一些其他的设置来模拟海底环境：将 Background 节点的 skyColor 域设置为蓝色，得到了蓝色的天空的背景；将 1 个 DirectionalLight 节点插入到场景树中，得到了 1 个平行光线，并设置 ambientIntensity 域值为 2.0，castShadows 域为 TRUE，direction 域为 $\{1.8,-2,-1.5\}$；将 1 个命名为海底表面的节点插入到场景树中，其形状为平面，并添加了海底表面图片纹理。

为了在仿真平台中验证主手控制方法，使用主手遥控操作虚拟从手完成一个典型、重要的水下任务：抓取海洋生物样本。具体的训练过程如下：①告知操作人员任务目标；②指导操作人员如何使用主手和修正机械手作业姿态；③说明作业过程中需要操作主手控制虚拟从手使其末端夹钳靠近目标，并注意夹取方向和夹取时机；④注意灵活使用冻结和解冻操作，以保证高效地完成任务；⑤完成任务后将主手冻结并放回控制器卡槽内。操作过程中考虑了扰动和视觉影响，扰动的添加基于式(7.48)，且有 $r_1 = 1°$ 、$r_2 = 35\ \mathrm{mm}$ 。

采样操作被分为两个过程：①控制虚拟机械手抓取样本，然后恢复到初始姿态；②控制虚拟机械手将采集到的样本放到采样篮中，然后恢复到初始姿态。图 7.11(a)左上角窗口为操作人员通过主观察窗观测到的周围环境，图 7.11(a)主窗口为从手的初始姿态。图 7.11(b)为机械手正在靠近海底的海洋生物，夹钳处于张开状态并准备抓取海洋生物。图 7.11(c)为机械手正在将海洋生物放置到采样篮中。图 7.11(d)为从手完成了操作任务，并通过按主手底部的冻结按钮将其固定在初始姿态。三位操作人员被邀请在该平台上执行该任务，他们成功控制虚拟水下机械手抓取样本并恢复初始姿态的平均作业时间为 $t_1 = 119\ \mathrm{s}$ (该时间被作为参考)。添加的扰动增加了作业时间。

(a)准备操作

(b)操作机械手靠近海洋生物

(c)将采集到的样本放到采样篮中

(d)恢复到初始姿态

图 7.11　使用主手遥控操作虚拟从手抓取海洋生物样本

图 7.12(a)为末端夹钳轨迹，对应三人中使用作业时间在中间的操作人员的作业结果，作业时间为 113 s，该时间最接近参考时间 t_1 。路径的总长、平均速度大小和到达目标点的时间分别为 4.68 m、0.04 m/s 和 72 s。由图 7.12(b)可知，操作

过程中速度和加速度较小。在进行下一次作业时，前一次的作业结果为验证每位操作人员是否提升了表现提供了参考。

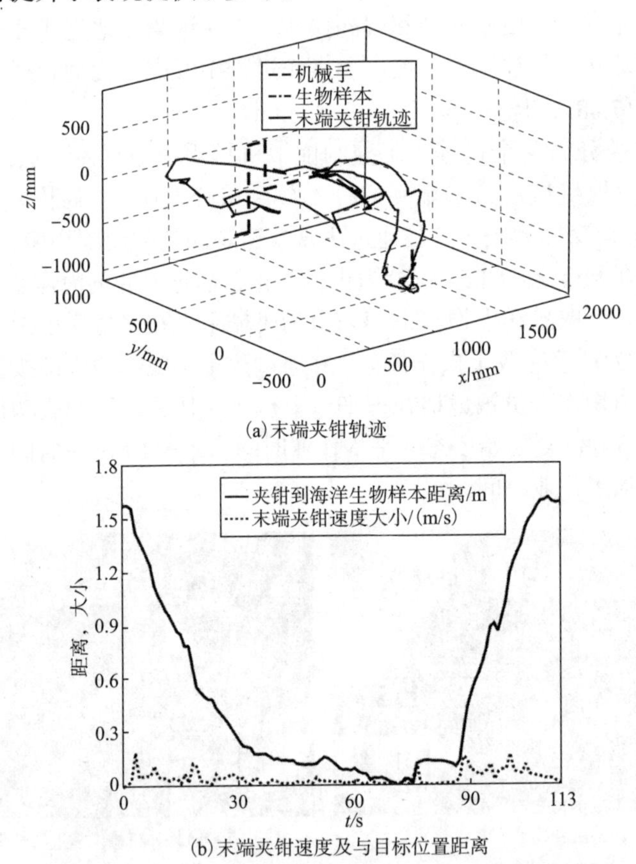

(a) 末端夹钳轨迹

(b) 末端夹钳速度及与目标位置距离

图 7.12　操作过程中末端夹钳轨迹、速度及与目标位置距离的变化曲线

表 7.4 列出了四组关于主手和虚拟从手之间对应关系的数据。该数据为其中一位操作人员的作业结果，其中 $i(i=1,2,3,4)$ 代表数据组编号。这四组数据由实验结果随机抽出，且在它们之间没有冻结或解冻操作。

表 7.4　四组关于主手和虚拟从手之间对应关系的数据

i	M_{1_act}, S_{1_cmd} /(°)	M_{2_act}, S_{2_cmd} /(°)	M_{3_act}, S_{3_cmd} /(°)	M_{4_act}, S_{4_cmd} /(°)	M_{5_act}, S_{5_cmd} /(°)	M_{6_act}, S_{6_cmd} /(°)	J_{act}, G_{cmd} /mm
1	3710,3.87	2241,5.22	778,30.43	2526,3.00	1074,–82.29	1285,1.17	3121,0.00
2	3692,1.83	2299,9.56	778,30.43	2564,5.75	962,–90.00	1283,1.02	3121,0.00
3	3684,0.92	2329,11.80	779,30.51	2568,6.04	890,–90.00	1282,0.88	3121,0.00
4	3703,3.08	2334,12.16	778,30.43	2579,6.84	881,–90.00	1283,1.02	3179,6.63

抓取海洋生物样本任务需要考虑机械手的抓取姿态和时机，具有一定挑战性。实验结果表明，主手控制方法在该仿真平台上得到了很好地验证。对新的操作人员来说，经常由于担心损坏设备而不敢操作真实从手，搭建的仿真平台有效地解决了该问题。

7.3.3 开关控制方法在仿真平台中的验证

三位操作人员被邀请在该仿真平台上执行在海底指定位置标记画圆任务，这是一个对操作质量和精度要求高、具有代表性的水下任务。如果仅仅使用手动规划操作，操作人员很难获得理想的作业结果，因此需要将手动规划与自主规划进行优化融合。

在虚拟世界中，在海底添加了一个目标用来指定需要标记的位置，在夹钳上添加了一支笔用来标记画圆，在机器人上添加了一个篮子用来完成标记任务后放置笔，在机械手上添加一个摄像机和声呐用来粗略地定位目标。操作过程描述如下：①操作云台相机搜索用于指定标记位置的目标；②航行机器人靠近目标，并保证目标在机械手的作业空间内；③操作处于初始姿态的机械手，使其末端夹钳靠近目标；④操作机械手使其末端夹钳在标记画圆时具有理想的位姿；⑤操作机械手使用笔在目标的周围标记画圆；⑥完成标记后操作机械手将笔放入篮子中；⑦完成任务后操作机械手使其恢复到初始姿态。

在操作过程中，有些末端夹钳轨迹和机械手姿态可以被提前确定，因此，在这个任务中可以使用手动规划与自主规划相结合的操作方式，这样既可以减轻操作压力，也可以提升作业效率和精度。通过使用双目视觉可以粗略地确定目标位置，因此，在步骤③中可使用自主规划的操作方式使机械手末端夹钳自主沿着近似直线的方向靠近目标。同样的，步骤⑤中末端夹钳的轨迹、步骤⑥中机械手的姿态[60°, –75°, 85°, –45°, –35°, 0°]、步骤⑦中机械手的姿态[0°, –90°, 90°, 0°, –90°, 0°]均可提前确定，都可使用机械手的自主规划操作方式。由于步骤④中末端夹钳轨迹或者机械手姿态不能提前确定，这个步骤只能使用手动规划的方式来操作末端夹钳的位姿。在作业前需要使操作人员了解键盘上各按键对应的功能，以实现高效作业。

图 7.13(a) ~ 7.13(d) 为三位操作人员中的一位在执行任务时的操作过程。图 7.13(b) 中左上、右上、左下和右下窗口分别给出了云台相机获得的环境、水下机械手的运动、夹钳运动和需要标记的位置信息。

图 7.14 为作业过程中某操作人员操作机械手时的末端夹钳轨迹。为了得到一个规则的圆，在画圆时去掉了添加在机器人上的扰动影响。操作人员对机械手的操作时间为 134 s，包括 102 s 的自主规划操作和 32 s 的手动规划操作。从图 7.14 可以看出，通过将手动规划与自主规划相结合，很好地完成了标记任务。

(a)航行水下机器人靠近目标

(b)在目标周围标记画圆

(c)标记后将笔放入篮子中

(d)恢复到初始姿态

图 7.13　三位操作人员中的一位在海底指定位置标记画圆任务中的操作过程(见书后彩图)

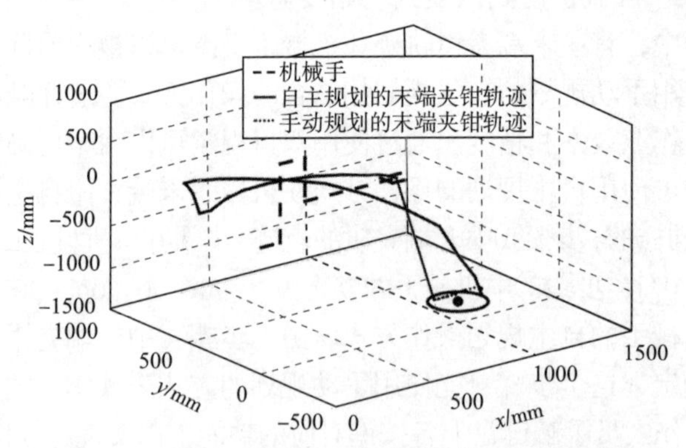

图 7.14　在海底指定位置标记画圆任务中末端夹钳轨迹

图 7.15 为该任务的标记结果，结果是一个半径为 0.12 m 的圆。在标记画圆过程中，系统需要实时求解机械手的运动学逆解，以获取对应机械手姿态所需要的各关节状态。

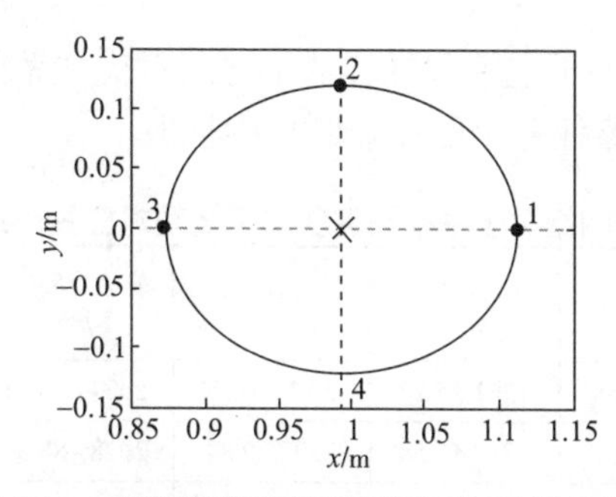

图 7.15 在海底指定位置标记画圆的标记结果

标记结果也验证了文献[8]所提出的逆解求解方法的有效性。末端夹钳在图 7.15 中 1～4 点处的位置及对应的各关节角见表 7.5，其中，$i(i=1,2,3,4)$ 代表点的编号。实验结果表明，开关控制方法在该仿真平台上得到了很好的验证。

表 7.5 末端夹钳在四个圆点处位置及对应的机械手各关节角

i	末端夹钳位置/m			关节角/(°)					
	x	y	z	θ_1	θ_2	θ_3	θ_4	θ_5	θ_6
1	1.11	0.00	−1.23	0.00	15.14	−14.13	0.00	−1.01	0.00
2	0.99	0.12	−1.23	6.89	14.32	−0.77	0.00	−13.55	6.89
3	0.87	0.00	−1.23	0.00	15.23	11.66	0.00	−26.89	0.00
4	0.99	−0.12	−1.23	−6.89	14.32	−0.77	0.00	−13.55	−6.89

7.3.4 仿真平台的有效性验证

为了进一步证明仿真平台的可行性和有效性，使用同一主手遥控操作真实从手进行抓取实验，并将实验结果与操作虚拟从手进行比较。具体任务为使用主手操作真实从手抓取地面的一个棍棒，如图 7.16 所示。

图 7.16 使用主手控制真实从手抓取棍棒实验

表 7.6 列出了四组关于主手和真实从手之间对应关系的数据，这些数据由某一位操作人员在抓取棍棒任务中的作业结果中抽取。

表 7.6　四组关于主手和真实从手之间对应关系的数据

i	M_{1_act}, S_{1_cmd} /(°)	M_{2_act}, S_{2_cmd} /(°)	M_{3_act}, S_{3_cmd} /(°)	M_{4_act}, S_{4_cmd} /(°)	M_{5_act}, S_{5_cmd} /(°)	M_{6_act}, S_{6_cmd} /(°)	J_{act}, G_{cmd} /mm
1	3218,–4.13	2155,–9.68	1361,15.23	2309,–0.69	2027,–88.41	3538,171.38	3122,0.00
2	3217,–4.24	2156,–9.61	1314,11.58	2307,–0.84	2028,–88.34	3537,171.15	3130,0.92
3	3215,–4.46	2162,–9.17	1314,11.58	2292,–1.93	2030,–88.19	3532,169.98	3215,10.60
4	3211,–4.80	2159,–9.39	1313,11.51	2297,–1.57	2023,–88.72	3525,169.36	3356,26.71

接下来需要将遥控操作虚拟从手和真实从手的实验结果进行比较。为了方便，做如下定义：$M(4,m/n,j)$代表在表 7.4 中第 m 或 n 行第 j 列主手数据，$M(6,m/n,j)$ 代表在表 7.6 中第 m 或 n 行第 j 列主手数据，$S(4,m/n,j)$ 代表在表 7.4 中第 m 或 n 行第 j 列从手数据，$S(6,m/n,j)$ 代表在表 7.6 中第 m 或 n 行第 j 列从手数据。D_j 代表根据表 7.4 与表 7.6 的第 j 个功能的平均增量误差，其形式如下：

$$D_j = \sum_{m=1}^{3}\left[\sum_{n=m+1}^{4}\frac{M(4,m,j)-M(4,n,j)}{M(6,m,j)-M(6,n,j)} - \frac{S(4,m,j)-S(4,n,j)}{S(6,m,j)-S(6,n,j)}\right] / C_4^2,\ j=1,2,\cdots,7 \tag{7.49}$$

$$C_4^2 = 4!/\left[2!(4-2)!\right] \tag{7.50}$$

通过计算，得到如下结果：$D_1=0.14$，$D_2=-0.24$，$D_3=-0.02$，$D_4=-0.13$，$D_5=-3.88$，$D_6=0.31$，$D_7=0.00$。由于第五个关节保持在了极限位置，在表 7.4 中它的设置值超出了极限值，因此，D_5不是一个满意的值。每一个平均增量误差(除 D_5外)都相对较小。比较结果显示，在主手的关节增量相同时，虚拟从手和真实从手的关节增量基本相同，因此，可以使用虚拟从手代替真实从手进行控制方法验证。

图 7.17 为与前面实验相同的三位操作人员在抓取棍棒任务中真实从手的末端夹钳轨迹。图 7.17(a)为第一位操作人员的作业结果，在操作前后其作业时间分别为 48 s 和 31 s。图 7.17(b)为第二位操作人员的作业结果，在操作前后其作业时间分别为 54 s 和 32 s。图 7.17(c)为第三位操作人员的作业结果，在操作前后其作业时间分别为 37 s 和 30 s。在抓取棍棒任务中，三位操作人员的操作前后平均作业时间分别为 46 s 和 31 s。

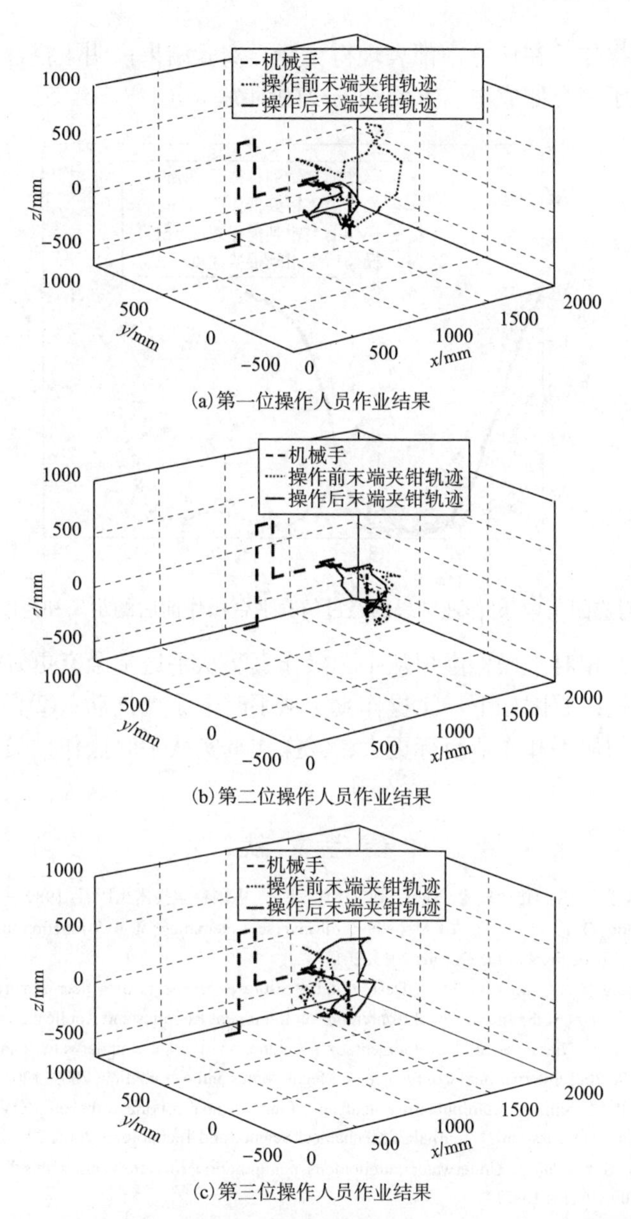

(a)第一位操作人员作业结果

(b)第二位操作人员作业结果

(c)第三位操作人员作业结果

图 7.17　三位操作人员在抓取棍棒任务中真实从手的末端夹钳轨迹

由图 7.17(b)作业结果可知,在仿真平台操作后该操作人员操作真实从手时作业效率有了很大提升。图 7.18 为该操作人员在作业过程中经过仿真平台操作前后夹钳到棍棒距离变化和夹钳速度变化。操作前总路径长度、平均速度大小和到达目标点所用时间分别为 4.93 m、0.09 m/s 和 29 s，操作后总路径长度、平均速度大小和到达目标点所用时间分别为 3.68 m、0.11 m/s 和 17 s。很明显，操作人员通过仿真平台操作后在任务中都表现得更好。实验结果说明了搭建的仿真平台为操作人员提供了一个低成本、方便和安全的训练环境。

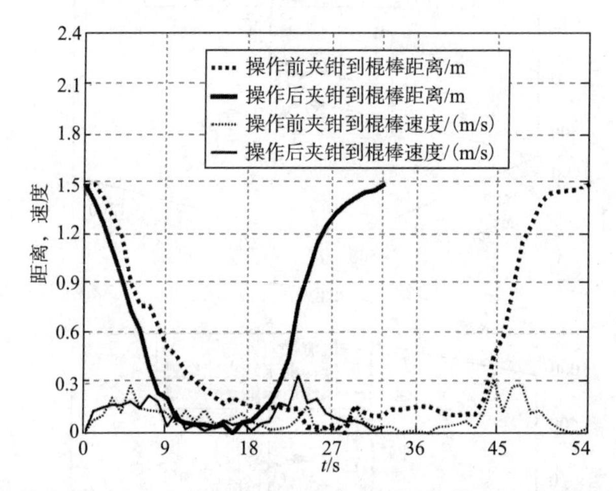

图 7.18　对应图 7.17(b)作业结果的经过仿真平台操作前后的距离和速度变化曲线

在作业中，相对于操作虚拟从手，操作真实从手通常会有更好的表现，并且花费时间也更短，原因如下：①操作真实从手时未添加扰动；②真实的从手和作业目标比虚拟的从手和作业目标更大；③操作真实从手时操作人员有更好的视觉效果。

参 考 文 献

[1] 付京逊. 机器人学: 控制, 传感技术, 视觉, 智能[M]. 北京: 中国科学技术出版社, 1989.

[2] Huo L Q, Zhang Q F, Zhang Z Y. A method of inverse kinematics of a 7-function underwater hydraulic manipulator[C]. Proceedings of the Oceans 2013, 2013: 1-4.

[3] Zhang Q F, Zhang Y X, Huo L Q, et al. Design and pressure experiments of a deep-sea hydraulic manipulator system[C]. Proceedings of the International Conference on Intelligent Robotics and Applications, 2014: 117-128.

[4] Yao J J, Wang L Q, Jia P, et al. Development of a 7-function hydraulic underwater manipulator system[C]. Proceedings of the 2009 International Conference on Mechatronics and Automation, 2009: 1202-1206.

[5] Jun B H, Lee P M, Kim S. Manipulability analysis of underwater robotic arms on ROV and application to task-oriented joint configuration[J]. Journal of Mechanical Science and Technology, 2008, 22(5): 887-894.

[6] Marani G, Choi S K, Yuh J. Underwater autonomous manipulation for intervention missions AUVs[J]. Ocean Engineering, 2009, 36(1): 15-23.

[7] Marani G, Choi S K. Underwater target localization[J]. IEEE Robotics & Automation Magazine, 2010, 17(1): 64-70.

[8] Xiao Z H, Xu G H, Peng F Y, et al. Development of a deep ocean electric autonomous manipulator[J]. China Ocean Engineering, 2011, 25(1): 159-168.

[9] Kofman J, Wu X, Luu T J, et al. Teleoperation of a robot manipulator using a vision-based human-robot interface[J]. IEEE Transactions on Industrial Electronics, 2005, 52(5): 1206-1219.

[10] Du G, Zhang P, Li D. Human-manipulator interface based on multisensory process via Kalman filters[J]. IEEE Transactions on Industrial Electronics, 2014, 61(10): 5411-5418.

[11] Lu Y, Huang Q, Li M, et al. A friendly and human-based teleoperation system for humanoid robot using joystick[C]. Proceedings of the 2008 7th World Congress on Intelligent Control and Automation, 2008: 2283-2288.

[12] Gupta G S, Mukhopadhyay S C, Messom C H, et al. Master-slave control of a teleoperated anthropomorphic robotic arm with gripping force sensing[J]. IEEE Transactions on Instrumentation and Measurement, 2006, 55(6): 2136-2145.

[13] Hung N, Narikiyo T, Tuan H. Nonlinear adaptive control of master-slave system in teleoperation[J]. Control Engineering Practice, 2003, 11(1): 1-10.

[14] Kuo B C, Cassat A. Incremental motion control steps motors and control systems[M]. Champaign: SRL Publishing Company, 1978.

[15] 盛国栋, 曹其新. 遥操作机器人系统主从控制策略[J]. 江苏科技大学学报(自然科学版), 2013 (5): 89-93.

[16] Fahmy A, Ghany A A. Adaptive functional-based neuro-fuzzy PID incremental controller structure[J]. Neural Computing and Applications, 2015, 26(6): 1423-1438.

[17] Siddique M N H, Tokhi M O. GA-based neural fuzzy control of flexible-link manipulators[J]. Engineering Letters, 2006, 13(3): 471-476.

[18] Shim H, Jun B H, Lee P M, et al. Workspace control system of underwater tele-operated manipulators on an ROV[J]. Ocean Engineering, 2010, 37(11-12): 1036-1047.

[19] Aggarwal A, Albiez J. Autonomous trajectory planning and following for industrial underwater manipulators[C]. Proceedings of the Oceans 2013, 2013: 1-7.

[20] Fossum T O, Ludvigsen M, Nornes S M, et al. Autonomous robotic intervention using ROV: an experimental approach[C]. Proceedings of the Oceans 2016, 2016: 1-6.

[21] Proctor A A, Buchanan A, Buckham B, et al. ROVs with semi-autonomous capabilities for use on renewable energy platforms[C]. Proceedings of the The Twenty-fifth International Ocean and Polar Engineering Conference, 2015: 629-636.

[22] Azis F, Aras M, Rashid M, et al. Problem identification for underwater remotely operated vehicle (ROV): a case study[J]. Procedia Engineering, 2012, 41: 554-560.

[23] Salgado-Jimenez T, Gonzalez-Lopez J L, Martinez-Soto L F, et al. Deep water ROV design for the Mexican oil industry[C]. Proceedings of the Oceans 2010, 2010: 1-6.

[24] Corradini M L, Cristofaro A. A nonlinear fault-tolerant thruster allocation architecture for underwater remotely operated vehicles[J]. IFAC-PapersOnLine, 2016, 49(23): 285-290.

[25] Malik S A, Guang P, Yanan L. Numerical simulations for the prediction of wave forces on underwater vehicle using 3D panel method code[J]. Research Journal of Applied Sciences, Engineering and Technology, 2013, 5(21): 5012-5021.

索 引

B

不确定性……128

D

动态面控制……131
多目标优化……104
D-H 方法……169

F

仿真环境……23
非浮力羽流追踪……43
分类器构建……71
浮力羽流追踪……49

G

共享控制……92
光流法……64

H

环境探索……98
灰度共生矩阵……69
混合模糊 P+ID 控制……39

J

基于行为的规划……44
机主人辅……97

K

开关控制方法……185
抗饱和控制……142

L

拉格朗日-欧拉法……175
粒子随机行走……17
鲁棒控制器……154
路径跟踪控制……124
路径跟踪制导……36

M

马尔可夫随机场……77
目标观察……101
目标函数……106

P

喷口位置定位……66

Q

七功能水下机械手……171
全局一致最终有界……153

R

热液喷口识别……61
热液羽流……14
人主机辅……96

S

神经网络……129
声呐图像分割……77
视觉识别……68
视觉特征提取……69
输入饱和……141
水下机械手建模……169
水下机械手作业仿真平台……187

W

稳定性分析……42

X

稀疏表示……63
相关性分析……70
行为融合……100
虚拟模型……187

Y

遥控操作 …………………………… 180
遥控操作系统 ……………………… 182
引导滤波 …………………………… 84
羽流模型 …………………………… 16
羽流追踪 …………………………… 32
运动学正分析与逆分析 ………… 170

Z

增量式控制 ………………………… 183
支持向量数据描述 ………………… 71
主从控制方法 ……………………… 182
自主水下机器人 …………………… 2
自主遥控混合型水下机器人 ……… 8
自组织映射 ………………………… 70
最小最大法 ………………………… 110

彩　图

图 1.6　中国“蛟龙”HOV、“海马”ROV 和“潜龙二号”AUV

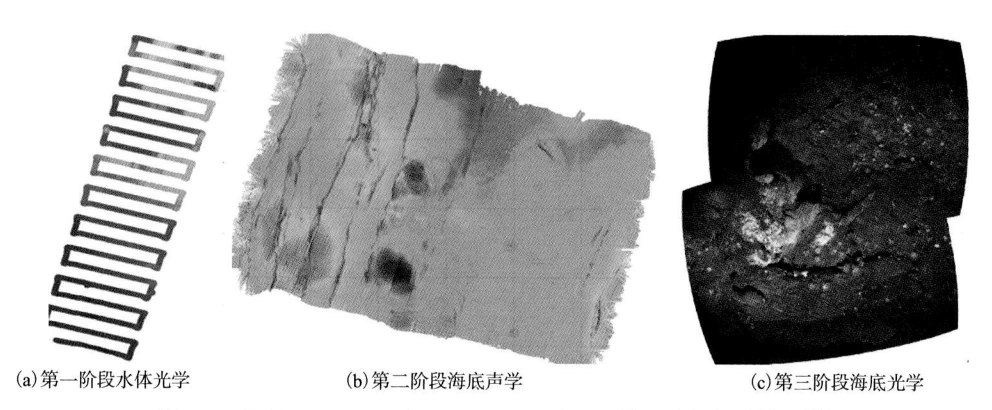

(a)第一阶段水体光学　(b)第二阶段海底声学　(c)第三阶段海底光学

图 1.7　美国 ABE AUV 在 Kilo Moana 喷口区的三阶段探测结果[17]

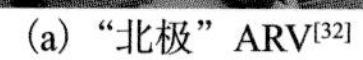

(a)“北极”ARV[32]　(b)“海斗”ARV[33]

图 1.9　中国科学院沈阳自动化研究所研发的 ARV

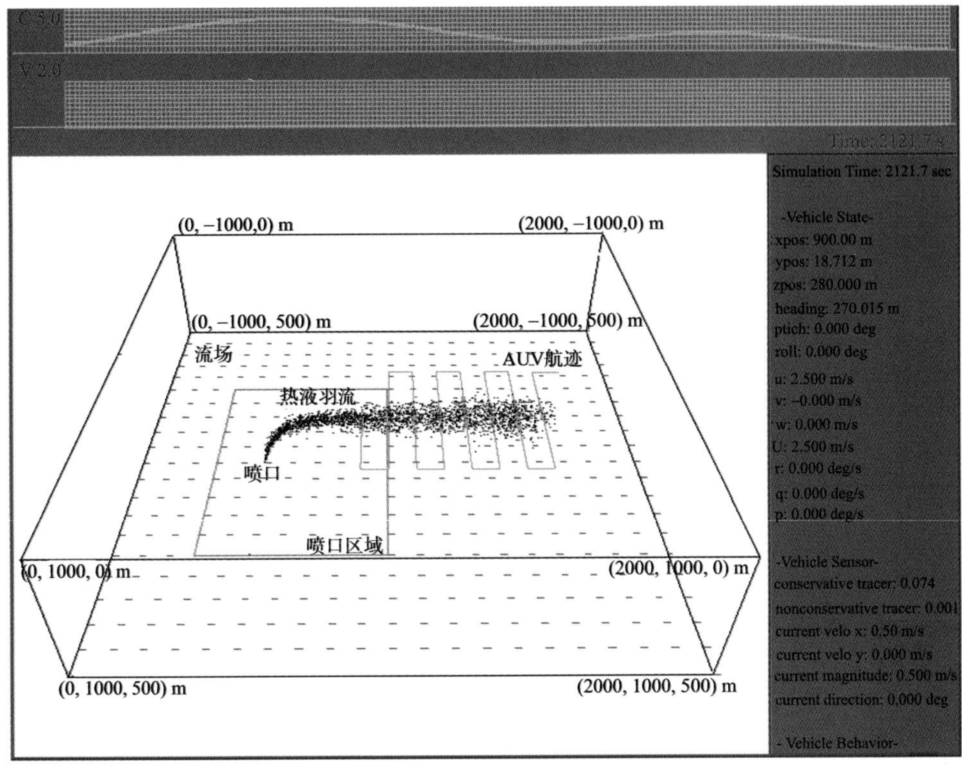

图 2.4　仿真环境屏幕显示

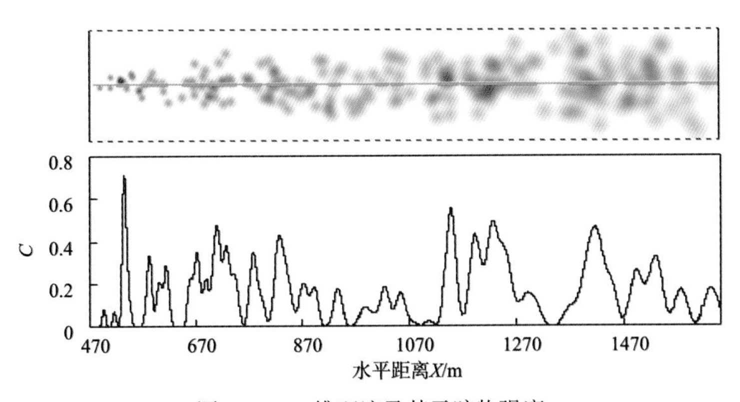

图 2.14　二维羽流及其示踪物强度

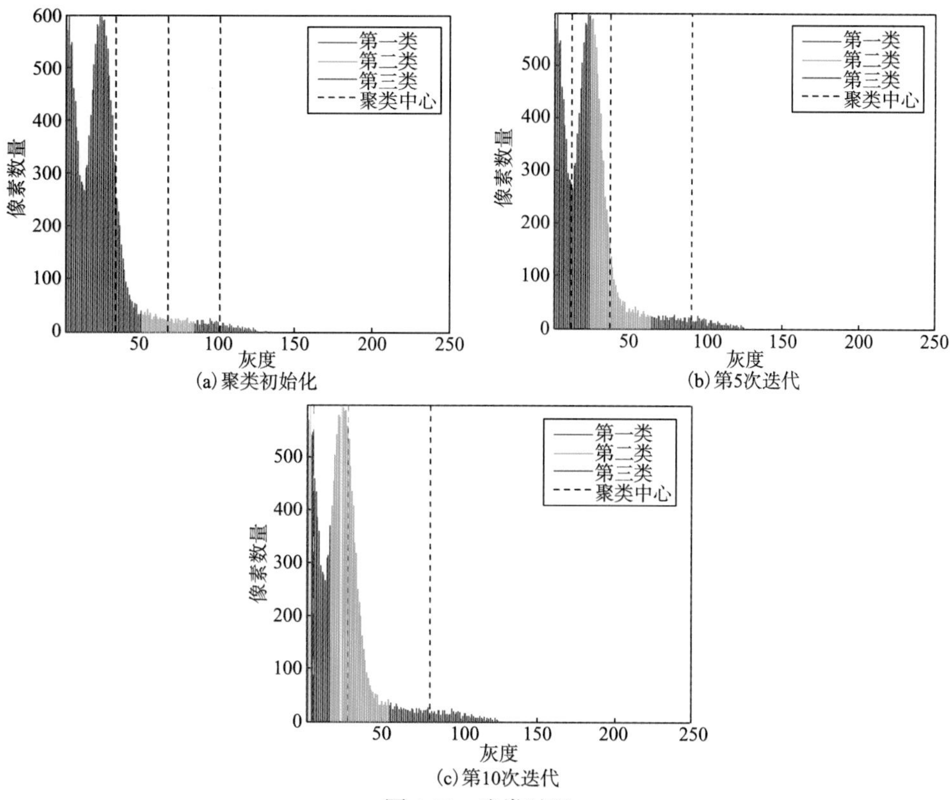

(a)聚类初始化　(b)第5次迭代　(c)第10次迭代

图 4.13　聚类过程

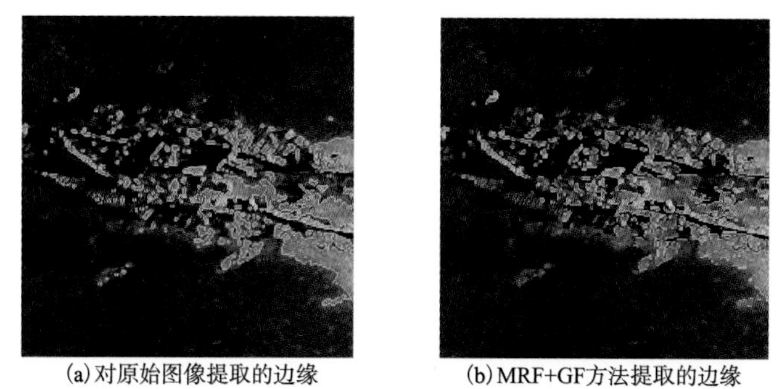

(a)对原始图像提取的边缘　(b)MRF+GF方法提取的边缘

图 4.21　MRF+GF 方法去噪后图像与原始图像提取的边缘

图 7.8　键盘上的按键功能分配

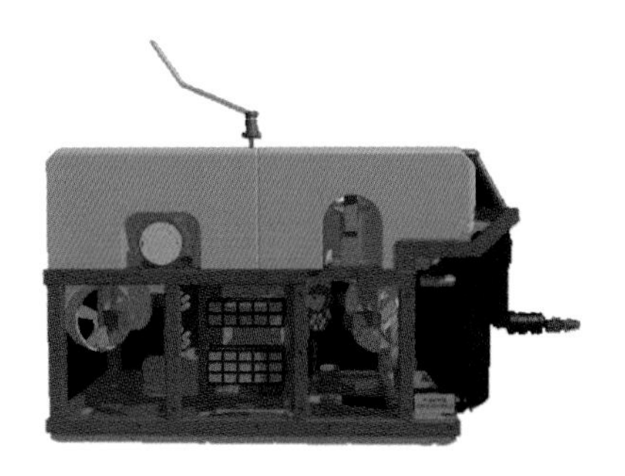

图 7.10　作业型水下机器人虚拟模型

(a)航行水下机器人靠近目标

(b)在目标周围标记画圆

(c)标记后将笔放入篮子中

(d)恢复到初始姿态

图 7.13　三位操作人员中的一位在海底指定位置标记画圆任务中的操作过程